高等院校计算机课程案例教程系列

主编 窦万峰 蒋锁良 杨俊
参编 潘媛媛 汤傲

软件工程
实验教程

第3版

U0219521

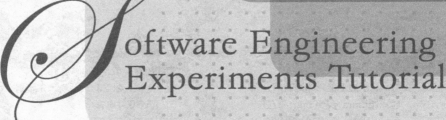

Software Engineering
Experiments Tutorial

机械工业出版社
China Machine Press

图书在版编目（CIP）数据

软件工程实验教程 / 窦万峰，蒋锁良，杨俊主编．—3 版．—北京：机械工业出版社，2016.10（2022.8 重印）
（高等院校计算机课程案例教程系列）

ISBN 978-7-111-55142-3

I. 软… II. ①窦… ②蒋… ③杨… III. 软件工程－高等学校－教材 IV. TP311.5

中国版本图书馆 CIP 数据核字（2016）第 252210 号

本书讲解软件工程中的典型 CASE 工具，将概念和理论融入实践，引导读者深入理解软件开发各个阶段的技术，掌握工具的使用方法。本书共 10 章，设计了 47 个实验，覆盖了软件工程文档、软件分析与设计建模工具 Microsoft Visio、面向对象建模工具 Rational Rose、软件配置管理工具 Microsoft Visual SourceSafe、功能测试工具 WinRunner、压力测试工具 LoadRunner、单元测试工具 JUnit、软件代码测试工具 PurifyPlus、测试管理工具 TestDirector 和软件项目管理工具 Microsoft Project 等。每章既包含对工具功能的介绍，也安排了针对不同侧重点的实验，以便教师根据课时灵活选取。

本书适合作为高等院校软件工程课程的实验教材，也可供工程技术人员阅读参考。

出版发行：机械工业出版社（北京市西城区百万庄大街 22 号 邮政编码：100037）
责任编辑：曲 熠 责任校对：殷 虹
印 刷：北京捷迅佳彩印刷有限公司 版 次：2022 年 8 月第 3 版第 7 次印刷
开 本：185mm×260mm 1/16 印 张：16.75
书 号：ISBN 978-7-111-55142-3 定 价：39.00 元

凡购本书，如有缺页、倒页、脱页，由本社发行部调换
客服热线：(010) 88378991 88361066 投稿热线：(010) 88379604
购书热线：(010) 68326294 88379649 68995259 读者信箱：hzjsj@hzbook.com

前　言

　　软件工程学是一门综合性应用科学，它将计算机科学理论与现代工程方法论相结合，着重研究软件过程模型、设计方法以及工程开发技术和工具，以指导软件的生产和管理。随着计算机科学和软件产业的迅猛发展，软件工程学已成为一个重要的计算机分支学科，也是一个异常活跃的研究领域，新方法、新技术不断涌现。软件工程是计算机科学与技术专业学生必修的一门专业课程，也是工科各专业学生在计算机应用方面的一门重要选修课程。

　　软件工程理论与技术的发展和多种多样的 CASE（计算机辅助软件工程）工具的不断涌现，加快了软件开发效率并节约了成本，同时也对软件及其相关行业的从业人员提出了更高的要求。为培养高素质的专业人才，应充分重视软件工程课程的实验教学，因此迫切需要优秀的软件工程课程实验教材。

　　为编写本书，我们在实验内容的选择、实验步骤的设计以及实验方法和文档的组织等方面做了精心的考虑和安排，结合长期的教学经验、工程项目实践经验以及各种 CASE 工具的使用经验，并与实验教学人员和专业老师反复讨论，最终才有了本书的诞生。我们参考了国内外大量的实验教材，并结合软件课程教学的特点，注重基础性、系统性、实用性和新颖性，充分体现实验的可操作性。这对推动软件工程课程的教学发展、帮助学生切实掌握软件工程课程的知识、理论与实践具有重要意义。

　　通过对 CASE 工具的学习和使用，软件工程实验将概念和理论知识融入实践，帮助学生深入理解软件开发中各个阶段的技术、方法和工具的基本使用方法。实验内容几乎包含了软件生存周期的各个阶段，包括软件分析与设计、软件测试和软件项目管理。全书共设计了 47 个实验，涵盖软件工程标准文档、软件分析与设计建模工具 Microsoft Visio、面向对象建模工具 Rational Rose、软件配置管理工具 Microsoft Visual SourceSafe、功能测试工具 WinRunner、压力测试工具 LoadRunner、单元测试工具 JUnit、软件代码测试工具 PurifyPlus、测试管理工具 TestDirector 和软件项目管理工具 Microsoft Project 等。部分章节安排了多个实验，目的是便于教师合理安排实验时间，也便于学生练习和操作。为了帮助学生充分理解每个实验，掌握主流软件工程工具的基本使用方法，我们给出了相关背景知识，包括实验工具的特点、功能、安装方法等。

实验内容和教学目标

　　第 1 章介绍软件工程 CASE 工具与标准化文档。通过学习本章，学生应熟悉软件生存周期模型及各个阶段的过程；熟悉软件工程的技术支持环境、软件工程工具以及支持环境对于软件开发和开展软件工程实践的意义；了解软件开发过程对软件工程工具和支持环境的要求；了解现有的主流软件工具及其基本功能、用途、发展与应用状况；掌握软件过程的阶段划分和各个阶段的任务；了解软件工程国家标准和其他相关技术标准的专业网站；熟悉软件工程标准化的概念、内容及意义；重点熟悉国家标准 GB/T 8567—2006 及其相关软件文档的目的、基本内容、编写要求、管理要求和适用阶段。本章安排了 2 个实验，内容涵盖软件工程

CASE 工具和软件工程标准化文档。

第 2 章介绍软件分析与设计工具 Microsoft Visio。通过学习本章，学生应了解 Visio 工具的功能特色和工作环境；掌握 Visio 工具的基本使用方法和基本绘图操作；了解 Visio 图形应用的基本概念；重点掌握 Visio 提供的网络图、流程图、数据流图和 UML 模型图的绘制方法；熟悉 Visio 工具的绘图操作以及如何将其与 Microsoft Office 文档结合使用。本章安排了 4 个实验，内容涵盖数据流图、状态模型、程序流程图和实体关系模型。

第 3 章介绍面向对象建模工具 Rational Rose。通过学习本章，学生应熟悉面向对象技术和面向对象软件工程模型与建模技术；掌握面向对象的统一过程模型和基本模型视图；熟悉 UML 的各种模型视图及其表示；了解面向对象建模工具 Rational Rose 的基本使用方法；了解 Rational Rose 的双向工程，包括正向工程和逆向工程，正向工程是从模型到代码，逆向工程是从代码到模型。本章安排了 10 个实验，内容涵盖创建用例模型、逻辑模型、动态行为模型、组件模型、部署模型、数据库模型以及正向工程和逆向工程等。

第 4 章介绍软件配置管理工具 Microsoft Visual SourceSafe。通过学习本章，学生应了解软件配置管理的基本概念、分类、工具集成和相关技术；了解配置管理工具 VSS 的功能和基本使用方法。本章安排了 1 个实验，即使用 VSS 构建项目配置环境。

第 5 章介绍功能测试工具 WinRunner。通过学习本章，学生应熟悉软件测试的测试任务、测试原理、常用测试策略、测试方法和测试技术；熟悉一些特定应用系统软件（面向对象软件、人机界面软件、分布式软件、实时系统软件）的测试要点；了解软件自动化测试的原理和方法；了解自动测试工具的类型、测试步骤和自动测试用例设计基础；了解测试自动化的优点和限制；掌握 WinRunner 功能测试工具的基本使用方法；使用 WinRunner 测试一个小软件并学习同步点测试；使用 WinRunner 进行多项数据驱动测试；了解 WinRunner 检查点测试；了解手工和自动合并脚本文件。本章安排了 9 个实验，内容涵盖录制脚本、学习 GUI 对象、同步点测试、数据驱动测试、GUI 对象检查点、图像检查点、文字检查点和批处理测试等。

第 6 章介绍性能测试工具 LoadRunner。通过学习本章，学生应了解如何定义性能测试要求，例如并发用户的数量、典型业务流程和所需响应时间；学会创建 Vuser 脚本，将最终用户活动捕获到自动脚本中；使用 LoadRunner Controller 设置测试环境和定义场景；通过 LoadRunner Controller 驱动和管理测试场景；通过 LoadRunner Controller 监控测试场景；使用 LoadRunner Analysis 创建图和报告并评估性能；使用 LoadRunner 联机图，指定场景执行期间 Controller 将监控的计算机，并查看监控器收集的数据；了解在场景执行期间如何监控资源，确定特定计算机上出现瓶颈的原因；学会使用 LoadRunner 的服务器资源监控器，跟踪场景执行期间使用的资源等。本章安排了 8 个实验，包括录制脚本、脚本回放、增强脚本、内容检查、场景设置、运行场景和结果分析等。

第 7 章介绍单元测试工具 JUnit。通过学习本章，学生应理解 JUnit 的目的、概念和设计模式；学会在 Eclipse 环境中加载 Junit；了解 Junit 的测试原理和测试框架；掌握 Junit 的测试方法和过程。本章安排了 1 个实验，即类的测试。

第 8 章介绍代码测试工具 PurifyPlus。通过学习本章，学生应学会使用 PureCoverage 检测代码覆盖程度，自动检测测试完整性和那些无法达到的部分；学会使用 Purify 检测内存错误和内存泄漏，以确保整个应用程序的质量和可靠性；学会使用 Quantify 检测代码性能瓶颈，自动检测出影响程序段执行速度的瓶颈，获取参数分析表；学会利用 PurifyPlus 强有力的数据收集和分析能力，最大化地利用测试生成的数据，更好地辅助测试人员进行决策。本章安排了 6 个实验，内容涵盖 PureCoverage 单元测试、Purify 单元测试、Quantify 单元测试、精确粒度数据采集、可定制过滤器的生成和数据的合并与比较等。

第 9 章介绍测试管理工具 TestDirector。通过学习本章，学生应了解测试管理的概念和目的；了解测试项目环境的构建、用户添加和授权；掌握测试需求定义、计划测试、定义测试和执行测试。本章安排了 5 个实验，内容涵盖创建测试项目、定制测试项目、创建项目需求大纲、创建测试集合和执行测试。

第 10 章介绍软件项目管理工具 Microsoft Project。通过学习本章，学生应了解 IT 项目管理的基本概念、意义和作用；熟悉项目管理的核心思想和基本知识；掌握项目管理软件 Microsoft Project 的功能、用途和基本操作。本章安排了 1 个实验，即构建项目计划。

实验安排

本书适合作为高等院校软件工程课程的实验辅助教材，也可以作为独立开设的软件工程学实验课程的教材。本书实验内容的基本概念来自软件工程课程，应与之结合学习。本书内容结构合理，章节组织有特色，应用指导性强，在实施过程中可以结合一些应用实例，以达到更好的教学效果。

本实验教程的 47 个实验可以根据课时需要任意组合，建议总课时为 32 课时。对于初级教学目标，可选每个工具的基本实验，共计 36 个实验，总计 18 课时。对于课时紧张的情况，我们在每个实验中安排了基本实例和综合应用，教师可以灵活选用。

本书第 1～5 章由窦万峰编写，第 6 章由蒋锁良编写，第 7～8 章由潘媛媛和窦万峰编写，第 8 章由杨俊编写，第 9～10 章由汤傲和窦万峰编写。全书由窦万峰统稿，由潘媛媛和汤傲校对。

限于编者水平，书中难免有疏漏和不当之处，敬请广大读者不吝赐教。

编者
2016 年 10 月

目　录

实验目录

## 第 1 章

软件工程 CASE 工具与标准化文档

1.1　软件工程 CASE 工具

从功能的角度看，软件是一种产品，表达了由计算机硬件体现的计算机潜能。软件是一个信息转换器——产生、管理、获取、修改、显示或转换信息。从软件的类型看，软件是开发和运行产品的载体。它是计算机控制（如操作系统）、信息通信（如网络）以及创建和控制其他程序（如软件工具和环境）的基础。

软件的定义为：软件＝程序＋数据＋文档。程序是按事先设计的功能和性能需求执行的指令序列。数据是程序能正常操纵信息的数据结构。文档是与程序开发、维护和使用有关的图文材料。软件是逻辑的而不是物理的，本质上存在着复杂性、一致性、易变性和不可见性等固有特性。

软件开发环境

软件开发环境是面向软件整个生存周期，为支持各个阶段的需要而在基本硬件和宿主软件的基础上使用的一组软件系统，也称作软件工程环境（Software Engineering Environment，SEE）。SEE 是实现软件生产工程化的重要基础。它建立在先进软件开发方法的基础上，正影响和改变着软件生产方式，反过来又进一步促进了软件开发方法的推广与流行。SEE 包括生产软件系统所需要的过程、方法和自动化的集合。建立开发环境首先要确定一种开发过程模型，提出成套的、有效的开发方法，然后在这一基础上利用各种软件工具实现开发活动的自动化。SEE 有一套包括数据集成、控制集成和界面集成的集成机制，让各个工具使用统一的规范存取环境信息库，采用统一的用户界面，同时为各个工具或开发活动之间的通信、切换、调度和协同工作提供支持。SEE 用于辅助软件开发、运行、维护和管理等各种活动，是一个软件工具集（或工具包）。这不仅意味着 SEE 支持开发功能的扩大，也反映了工具集成化程度的提高。软件工具是指为支持软件生存周期中某一阶段（如需求分析、系统定义、设计、编码、测试或维护等）的需要而使用的软件系统。软件设计的理论、模型、方法论、表示法上的研究成果构成软件工具的重要基础，因此，软件工具的研制应该与整个软件工程的理论方法紧密结合起来。软件工具的另一个基础是使用计算机的许多先进技术，包括编译技术、数据库技术、人工智能技术、交互图形技术和 VLSI 技术等。

软件工具应具有较强的通用性，不依赖于某一实现环境、某一高级语言和某种设计方法。一般来说，越是基础的、成熟的工具，往往通用性越好；然而对于一些与软件开发方法有关的软件工具，则往往专用程度较高。软件工具通用性的要求应该根据工具的特点和用户的情况全面考虑。

软件 CASE 工具

计算机辅助软件工程（Computer Aided Software Engineering，CASE）是通过一组集成

化的工具，辅助软件开发者实现各项活动的全部自动化，使软件产品在整个生存周期中的开发和维护生产率得到提高、质量得到保证。CASE 环境、CASE 工具、集成化 CASE（I-CASE）等，实际是一切现代化软件工程环境 SEE 的代名词。

CASE 环境的组成构件如图 1-1 所示。CASE 环境应具有以下功能：

- 提供一种机制，使环境中的所有工具可以共享软件工程信息。
- 每一个信息项的改变，可以追踪到其他相关信息项。
- 对所有软件工程信息提供版本控制和配置管理。
- 对环境中的任何工具可进行直接的、非顺序的访问。
- 在标准的分解结构中提供工具和数据的自动支持。
- 使每个工具的用户共享人机界面的所有功能。
- 收集能够改善过程和产品的各项度量指标。
- 支持软件工程师们之间的通信。

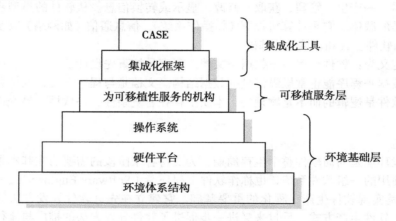

图 1-1   CASE 环境的组成构件

CASE 工具的分类标准及特点

CASE 工具的分类标准可分为 3 种：

- 功能。功能是对软件进行分类的最常用标准。
- 支持的过程。根据支持的过程，工具可分为设计工具、编程工具、维护工具等。
- 支持的范围。根据支持的范围，工具可分为窄支持工具、较宽支持工具和一般支持工具。窄支持指支持过程中特定的任务，较宽支持指支持特定过程阶段，一般支持指支持覆盖软件过程的全部阶段或大多数阶段。

根据 CASE 系统对软件过程的支持范围，CASE 系统可分为 3 类：

- 支持单个过程任务的工具。工具可能是通用的，或者也可能归组到工作台。
- 工作台支持某一过程所有活动或某些活动。它们一般以或多或少的集成度组成工具集。
- 环境支持软件过程所有活动或至少大部分活动。它们一般包括几个不同的工作台，将这些工作台以某种方式集成起来。

CASE 方法与其他方法相比有如下几方面的应用特点：

- 解决了从客观世界对象到软件系统的直接映射问题，强有力地支持软件、信息系统开发的全过程。
- 使结构化方法更加实用。

- 自动检测的方法提高了软件的质量。
- 使原型化方法和面向对象（Object Oriented，OO）方法付诸实施。
- 简化了软件的管理和维护。
- 加速了系统的开发过程。
- 使开发者从大量的分析设计图表和程序编写工作中解放出来。
- 使软件的各部分能重复使用。
- 产生统一的、标准化的系统文档。

主流 CASE 工具

软件工程 CASE 工具多种多样，可以支持软件工程不同阶段的工作。表 1-1 给出了软件工程 CASE 工具的分类和支持的工作阶段。可以看出，现有的软件工程 CASE 工具几乎涵盖了所有开发阶段的过程活动。

表 1-1　CASE 工具及其分类

工具类型	工具示例	支持的开发阶段
编辑工具	字处理器、文本编辑器、图表编辑器	软件开发全过程
编写文档工具	页面输出程序、图像编辑器	软件开发全过程
规划与估算工具	PERT 工具、估算工具、电子表格工具	软件开发全过程
变更管理工具	需求跟踪工具、变更控制系统	软件开发全过程
方法支持工具	设计编辑器、数据字典、代码生成器	描述与设计
原型建立工具	高端语言、用户界面生成器	描述、测试、有效性验证
语言处理工具	编译器、解释器	设计、实现
配置管理工具	版本管理系统、细节建立工具	设计、实现
程序分析工具	交叉索引生成器、静态/动态分析器	实现、测试、有效性验证
测试工具	测试数据生成器、文件比较器	实现、测试、有效性验证
调试工具	交互式调试系统	实现、测试、有效性验证
再工程工具	交叉索引系统、程序重构系统	实现

下面简要介绍一些常用的软件工程 CASE 工具。

Microsoft Visio。Microsoft Visio 提供了日常使用中的绝大多数框图的绘画功能，包括信息领域的各种原理图、设计图等，同时提供了部分信息领域的实物图。Visio 的引入之处在于其使用方便，安装后的 Visio 2003 既可以单独运行，也可以在 Word 中作为对象插入，与 Microsoft Office 2003 集成良好，其图生成后在没有安装 Microsoft Visio 的 Office 工具中仍然能够查看。Visio 在处理框和文字上流畅，同时在文件管理上提供了分页、分组的管理方式。Visio 支持 UML 静态建模和动态建模，对 UML 的建模提供了单独的组织管理。作为 Visio Office 大家庭的一员，它从 2000 版本后在各种器件模板上有了许多增进。它是最通用的图表设计软件，易用性高，特别是对于不善于自己构造图的软件人员。

SmartDraw。SmartDraw 提供了大量的模版，以目录树的形式放在左边。图形设计都可以纳入模板，并且可以在某个目录里组织。SmartDraw 有许多 Visio 没有的方便功能，如插入表格、专业图、表设计、制作、管理、转换软件，可以轻松设计、制作、管理、转换各种图表、剪辑画、实验公式、流程图等。随带的图库中包含数万个示例、符号和形状，可以直接套用。SmartDraw 的独特之处是连接器，它具有随机移动功能、不易断线，内含多种模型，可直接套用或修改。

SourceInsigt。SourceInsigt 以工程的方式管理原码，提供非常适合再工程的浏览手段。SourceInsigt 整个面板分成 3 个部分：左边的树结构提供工程内的所有变量、函数、宏定义，右边的视图区提供程序的阅读和编辑，下边的显示栏显示鼠标在原码触及的函数或者变量定义。最让人感兴趣的是，SourceInsigt 不仅高亮显示系统的关键字，而且以近乎完美的版面编排使用户看程序如同看报纸，非常美观。SourceInsigt 提供函数交叉调用的分析，并以树状的形式显示调用关系。

PowerDesigner。PowerDesigner 致力于采用基于实体关系（entry-relation）的数据模型，分别从概念数据模型（conceptual data model）和物理数据模型（physical data model）两个层次对数据库进行设计。概念数据模型描述的是独立于数据库管理系统（Database Managemen System，DBMS）的实体定义和实体关系定义。物理数据模型是在概念数据模型的基础上针对目标数据库管理系统的具体化。PowerDesigner 功能强大，使用非常方便。首先它提供了概念模型和物理模型的分组，呈现在使用区左边的是树状的概念模型和物理模型导航，软件人员可以建立多个概念模型和物理模型，并且以包的形式任意组织；它提供增量的数据库开发功能，支持局部更新，软件人员可以在概念模型、物理模型、实际数据库三者间完成设计的同步。另外，PowerDesigner 还支持逆向工程、再工程和 UML 建模。

Telelogic System Architect。Telelogic System Architect 是一种综合性的建模解决方案，用于提供成功地开发企业系统所必需的工具。它是唯一能够将各方面的建模，包括业务流程建模（BPM）、使用 UML 的组件和对象建模、数据建模以及结构化分析和设计，集成在一个多用户产品中的工具。

ModelMaker。ModelMaker 一个非常强大的软件工具。与所有强大而具有多面性的产品一样，ModelMaker 的复杂性也会让一个新手望而却步。ModelMaker 常被认为是一个 UML 图形工具或是 Delphi Case 工具。然而，它比一般的图形工具和 Case 工具要快得多，有时，它可为使用者写一些人工智能式的代码。它是可扩展的，支持 UML 图、设计模式、逆向生成与分解的双向代码管理工具等。

ModelMaker 的核心是：它支持本地代码模型，所有的类及其关联元素包括单元、图、文档及事件类型等都是模型内部的对象。ModelMaker 为活动模型提供了多种视图，允许用户在类列表、元素列表或图集中进行操作。如果已有准备，软件人员即可从模型中生成源代码单元，并可由 Delphi 来进行编译，以后生成的单元每次也可重新生成。软件人员可对各种不同的设置进行修改，如代码注释选项、代码次序、方法使用等，并且可为多种需求重新生成单元，如调试代码、自动生成的大量注释代码等。

ArgoUML。ArgoUML 是一个交互式的、具有图形界面的软件设计环境，支持面向对象软件的设计、开发和编写文档等工作。ArgoUML 是一个运行在 Java 1.2 及以上版本虚拟机之上，且是免费和开源的（遵循 BSD 协议）UML 制作工具。与其他 CASE 工具如 Viso 等类似。ArgoUML 的主要特征包括开放的标准（XMI、SVG 和 PGML）、100% 的平台独立性、开发源代码、可扩展和可定制，具有认知（cognitive）性等。

Rational Rose。Rational Rose 是一个完全的、具有能满足所有建模环境（如 Web 开发、数据建模、Visual Studio 和 C++）需求能力和灵活性的一套解决方案。Rose 允许开发人员、项目经理、系统工程师和分析人员在软件开发周期内将需求和系统的体系架构转换成代码，消除浪费的消耗、对需求和系统的体系架构进行可视化、理解和精练。通过在软件开发周期内使用同一种建模工具可以确保更快、更好地创建满足客户需求的可扩展的、灵活的并且可靠的应用系统。Rose 2007 功能上可以完成 UML 的 9 种标准建模，即静态建模（包括用例图、类图、对象图、组件图、配置图等）和动态建模（包括协作图、序列图、状态图、活动图等）。为了使静态建模可以直接作用于代码，Rose 提供了类设计到多种程序语言代码自动产生的插件。同时，作为一款优秀的分析和设计工具，Rose 具有强大的正向工程和逆向工程能力。正向工程指由设计产生代码，逆向工程指由代码归纳出设计。通过逆向工程，Rose 可以对历史系统分析，然后进行改进，再通过正向工程产生新系统的代码，这样的设计方式称为再工程。

VSS。微软的 Studio 企业版包含 VSS（Visual Source Safe）版本管理工具。VSS 工具包括服务器和通过网络可以连接服务器的客户端。VSS 提供了基本的认证安全和版本控制机制，包括 CheckIn（入库）、CheckOut（出库）、Branch（分支）、Label（标定）等功能，能够对文本、二进制、图形图像等几乎任何类型的文件进行控制，提供历史版本对比，并可以与 Studio 集成。VSS 的客户端既可以连接服务器运行，也可以在本机运行，非常适合于个人程序开发的版本管理。

PVCS。PVCS 是世界领先的软件开发管理工具，市场占有率达 70% 以上，是公认的事实上的工业标准。IDC 在 1996 年 9 月的报告中评述："PVCS 是软件开发管理工业领域遥遥领先的领导者。"全球的著名企业、软件机构、银行等诸多行业及政府机构几乎无一例外地应用了 PVCS。PVCS 包含多种工具，其中 PVCSVersionManager 会完整、详细地记录开发过程中出现的变更和修改，并使修订版本自动升级，而 PVCSTracker、PVCS Notify 会自动地对上述变更和修改进行追踪。另外，PVCSRequisitePro 提供了一个独特的 Microsoft Word 界面和需求数据库，从而可以使开发机构实时、直观地对来自于最终用户的项目需求及需求变更进行追踪和管理，可有效地避免重复开发，保证开发项目按期、按质、按原有的资金预算交付用户。PVCS 基于 Web 的应用比较方便，只要设定用户和权限，规划好目录结构，项目组成员就可以通过浏览器完成操作。

ClearCase。ClearCase 是 Rational 公司的主要配置管理工具，现在绝大多数企业已经从 PVCS 过渡到 ClearCase 来了，其原因在于 ClearCase 是整个 Rational 产品系列中的中枢。

ClearCase 提供了 VOB 的概念来进行配置管理，功能极其强大，同时 ClearCase 使用起来也非常复杂。目前国内 ClearCase 流行版本在 NT 主域控制器上安装。ClearCase 的解密和安装比较复杂。ClearCase 是世界上目前较强大的配置管理工具之一，由于它采用许多新的配置管理思想，使得相对于传统的 CVS、VSS、PVCS 等版本管理工具，ClearCase 具有许多闪光点，目前正在为世界上各大软件企业所使用。ClearCase 中有大量的新的术语，其中比较重要的术语有 UCM（统一配置管理）、VOB（版本对象基础）、View（版本视图）、Activity（更新活动）。ClearCase 实现版本管理的基础是 VOB，成员要更改受控资料，需要先设置一个自己的 View，这个 View 是用户感兴趣的受控资料范围，然后可以 CheckOut 资料到本地资料区，进行修改后再 CheckIn 提交。ClearCase 极为有力地支持多版本、并行开发。ClearCase 不仅可以提供基于文件的版本历史，甚至可以对整个目录系统的演化进行跟踪记录。

WinRunner。WinRunner 是一种企业级的功能测试工具，用于检测应用程序是否能够达到预期的功能及正常运行。通过自动录制、检测和回放用户的应用操作，WinRunner 能够有效地帮助测试人员对复杂的企业级应用的不同发布版进行测试，提高测试人员的工作效率和质量，确保跨平台的、复杂的企业级应用无故障发布及长期稳定运行。

LoadRunner。LoadRunner 是一种性能的负载测试工具，通过模拟成千上万的用户进行并发负载及实时的性能检测来查找发现问题，并能对整个企业架构进行测试。通过使用 LoadRunner 自动化性能测试工具，能够最大限度地缩短测试时间，优化性能和加速应用系统的发布周期。LoadRunner 能支持广泛的协议和技术，功能比较强大，可以为特殊环境提供特殊的解决方案。

1.2 软件工程国家标准

软件工程的范围涉及软件的整个生存周期，包括软件可行性研究、计划制订、需求分析、设计、程序编写、测试、维护以及与其相应的组织管理工作等，这些过程都需要按一定的规范进行，才能有效控制软件进度和保证软件质量。

我国制定和推行标准化工作的总原则是向国际标准先进技靠拢，以促进国际交流。从 1983 年起，我国已陆续制定和发布了 20 余项软件工程国家标准。

这些标准可分为 4 类：基础标准、开发标准、文档标准、管理标准，如表 1-2 所示。

表 1-2 我国软件工程标准

类 型	标 准 名 称	标 准 号
基础标准	软件工程术语	GB/T 11457—2006
	信息处理 数据流程图、程序流程图、系统流程图、程序网络图和系统资源图的文档编制符号及约定	GB 1526—1989
	软件工程标准分类法	GB/T 15538—1995
	信息处理 程序构造及其表示的约定	GB/T 13502—1992
	信息处理 单命中判定表规范	GB/T 15535—1995（ISO 5806）
	信息处理系统计算机系统配置图符号及其约定	GB/T 14085—1993（ISO 8790）
开发标准	信息技术软件生存期过程	GB/T 8566—2007
	软件支持环境	GB/T 15853—1995
	信息处理 按记录组处理顺序文卷的程序流程	GB/T 15697—1995（ISO 6593：1985）
	软件维护指南	GB/T 14079—1993
文档标准	计算机软件产品开发文档编制指南	GB/T 8567—2006
	计算机软件需求说明编制指南	GB/T 9385—2008
	计算机软件测试文档编制规范	GB/T 9386—2008
	软件文档管理指南	GB/T 16680—1996
管理标准	计算机软件配置管理计划规范	GB/T 12505—1990
	信息技术 软件产品评价 质量特性及其使用指南	GB/T 16260—2006（ISO 14598）
	计算机软件质量保证计划规范	GB/T 12504—2008
	计算机软件可靠性和可维护性	GB/T 14394—2008

软件工程标准化

软件工程标准化涉及软件设计的标准化、文件编写的标准化和项目管理的标准化 3 个方面。软件设计的标准化包括设计方法、设计表达方法、程序结构、程序设计语言、程序设计风格、用户接口设计、数据结构设计、算法设计等。文件编写的标准化包括管理文件、项目实施计划、质量保证计划、开发进度月报、可行性分析报告、软件需求说明书、概要设计说明书、详细设计说明书、测试计划说明书、用户手册、维护手册、操作手册、源代码、生成信息、验收报告、开发总结报告等。项目管理的标准化包括开发流程、开发作业、计划与进度管理、人员组织、质量管理、成本管理、维护管理、配置管理等。

软件工程标准对软件生存周期中的各个阶段的工作做出合理、统一的规定。使用这个统一标准，在软件开发项目取得阶段成果或最后完成时进行阶段评审和验收测试，从而高效地支持软件的维护。

软件工程标准根据制定机构可分为国际标准、国家标准、行业标准、企业规范和项目规范 5 个级别。国际标准由国际标准化组织 ISO 制定和公布，供各国参考。国家标准由各国政府或国家级机构制定或批准，适用于全国范围。我国国家标准用字母 GB 开头，简称"国标"。行业标准由行业机构、学术团体或国防机构制定，适用于某个业务领域的标准，如美国电气和电子工程师学会 IEEE 制定的标准、中国国家军事标准 GJB 等。企业标准由企业根据实际需要制定企业内部使用的规范。项目标准由项目组织与生产单位制定，且应用于该项目任务的规范。

国家标准

信息技术　软件生存周期过程（GB/T 8566—2007）。本标准为软件生存周期过程建立一个公共框架，包括软件产品的供应、开发、运作和维护期间所进行的过程、活动和任务。本标准还提供一种过程，用来确定、控制和改进软件生存周期过程。

计算机软件产品开发文件编制指南（GB/T 8567—2006）。本指南是一份指导性文件，建议在计算机软件的开发过程中一般应该产生 16 种文件及其编制形式和这些规定的相关解释，并作为软件编写质量的检验标准。

1.3　软件工程文档的分类

为了保证软件开发、维护等环节的有效管理以及方便软件技术人员之间进行技术交流，在软件生存周期的每一个阶段，都需要编制不同内容的文档。这些文档连同计算机程序及数据一起构成计算机软件，也有人把源程序当作文档的一部分。

软件文档也称作软件文件，是一种重要的软件工程技术资料，如技术文档、设计文档、版本说明文档。软件文档和计算机程序共同构成了能完成特定功能的计算机软件，因此可以说没有文档的软件，不能称其为软件，更不能成为软件产品。

软件文档的规范编制在软件开发工作中占有突出的地位和相当的工作量。高质量地编制、分发、管理和维护文档，及时地变更、修正、扩充和使用文档，对于充分发挥软件产品的效益有着十分重要的意义。

软件文档作为计算机软件的重要组成部分，在软件开发人员、软件管理人员、软件维护人员、用户以及计算机之间起着重要的桥梁作用。软件开发人员之间通过软件文档交流设计思想和设计软件，软件管理人员通过文档了解软件开发项目安排、进度、资源使用和成果等，软件维护人员通过文档对项目进行维护，用户通过文档掌握软件的使用方法和操作方法。软件文档在产品开发过程中具有重要的桥梁作用。

- 项目管理的依据。软件文档向管理人员提供软件开发过程中的进展和情况，把软件开发过程中的一些"不可见的"事物转换成"可见的"文字资料，以便管理人员在各个阶段检查开发计划的实施进展，使之能够判断原定目标是否已达到，以及继续耗用资源的各类和数量。
- 技术交流的语言。技术人员之间的交流和联系正是通过文档来实现的，因此，软件文档可以看成软件技术人员进行"技术交流的语言"。

- 保证项目质量。软件文档是进行项目质量审查和评价的重要依据，也是保证软件项目质量的重要技术文档。
- 培训与维护的资料。软件文档提供对软件的有关运行、维护和培训的信息，便于管理人员、开发人员、操作人员和用户了解系统如何工作，以及如何使用系统。
- 软件维护支持。维护人员需要软件系统的详细说明以帮助他们熟悉系统，找出并修正错误，改进系统以适应用户需求的变化或适应系统环境的变化。
- 记载软件历史的语言。软件文档作为"记载软件历史的语言"，记录了开发过程中的技术信息，便于协调以后的软件开发、使用和修改。

按照文档产生和使用的范围，软件文档可分为开发文档、用户文档、管理文档 3 类。

开发文档主要负责对软件开发过程本身进行描述和规范，包括可行性研究报告、项目开发计划、软件需求说明书、数据库设计说明书、概要设计说明书、详细设计说明书等文档，也包括软件的详细技术描述（程序逻辑、程序间相互关系、数据格式和存储等）。开发文档的主要作用如下：

- 它是软件开发过程中各个阶段之间的通信工具，记录生成软件需求、设计、编码和测试的详细规定和说明。
- 它描述开发小组的职责，通过规定软件、主题事项、文档编制、质量保证人员，以及包含在开发过程中任何其他事项的角色来定义"如何做"和"何时做"。
- 它用作管理者评定开发进度。如果开发文档丢失、不完整或过时，管理者将失去跟踪和控制软件项目的一个重要工具。
- 它形成了维护人员所要求的基本的软件支持文档，而这些支持文档可作为产品文档的一部分。
- 它记录软件开发的历史。

用户文档主要负责对软件产品的使用、维护等信息进行描述，包括用户手册、操作手册、软件需求说明书、数据要求说明书等文档。用户文档主要有以下作用：

- 为使用和运行软件产品的客户提供培训参考信息。
- 为那些未参加开发本软件的程序员维护它提供信息。
- 促进软件产品的市场流通或提高可接受性。

管理文档主要负责对软件项目开发过程的管理以及信息的描述，包括项目开发计划、模块开发卷宗、开发进度月报、测试计划、测试分析报告、项目开发总结报告等文档。管理文档主要有以下作用：开发过程的每个阶段的进度和进度变更的记录；软件变更情况的记录；相对于开发的判定记录；职责定义。

根据计算机软件产品开发文件编制指南，在计算机软件的开发过程中，一般应产生如下主要文档。

可行性分析（研究）报告。编制目的：说明软件开发项目的实现在技术、经济和社会条件方面的可行性；评述为了合理地达到目标而可能选择的各种方案；说明并论证所选定的方案。

软件开发计划。编制目的：用文档的形式把开发工作的负责人员、开发进度、所需预算、所需软件、所需硬件等记载下来，以便据此开展和检查开发工作。

软件需求规格说明。编制目的：使用户和软件开发者对该软件的初始规定有共同理解，使之成为整体开发工作的基础。

数据需求说明。编制目的：向开发阶段提供关于被处理数据的描述和数据采集要求的技术信息。

软件设计（结构）说明。软件设计（结构）说明又称为系统设计说明书，这里所说的系统是指程序系统。编制目的：说明对程序系统的设计考虑，包括程序系统的基本处理流程、程序系统的组织结构、模块划分、功能分配、接口设计、运行设计、数据结构设计和出错处理设计等。详细设计包括对软件系统各个层次中的每一个程序（每个模块或子程序）的设计考虑。

数据库设计（顶层）说明。编制目的：对设计中数据库的所有标识、逻辑结构和物理结构做出具体的设计规定。

软件用户手册。编制目的：使用非专业术语充分描述该软件系统所具有的功能及其使用方法。使使用户（或潜在用户）通过本手册能够了解该软件的用途，并且能够确定在不同情况下应如何使用它。

计算机操作手册。编制目的：向操作人员提供该软件每一步运行的具体过程和有关知识，包括操作方法的细节。

软件测试计划。这里所说的测试主要是指程序系统的组装测试和确认测试。编制目的：提供对该软件的测试计划，包括每项测试活动的内容、进度安排、设计考虑、测试数据的整理方法及评价准则。

软件测试报告。编制目的：把组装测试和确认测试的结果、发现及分析制作成文档加以记载。

开发进度月报。编制目的：及时向有关管理部门汇报项目开发的进展和情况，以便及时发现和处理开发过程中出现的问题。一般地，开发进度月报是以项目组为单位按月编写的。如果被开发的软件系统规模比较大，整个工程项目被划分给若干个分项目组承担，那么开发进度月报将以分项目组为单位按月编写。

项目开发总结报告。编制目的：总结本项目开发工作的经验，说明实际取得的开发结果以及对整体开发工作各个方面的评价。

在项目开发过程中，应该按要求编写这些文档，文档编制要求具有针对性、精确性、清晰性、完整性、灵活性、可追溯性。

1.4　实验内容与方法

【实验 1-1】软件工程 CASE 工具

[实验目的与要求]

- 理解软件工程的基本概念，熟悉软件、软件生存周期、软件危机和软件工程的基本原理。
- 理解软件工程环境和工具，熟悉软件工程环境的组成和软件工具的分类等。
- 通过 Internet 了解软件工程技术网站和主流的软件工程工具等。

[实验内容]

- 上网了解查询软件工程网站和相关软件工程知识。
- 了解软件工程环境概念、层次、组成和开发要求。
- 查询现有主流的软件工程工具及其功能、用途、特点及适用范围。
- 浏览 CASE 工具。通过互联网了解现有软件工程主流工具，完成表 1-3 的内容。

表 1-3　软件工程工具分类

工具类型	代表性的工具名称	特　点	适用软件工程阶段
文档编写工具			
分析与设计工具			
版本控制工具			
配置管理工具			
测试工具			
维护工具			
调试工具			
再工程工具			
程序分析工具			

- 使用一些常用的 CASE 工具，如 Visio、Rose、VSS、CVS、Project、PowerDesign、WinRunner、LoadRunner、Eclipse 等，快速了解它们的基本功能和作用，完成表 1-4 的内容。

表 1-4　一些常用软件工程工具分析

工具名称	主要功能	界面特点	环境要求
Visio			
Rose			
VSS			
CVS			
Project			
PowerDesign			
WinRunner			
LoadRunner			
Eclipse			

【实验 1-2】软件工程标准化文档

[实验目的与要求]

- 熟悉软件工程标准化的概念、国家标准规范和意义。
- 了解支持国家标准和行业标准信息的网站。
- 深入学习和掌握软件产品开发文件的基本内容。
- 结合软件工程课程，重点学习编写软件需求文档、软件设计文档和软件测试文档。

[实验内容与步骤]

- 上网搜索和浏览，了解国家标准咨询服务的专业网站，了解信息技术标准、软件工程国家标准，并记录搜索结果。
- 查阅资料，了解国内外标准状况和代号及说明。
- 了解软件工程国家标准制定单位、情况、内容。
- 熟悉和掌握国家标准 GB/T 8567—2006。

- 深入分析软件产品文件规范的内容及其与软件生存周期各阶段的关系，了解文件编写、阅读和使用人员。
- 了解软件文档管理的基本要求。
- 编写部分软件文档。

软件需求规格文档

尽管在进行可行性研究时已经提出了软件项目的一些可行的方案，但由于分析和设计的过程较粗，其目的只是在较短时间内确定问题并分析问题的解决方法。所以在软件需求分析阶段的首要任务仍然是为待开发软件提出准确而详尽的指示，包括功能、性能、数据和运行环境等，为下一阶段的概要设计提供目标和依据。

软件需求规格的特点。软件需求规格（Software Requirement Specification，SRS）处于软件生存周期的开始，对其进行正确、精确的描述是设计、开发满足客户需求软件的前提和基础。为此，编制的 SRS 必须具有无歧义性、完整性、可验证性、一致性、可修改性和可追踪性。

编写软件需求文档的要点。软件需求说明的基本点是它必须说明由软件获得的结果，而不是获得这些结果的手段。编写需求的人必须描述的基本问题如下：

- 功能——所设计的软件要做什么。
- 性能——软件功能在执行过程中的速度、可使用性、响应时间，各种软件功能的恢复时间、吞吐能力、精度、频率等。
- 限制——在效果、实现的语言、数据库完整性、资源限制、操作环境等方面所要求的标准。
- 属性——可移植性、正确性、可维护性及安全性等方面的考虑因素。
- 外部接口——与人、硬件、其他软件和其他硬件的相互关系。

软件需求文档模板的设计。各部分内容的详细说明如下。

（1）引言部分

确定编写目的、背景、定义和参考资料，确定任何一个系统在编写该文档时要确定的固定成分，这样就大大减少了软件开发人员的负担了。在说明编写这份软件需求说明书的目的时，考虑到有相同的地方，给出几个可能用到的选项，例如，本文档将对开发需求进行描述或为明确软件需求、安排项目规划与进度、组织软件开发与测试，撰写本文等，考虑到有考虑不全面的地方，设计一个补充栏，这样当用户在给定的选项中没有找到可以用的或合适的选项时，可以补上自己的语言，同时将补充的语言加进模板中，这样模板的内容将越来越全面，功能将越来越强大。

例如，本软件需求说明书的目的：[选项] 本文档将对开发需求进行描述 / 为明确软件需求、安排项目规划与进度、组织软件开发与测试，撰写本文 / 等等 /

[补充]_____

在说明预期读者时，考虑到读者类型有多种，不能罗列出所有情况，所以用复选形式来设计，同时配以补充。

例如，预期的读者：[复选]___项目策划 / 设计员 / 评审人员 / 项目经理 / 开发人员

[补充]_____

在说明背景时，本项目的名称、提出者、开发者、用户，在各个不同的系统中相同的可能性不是太大，考虑到这点，在这几个项中，由用户自己来填。

例如，本项目的名称：___图书管理系统的实现___

本项目的提出者：_____

本项目的开发者：_____

本项目的用户：_____

在设计定义的时候，必须提供全部需求的术语、缩写词及略语的定义，以便对 SRS 进行适当的解释。要求列出本文件中用到的专门术语的定义和外文首字母组词的原词组，这里只给出一个填空的模板。

例如，_____：_____

（2）任务概述部分

在任务概述中，首先应该叙述该软件项目开发的意图、应用目标、作用范围以及其他应该说明的有关该软件开发背景的材料，解释被开发软件与其他有关软件之间是否存在关系。如果所定义的产品是一个更大的系统的一个组成部分，则应说明本产品与该系统中其他各组成部分之间的关系，为此可通过方框图来说明该系统的组成和本产品同其他各部分的联系和接口。应描述影响产品及其需求的一般因素，这里不说明具体的需求，而仅使需求更易于理解。

产品描述：这一条是把一个产品用其他有关的产品或项目来描述。如果这个产品是独立的，而且自含全部内容，则应在此说明。如果 SRS 定义的产品是一个较大的系统或项目中的一个组成部分，那么本条应包括如下内容：

- 要概述这个较大的系统或项目的每一个组成部分的功能，并说明其接口。
- 指出该软件产品主要的外部接口。在这里，不要求对接口进行详细描述。
- 描述所使用的计算机硬件、外围设备。这里仅仅是一个综述性描述。

在这个描述中，用一个方框图来表达一个较大的系统或项目的主要组成部分、相互联系和外部接口是非常有帮助的。因此设计模板的时候，可以留空间给用户来设计方框图。

用户特点：本条要描述影响具体需求的产品的最终用户的一般特点。许多人在软件生存周期的操作和维护阶段与系统相关，而这些人中有用户、操作员、维护人员和系统工作人员。这些人的某些特点，如教育水平、经验、技术、专长等，都是施加于系统操作环境的重要约束。如果系统的大多数用户是一些临时用户，那么要求系统包含基本功能的提示。

假定与约束：约束对设计系统限制开发者选择的其他一些项做一般性描述。而这些项将限定开发者在设计系统时的任选项。这些项包括管理方针、硬件的限制、与其他应用间的接口、并行操作、审查功能、控制功能、所需的高级语言、通信协议、应用的临界点、安全和保密方面的考虑。

假设列出影响软件需求说明中陈述的需求的每一个因素，这些因素不是软件的设计约束，但是它们的改变可能影响 SRS 中的需求。例如，假定一个特定的操作系统是在被软件产品指定的硬件上使用的，然而，事实上这个操作系统是不可能使用的，于是 SRS 就要进行相应的改变。

（3）功能需求部分

功能划分：用列表的方式（如 IPO 表，即输入、处理、输出表的形式），逐项定量和定性地叙述对软件所提出的功能要求，说明输入什么量、经过怎样的处理、得到什么输出，说明软件应支持的终端数和应支持的并行操作的用户数。

需求文档应包括软件开发者在建立设计时需要的全部细节，具体需求一般分为功能需求、性能需求、设计约束、属性和外部接口需求。

功能描述：功能描述部分描述软件产品的输入怎样变换成输出，即软件必须完成的基本动作。对于每一类功能或者有时对于每一个功能，需要具体描述其输入、加工和输出的需求。

这通常由 4 个部分组成：

- 引言。引言描述的是功能要达到的目标、所采用的方法和技术，还应清楚说明功能意图的由来和背景。
- 输入。输入部分详细描述该功能的所有输入数据，如输入源、数量、度量单位、时间设定、有效输入范围（包括精度和公差）。

操作员控制细节的需求。其中有名字、操作员活动的描述、控制台或操作员的位置。例如，当打印检查时，要求操作员进行格式调整。指明引用接口说明或接口控制文件的参考资料。

- 加工。加工部分定义输入数据、中间参数，以获得预期输出结果的全部操作。它包括如下的说明：输入数据的有效性检查；操作的顺序，包括事件的时间设定；异常情况的响应，如溢出、通常故障、错误处理等；受操作影响的参数；降级运行的要求；用于把系统输入变换成相应输出的任何方法（方程式、数学算法、逻辑操作等）；输出数据的有效性检查。
- 输出。这部分应包括以下内容：详细描述该功能所有输出数据，如输出目的地、数量、度量单位、时间关系、有效输出的范围（包括精度和公差）、非法值的处理、出错信息。

（4）数据描述部分

静态数据：主要指系统运行过程中不发生变化的数据，如存储在硬盘中的文件、数据库表。

动态数据：主要指系统运行时输入的或中间临时变换的数据，如动态变量、临时文件和数据集等。

数据库要求：指需要的数据库名称和类型等。

数据词典：对作为产品的一部分进行开发的数据库规定一些需求。它们可能包括以下内容：使用的频率，存取能力，数据元素、记录和文卷描述符，数据元素、记录和文卷的关系，表态和动态的组织，数据保存要求。

数据操作：这里说明用户要求的常规操作和特殊操作，包括在用户组织之中各种方式的操作，如用户初始化操作、交互作用操作的周期和无人操作的周期、数据处理支持功能、后援和恢复。

场合适应性需求：对给定场合、任务或操作方式的任何数据或初始化顺序的需求进行定义，如安全界限等。指出场合或相关任务的特点，这里可以被修改，以使软件适合特殊配制的要求。

（5）运行要求部分

用户接口：提供用户使用软件产品的接口需求。例如，如果系统的用户通过显示终端进行操作，就必须指定如下要求：对屏幕格式的要求，报表或菜单的页面打印格式和内容，输入/输出的相对时间，程序功能键的可用性。

硬件接口：要指出软件产品和系统硬件之间第一个接口的逻辑特点。还可能包括如下事宜：支撑什么样的设备，如何支撑这些设备，有何约定。

软件接口：在这里应指定需使用的其他软件产品（如数据管理系统、操作系统或者数学软件包），以及同其他应用系统之间的接口。对于每一个所需的软件产品，要提供名字、助记符、规格说明号、版本号和来源。对于每一个接口，这部分应说明与软件产品相关的接口软件的目的，并根据信息的内容和格式定义接口，不必详细描述任何已有完整文件的接口，只要引用定义该接口的文件即可。

通信接口：这里指定各种通信接口，如局部网络的协议等。

（6）其他需求部分

设计约束：设计约束受其他标准、硬件限制等方面的影响。

- 其他标准的约束，如报表格式、数据命名、财务处理、审计追踪等。
- 硬件的限制，包括在各种硬件约束下运行的软件要求，例如，应该包括硬件配置的特点（接口数、指令系统等）、内存储器和辅助存储器的容量。

属性：在软件的需求之中有若干个属性，下面给出其中的几个。

- 可用性。可以指定一些因素，如检查点、恢复和再启动等，以保证整修系统有一个确定的可用性级别。
- 安全性。指的是保护软件的要素，以防止各种非法的访问、使用、修改、破坏或者泄密。
- 可维护性。规定若干需求以确保软件是可修改的。
- 可转移 / 转移性。规定把软件从一种环境移植到另一种环境所要求的用户程序、用户接口兼容方面的约束等。

软件（结构）设计说明文档

软件（结构）设计说明文档的主要目的是把系统的功能需求分配给软件结构，形成软件的系统结构图。在软件理论和工程的实践中，人们已经在采用各种表达软件构成的描述形式，构成了软件设计结构表达的一些规范。

结构化程序设计在数据类型和结构化控制描述支持下，主程序和子程序是主要的程序设计思想。在这样的思想下，系统的结构被映射为主程序和一系列具有调用关系的子过程的集合。这在程序设计语言中，直接与主程序和过程 / 函数的概念对应。更复杂的系统设计包含了更多的关于模块、程序的概念。模块可以看成具有独立主程序和子过程结构的功能块。

（1）总体设计部分

对于需求规定，要说明对本系统的主要的输入 / 输出项目、处理的功能性能要求，可以直接用一张表来描述，既简洁，又一目了然。

在设计结构时，要用一览表及方框图的形式说明本系统的系统元素（各层模块、子程序、公用程序等）的划分，扼要说明每个系统元素的标识符和功能，分层次地给出各元素之间的控制与被控制关系。

软件结构图是在软件概要设计阶段较常使用的表示形式之一，用来描绘软件的层次结构。图中的每个方框代表一个模块，方框间的连线表示模块的调用关系。最顶层的方框代表正文加工系统的主控模块，它调用下层模块完成正文加工的全部功能；第二层的每个模块控制完成正文加工的一个主要功能。

（2）接口设计部分

接口涉及用户接口、外部接口和内部接口。突出人如何命令系统以及系统如何向用户提交信息，人在使用计算机过程中的感受直接影响他（她）对系统的接受程度。随着计算机应用的不断普及和深入，非计算机专业人员在使用计算机的人群中所占的比例也在不断增加，人机交互部分的友好性直接关系到一个软件系统的成败，虽然好的人机交互部分不可能挽救一个功能很差的软件，但性能很差的人机交互部分将使一个功能很强的产品变得不可接受。

在概要设计文档中，应该充分体现以下几点：对客户分类，描述客户和他们的任务脚本，描述交互的形式、内容、操作和反馈信息等，人机交互界面原型，围绕人机交互界面原型设计命令层次，设计人机交互部分的类。

在用户接口部分，说明将向用户提供的命令和它们的语法结构，以及软件的回答信息。在外部接口部分，说明本系统同外界的所有接口的安排，包括软件与硬件之间的接口、本系统与各支持软件之间的接口关系。在内部接口部分，说明本系统内部的各个系统元素之间的接口的安排。例如，在设计用户接口时，用如下的方式：

a. 用户登录

　设计的登录界面：

　用户（怎么做？）

b. 用户注册

在设计外部接口时，用表 1-5 表示。既方便了编写文档的设计人员，也便于各用户层的阅读，更可以作为以后的设计文档的参考。在设计内部接口时，涉及各元素、功能之间的安排。各个模块内部也涉及功能入口和出口问题，可用表 1-6 来表示。

表 1-5　外部接口

数　据　项	类　　型	输 入 方 式

表 1-6　模块内部接口

项目 ＼ 入口	入口 1	入口 2	…	入口 *n*
参数名				
类型				
项目 ＼ 出口	出口 1	出口 2	…	出口 *n*
结果 / 返回值				
类型				

（3）系统数据结构设计部分

要对系统数据结构进行设计，就要从逻辑结构、物理结构开始设计。

对于逻辑结构的设计，要给出本系统内所使用的每个数据结构的名称、标识符以及它们之中每个数据项、记录、文卷和标识、定义、长度及它们之间的层次的或表格的相互关系。可以用表格来表示，如表 1-7 所示。

表 1-7　系统数据结构

序号	约束（规则）	宽度	类型	Default	字段名称	字段说明
1	Not null	8	char	Max+1	编号	
…						
n						

对于物理结构设计，要给出本系统内所使用的每个数据结构中的每个数据项的存储要求、访问方法、存取单位、存取的物理关系（索引、设备、存储区域）、设计考虑和保密条

件。同样也可以用表格的形式。同时还要说明一下系统数据结构与程序的关系，如表 1-8
所示。

表 1-8　系统数据结构与程序的关系

关　　系	程序 1	程序 2	…	程序 n
数据结构 1				
数据结构 2				
…				
数据结构 n				

（4）系统出错处理设计部分

对于系统的出错信息，用一览表的方式说明每种可能的出错或故障情况出现时系统
输出信息的形式、含义及处理方法。补救措施中要说明故障出现后可能采取的变通措施，
包括：

- 后备技术。说明准备采用的后备技术，当原始系统数据万一丢失时启用的副本的建立和启动的技术，例如，周期性地把磁盘信息记录到磁带上去就是磁盘媒体的一种后备技术。
- 降效技术。说明准备采用的后备技术，使用另一个效率稍低的系统或方法来求得所需结果的某些部分，例如，一个自动系统的降效技术可以是手工操作和数据的人工记录。
- 恢复及再启动技术。说明将使用的恢复再启动技术，使软件从故障点恢复执行或使软件从头开始重新运行的方法。

软件测试计划文档

随着软、硬件技术的发展，计算机的应用领域越广泛，而其中软件的功能也越来越强大，软件也越来越复杂。这就使得在如何保证软件的质量和高度可靠性方面面临巨大的挑战。

软件测试就是在软件投入运行前，对软件需求的、设计规格说明和编码的最终复审，是软件质量保证的关键步骤，在软件开发的整个过程中占有极重要的位置。软件测试文档主要包括测试规划、测试策略、测试手段以及测试结果，最终将决定软件开发的成败。所以说测试工作在软件开发的整个过程中占有极重要的位置。

软件测试工作应该以一个好的测试计划作为基础。测试计划将起到一个框架结构的作用，规划了测试的步骤和安排。一个测试计划的基本内容包括基本情况分析、测试需求说明、测试策略和记录、测试资源配置、问题跟踪报告、测试计划的评审等。

（1）基本情况分析部分

产品基本情况分析部分应包括产品运行平台和应用的领域、产品的特点和主要的功能模块等。基本情况分析部分主要包括以下内容：

- 客观地分析测试的目的和侧重点，定义测试的策略和测试的配置，估计测试大致需要的周期和最终测试报告递交的时间，说明由于测试工具、环境、功能等的改变，有可能会导致测试计划变更的事件。
- 描述和分析测试平台的构建以及测试的潜在风险。
- 将被测试的软件划分成几个组成部分，规划成一个适用于测试的完整的系统，包括数据的存储和传递的（数据流图）过程，每一部分的测试要达到什么样的目的，每一

部分是怎么实现数据更新的；常规性的技术要求，如运行平台、需要什么样的数据库等。

- 说明测试软件项目的相关资料，如用户文档、产品描述、主要功能的举例说明。

（2）计划部分

通过将测试分为几个测试部分，给出测试内容的参与单位及被测试的部位。

在进度安排上，给出对这项测试的进度安排，包括进行测试的日期和工作内容（如熟悉环境、培训、准备输入数据等）。

在条件上，陈述本项测试工作对资源的要求，包括：

- 设备：所用到的设备类型、数量和预定使用时间。
- 软件：列出将被用来支持本项测试过程而本身又并不是被测软件的组成部分的软件，如测试驱动程序、测试监控程序、仿真程序、桩模块等。
- 人员：列出在测试工作期间预期可由用户和开发任务组提供的工作人员的人数、技术水平及有关的预备知识，包括一些特殊要求，如倒班操作和数据输入人员。

（3）测试项目说明部

逐项说明：可以用表1-9逐项说明下列各项。

- 测试项目名称：测试名称。
- 测试内容：主要测试工作。
- 测试用例：测试具体数据要求和清单及覆盖依据。
- 输入：具体测试时的输入数据。
- 输出：预期的输出。

表 1-9　测试项目说明

测试项目名称	测试内容	测试用例	输入	输出

步骤及操作：根据系统运行的具体情况，设计操作步骤和每个步骤需要的输入和预期结果，可以用表1-10表示。

表 1-10　设计操作步骤

测试项目名称			
步骤	操作	输入	预期
步骤1			
步骤2			
步骤3			
步骤4			

1.5　实验安排说明

软件工程文档标准提供了许多文档编写的标准模板，指导软件相关人员进行文档编制。本章设置了两个实验：

- 【实验 1-1】软件工程 CASE 工具
- 【实验 1-2】软件工程标准化文档

实验 1-1 可以作为了解内容，查阅各种不断涌现的辅助工具，提高软件建模和文档编写的效率和规范性。实验 1-2 可以帮助学生了解软件工程的文档标准和各个文档的作用，重点理解主要文档的模板内容和编写要点。可以根据课时选择实验，这里建议优先完成实验 1-2。

1.6　小结

本章主要从软件工程文档标准的角度，介绍软件工程辅助建模和文档编写工具、文档标准、主要文档标准内容以及编写要点，突出了软件工程的工程化的概念、文档编写的作用和国家标准。

1.7　习题

1. 软件工程 CASE 工具的作用是什么？
2. 主流的软件工程 CASE 工具有哪些？
3. 软件工程文档的国家标准有哪些？
4. 请给出软件需求规格说明文档的主要内容。
5. 请给出软件（结构）设计文档的主要内容。
6. 请给出软件测试计划文档的主要内容。

## 第 2 章

软件分析与设计工具

2.1 引言

Microsoft Visio 是一种面向各种工程应用的专业绘图工具软件。Microsoft Visio 以其强大的绘图环境和丰富的图元库得到了各行各业的用户的青睐和广泛使用。本章将介绍 Microsoft Visio 的主要功能和使用方法及其在软件工程领域的应用。

Visio 是微软开发的一款绘图软件，它有助于 IT 和商务专业人员轻松地进行可视化分析和复杂设计信息交流。它能够将难以理解的复杂文本和表格转换为一目了然的 Visio 图表。该软件通过创建与数据相关的 Visio 图表（而不使用静态图片）来显示数据，这些图表易于刷新，并能够显著提高生产率。

Visio 为各行各业的用户设计了大量的常见图元，组成供用户选择的图元库。这些图元可供用户进行进一步编辑和修改，而且可以方便地归组、运算和连接以生成新的图元或图形文件，称为智慧图元（SmartShapes）。Visio 不但包含大量的模板，还提供了完全开放的图形平台架构，用户可以自己定义新的智慧图元和它们的行为，并把它们加入模板中，也可以自己归类和重组模板，还可以从网络上下载与更新模板库。

Visio 平台的核心功能包括智慧图元技术、智慧型绘制和开放式架构。它的最大特色就是"拖曳式绘图"。下面介绍 Visio 的基本特征。

拖曳式绘图。拖曳式绘图是 Visio 和其他绘图软件的最大不同。只要用鼠标把需要的图元拖到绘图区中，就可以生成该图元的一个实例，并且可以对它进行其他的编辑操作。

可定制的模板库。Visio 提供了适应不同行业设计需求的解决方案，为不同的设计用户定制了对应的模板库和图纸初始化，方便用户快速地进入工作。

图 2-1 所示对话框左边列出了可供选择的解决方案目录，每个目录中可以选择的模板库显示在右边，并且带有相应的图形提示。

与其他 Office 系列产品无缝结合。Visio 的图形可以完全兼容 Office 系列的其他产品，如 Microsoft Word、Microsoft PowerPoint 等。成为 Office 系列软件一员后的 Visio 实现了和其他 Office 产品的无缝结合，用户可以非常方便地将 Visio 图形插入这些产品中进行编辑和整合。

开放式结构。所有 Visio 产品都具备开放式的程序架构，支持自定义智慧图元。用户可以为特定的工作制定不同的图元，并可以在图形符号列表中修改和设置特定的图元行为，甚至可以像 Microsoft Excel 一样通过输入公式来确定图元行为程序。最新的自动化支持和内建的 Visual Basic for Application（VBA）意味着用户可以使用 VBA 或任何自动化控制器（包括 C/C++）以程序设计解决方案，延伸 Visio 产品的功能或将它整合到商业应用软件中。

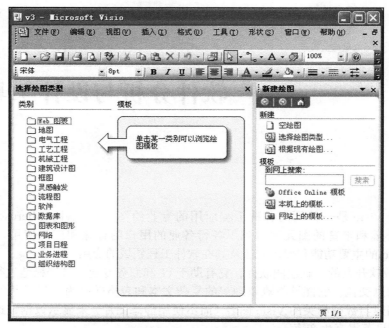

图 2-1　Visio 可供选择的模板

完善的网络应用。可以方便地将超级链接加入 Visio 的图形和绘图页中，这样用户可以方便地按照预定的路线跳转到其他绘图页、其他文件或 Web 站点。Visio 可以将设计好的图样转换成 HTML（超文本标记语言）格式或进行 Web 发布，以便在公司内部或 Internet 上展示。

2.2　Visio 的基本使用方法

2.2.1　初识 Visio 绘图

正确安装与启动 Visio 后，首先启动图 2-2 所示的"开始"界面，该界面包括模板预览区（template previews）和任务栏（task bar）两个部分。上部分为任务栏，支持用户快捷操作。下部分为模板预览区，为用户提供可选择的模板。

左边的模板类型和模板两部分合称为模板预览区，展示了当前系统中可以应用的各类模板。在模板预览区中，左边的模板类型展示了 Visio 所提供的各种已经定义好的绘图模板。Visio 以目录的形式存放这些模板，供用户选择。这些模板类型按照应用领域进行分类，如单击软件和数据库类，则出现有关软件分析与设计的各种模板。中间部分为模板样式，并以缩略图的形式显示出来，供用户查看和选择。选择某个模板样式，则右边部分对这个模板进行详细说明。

Visio 主界面支持用户通过多种方式开始 Visio 的绘图编辑工作。用户可以选择任意目录中的一个模板开始设计，这时 Visio 系统会打开对应的图形库，并设定好恰当的页面大小，也可以选择已有的一幅图样为模板开始新的设计，Visio 系统将复制原有图样以作为当前设计的底稿。当然，还可以打开已有的图样继续以前的编辑工作或建立一幅全新的空白图样。

单击某个目录后，模板区中将显示该目录下包含的各个模板名称和缩略图。当包含的模板较多，无法在同一屏幕内显示时，可以拖动右边的滚动条进行浏览。单击某一模板后，在左下角的模板简介区中会给出对应模板的简要介绍。

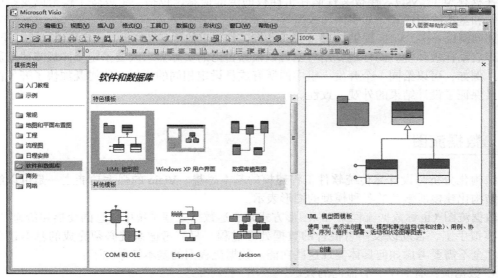

图 2-2　Visio 主界面

窗口左边的部分称为任务栏，在其中列出了当前状态下可以进行的各项操作，只需要单击某一项目就表示进行该项操作。Visio 图样的操作步骤如下：

（1）启动 Visio，选择某个类型的解决方案，并确定应用该方案的哪个样板。

（2）打开样板后，样板会自动打开相应的一个或多个模板，设置绘图页、绘图比例和页面尺寸。样板预先建立的绘图页一般大致符合该类型图样设计的度量系统，并且其中的文本、线条和填充效果也都符合创建该类图样的习惯。这就大大减少了用户的工作量，加快了制图速度。可以调整这些设置以满足特殊的制图需要。

（3）从模板中向绘图页里拖曳添加图形。必要的情况下可以打开其他样板以获得特定图形，也可以使用 Visio 提供的绘图工具自己进行绘制。

（4）调整所添加的图形。使用标尺或图形页面调整图形的尺寸，借助网格线或定位导线调整图形的位置。此外，对齐和分布命令可以用于多个图形组件的快速分布对齐。

（5）将图形进行组合或连接，使相关的图形结合成整体，便于统一编辑。

（6）为图形添加文字说明。

（7）储存文件并输出。

2.2.2　Visio 提供的模型

Visio 提供的模型如下。

图形模型（*.vsd）。带有 vsd 扩展名的图形文件用于保存用户的绘图设置及操作结果。图形文件和模板、样板都没有直接的联系，因此，一个图形文件可以包含多个样板中的多个模板。同时，一个图形文件还可以包含多个绘图页。

模板模型（*.vss）。Visio 把应用于同类工作需求的主图形组合成模板，并存放在模板文件中，以方便用户的操作和使用。每个模板文件对应一个模板，Visio 2003 安装目录的 Solutions 目录下各个子目录中一共包含了 156 个模板文件，对应 Visio 2003 的 156 个预定义模板。此外，用户还可以根据自己的需要改变预定义模板中的主图形或建立新的模板。

样板模型（*.vst）。样板文件储存了样板的全部信息，包括一个或多个模板以及绘图页的设置和基本绘图样式，如字体和线型等。

如同模板一样，Visio 提供了 65 个适应不同工作需求的预定义样板，用户可以直接打开 .vst 文件来启动样板环境。同样地，用户也可以根据自己的实际需求改变预定义样板或建立新的样板。例如，可以给同一个开发小组中的所有成员设定相同的样板，这样既加快了开发的速度，又保证了设计结果的外观一致性。

2.3 数据流图

结构化分析与设计是传统软件工程建模的基本思想。Visio 的强大功能之一是可以绘制软件结构化建模所涉及的各种模型的图形表示。

数据流图（也称数据流程图）以图形方式来表达数据处理系统中信息的变换和传递过程，可以模拟手工、自动以及两者混合的数据处理过程，只需考虑系统必须完成的基本逻辑功能，完全不需要考虑如何具体实现这些功能。数据流程图的基本符号如下：

- 数据流：有名字、有流向的数据。
- 流程（数据变换，处理逻辑）：表示数据所进行的加工或变换，图中以标有名字的圆圈代表加工。
- 数据存储：数据暂存的处所，可对文件进行必要的存取，在图中以标有名字的双直线段表示。
- 接口：描述数据输入和输出的人或系统等，包括数据源点和数据终点。数据处理过程的数据来源或数据去向的标志称为数据源及数据终点，在数据流图中均以命名的方框来表示。

【实验 2-1】订货系统的数据流图

设一个工厂采购部每天需要一张订货报表。订货的零件数据有零件编号、名称、数量、价格、供应者等。零件的入库、出库事务通过计算机终端输入给订货系统。当某零件的库存数少于给定的库存量临界值时，就应该再次订货。

数据流分析

- 数据源点：仓管员（负责将入库或出库事务发给订货系统）。
- 数据终点：采购员（接收每天的订货报表）。
- 数据流：入库事务、出库事务、入库信息、出库信息、订货信息、报表。
- 数据存储：订货信息、库存清单。
- 流程：处理事务、订货、生成报表。

绘制数据流图

数据流模型的图形表示就是数据流图。Visio 提供了数据流模型视图模板。

选择菜单命令"文件→新建→软件→数据流模型图"进入数据流图编辑窗口，如图 2-3 所示。当启动 Visio 时，系统自动进入"选择绘图类型"对话框，等待用户选择。单击右边的"软件"标签页，然后单击右边的"数据流模型图"图标可进入编辑窗口。

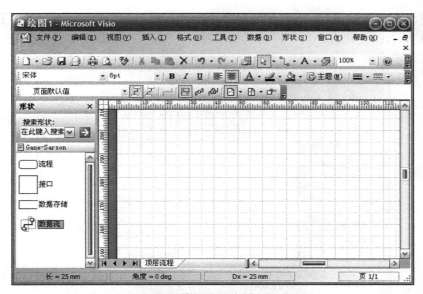

图 2-3　数据流图绘制主界面

绘制一个图形的步骤如下：

（1）选中左边形状区一个图形工具，如接口。

（2）将这个工具拖放到右边的图形编辑区。

（3）移动到合适的位置并释放。

（4）拖动图形的控制点以调整图形的大小和旋转方向。图形上的 8 个控制点用于调整图形的大小，而在图形外部的圆形控制点可调整图形的旋转方位，如图 2-4 所示。将鼠标指针放在圆形控制点，系统提示"旋转形状"，拖动圆形控制点可确定旋转角度，还可以调整图形中心的"旋转中心"位置。

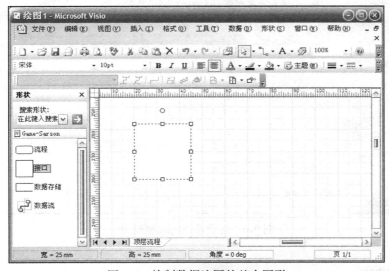

图 2-4　绘制数据流图的基本图形

（5）调整好形状和方位后，双击该图形，系统出现闪烁的光标，等待用户输入文字。输入完成后，在任意地方单击即可。当然也可以选中文本进行字体设置。

（6）重复上述步骤（1）～（5）绘制多个图形，如图2-5所示。这里添加了"处理入库""处理出库"。

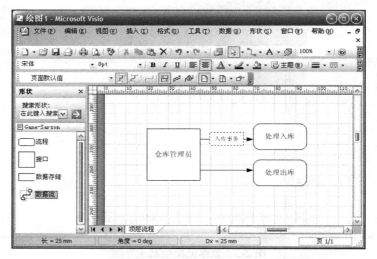

图2-5　绘制多个图形元素

注意：绘制数据流连接线时，会出现一个虚的箭头线，在靠近已有图形的控制点（图形上有"□"的记号）时，会出现加亮的红色矩形，表示要与这个图形建立连接。这个功能非常方便，可以精确定位，而且当拖动图形时，箭头线也随之调整。要调整箭头线的位置，需要拖动箭头线上的控制点，反复几次可以达到满意的结果。

完整的订货系统的数据流图如图2-6所示。

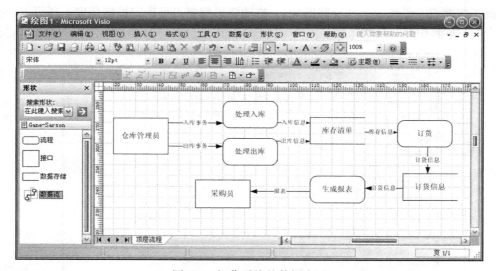

图2-6　订货系统的数据流图

2.4　状态模型

状态模型是一种描述系统对内部或者外部事件响应的行为模型。它描述系统状态和事件，以及事件引发系统在状态间的转换。状态模型一般采用状态转换图（状态图）来表示。

状态图描述了系统中某些复杂对象的状态变化，主要有状态、变迁和事件 3 种描述。状态机模型用于描述绘制状态图，只能使用 Visio 提供的 UML 状态图，尽管 Visio 对 UML 的支持功能不是特别强，但是表达一些基本的设计模型还是可行的。

选择菜单命令"文件→新建→软件→ UML 模型图"进入 UML 模型图编辑窗口，单击左边的" UML 状态图"进入状态图编辑状态，如图 2-7 所示。UML 状态图提供了基本的状态图符号，如状态、复合状态、初始状态、终止状态、转换、判定等常用符号。

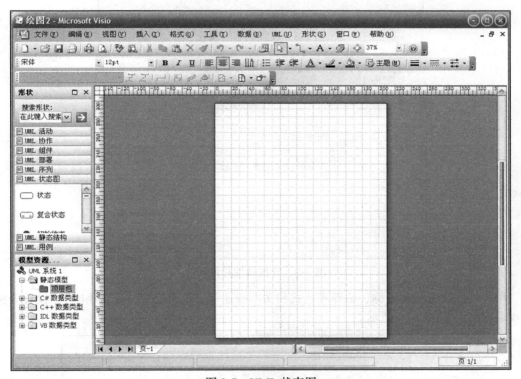

图 2-7　UML 状态图

【实验 2-2】电子表状态模型

电子表具有 3 种状态，分别为显示时间、设置小时、设置分钟。模式按钮是外部事件，导致电子表发生状态变化。

绘制状态图的步骤如下：

（1）选中左边一个图形工具。

（2）将这个工具拖放到右边的图形编辑区。

（3）移动到合适的位置并释放。

（4）双击该图形，可出现图 2-8 所示的属性对话框（状态）。用户可以设定状态或转换的名称和描述等信息。

（5）重复步骤（1）～（4）可以完成状态图的绘制。

这里绘制一个起始状态、一个"显示时间"状态，然后绘制一个从起始状态到"显示时间"状态的转换。双击这个转换符号，打开转换属性对话框，如图 2-9 所示。

图 2-8　设置状态的属性

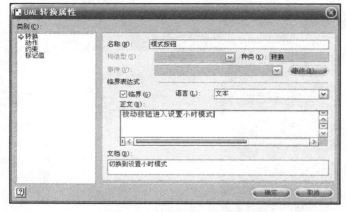

图 2-9　转换属性对话框

用户可以设置状态名称、临界表达式和文本描述等。依次绘制"设置小时""设置分钟"和 4 个转换，如图 2-10 所示。

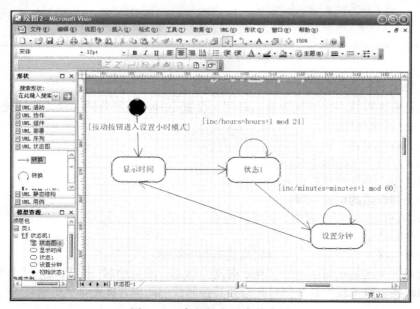

图 2-10　完整的电子表状态图

2.5　程序流程图

　　程序流程图描述程序的处理流程。选择菜单命令"文件→新建→流程图→基本流程图"进入流程图编辑区，如图 2-11 所示。当启动 Visio 时，系统自动进入"选择绘图类型"对话框，等待用户选择。单击右边的"流程图"标签页，然后单击左边的"基本流程图"图标可进入编辑窗口。

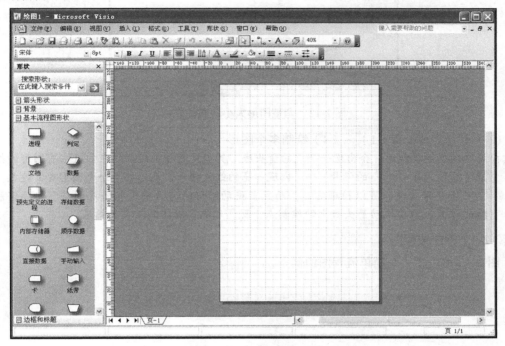

图 2-11　流程图编辑区

　　流程图编辑窗口分为左、右两个部分：左部是形状工具栏，用户可以选择需要绘制的图形对象形状；右部是基本流程图编辑区，用于放置绘制的图形。

　　基本流程图形状工具栏提供了箭头形状、背景和基本流程图形状 3 个形状工具标签页，其中基本流程图形状是用得最多的标签页，我们重点介绍基本流程图形状工具的使用方法和流程图的绘制方法。

　　基本流程图形状工具提供了 26 种基本形状，其中用得多的是进程、判定、终结符、动态连接线和批注工具。绘制一个图形的步骤如下：

　　（1）选中左边一个图形工具。

　　（2）将这个工具拖放到右边的图形编辑区。

　　（3）移动到合适的位置释放。

　　（4）拖动图形的控制点调整图形的大小和旋转方向。图形的 8 个控制点用于调整图形的大小，而在图形外部的圆形控制点可调整图形的旋转方位，如图 2-12 所示。将鼠标指针放在圆形控制点，系统提示"旋转形状"，拖动圆形控制点可确定旋转角度，还可以调整图形中心的"旋转中心"位置。

　　（5）调整好形状和方位后，双击该图形，系统出现闪烁的光标，等待用户输入文字。输入完成后，在任意地方单击即可。当然也可以选中文本进行字体设置。

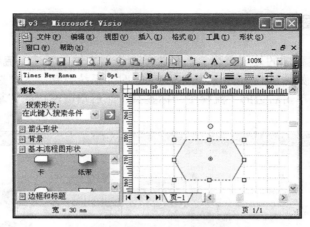

图 2-12　调整图形大小和旋转方位

（6）重复上述步骤（1）～（4）绘制多个图形。

注意：绘制动态连接线时，会出现一个虚的箭头线，其中没有箭头线两端在靠近已有图形的控制点（图形上有"×"的记号）时，出现加亮的红色矩形，表示要与这个图形建立连接。这个功能非常方便，可以精确定位，而且当拖动图形时，箭头线也随之调整。要调整箭头线的位置，需要拖动箭头线上的控制点，反复几次可以达到满意的结果。

【实验 2-3】程序流程图

图 2-13 给出了一个简单流程图的例子。

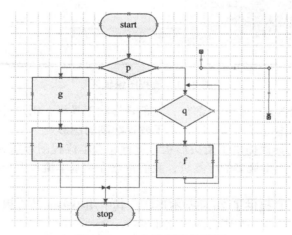

图 2-13　一个流程图的示例

2.6　实体关系模型

实体关系图是建立实体关系模型的重要模型视图。选择菜单命令"文件→新建→软件和数据库→实体关系"进入实体关系模型视图编辑窗口，如图 2-14 所示。窗口分为 3 个部分，左边部分是工具栏，右上部分是绘图区，右下是属性编辑区。

实体关系图提供了实体、关系、视图、父表与类别、类别、类别与子表和动态连接线 7 种基本符号。

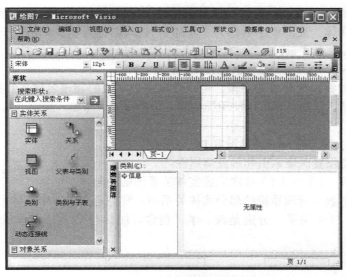

图 2-14　实体关系图创建窗口

【实验 2-4】实体关系模型

绘制实体关系图的步骤如下：

（1）选中左边一个图形工具，如实体。

（2）将这个工具拖放到右边的图形编辑区。

（3）移动到合适的位置释放。

（4）设置图 2-15 所示的右下部"数据库属性"对话框。"数据库属性"对话框有 8 个类别可以设置，分别是定义、列、主 ID、索引、触发器、检查、扩展和注释。

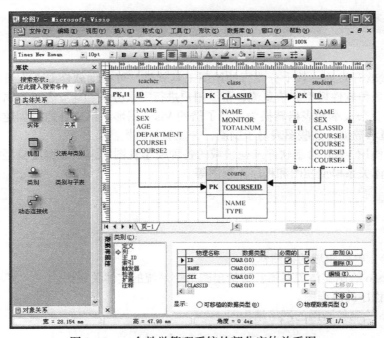

图 2-15　一个教学管理系统的部分实体关系图

需要定义类别设置数据库表的物理和概念名称、命名空间和数据库等信息。例如，设置一个"教师"实体，表的概念名称为"教师"，物理名称为"teacher"，命名空间为"d:\jiaoxue"，源数据库为"access"。本例定义了 ID、NAME、SEX、AGE、DEPARTMENT、CLASS1、CLASS2、COURSE1、COURSE2 字段。

列类别设置和编辑物理表的字段，可以设置每个字段的物理名称、数据类型、必需性、PK（主键）和注释。此外，还可以使用类类别右边的设置（添加、删除、编辑、上移和下移）按钮进行修改。

ID 类别设置主键和索引，这里设置 ID 为主键。

索引和触发器设置次级索引和触发器属性。

（5）重复步骤（1）～（4）依次完成实体关系图的绘制。

下面绘制一个教学管理系统的部分实体关系图。我们定义了 4 个实体，分别是教师、学生、课程、班级；3 个关系，分别是教、学、包含。图 2-15 给出了教学管理系统的实体关系图。

2.7　实验安排说明

Visio 提供了许多软件建模模板，尤其可以完成结构化分析与设计的各种模型创建。本章设置了 4 个实验：

- 【实验 2-1】订货系统的数据流图
- 【实验 2-2】电子表状态模型
- 【实验 2-3】程序流程图
- 【实验 2-4】实体关系模型

可以根据课时选择实验，这里建议优先完成数据流模型创建实验。

2.8　小结

Visio 是微软开发的一款十分流行的绘图工具软件，可帮助软件专业人员和商务专业人员轻松地创建各种软件模型和信息流，帮助用户进行需求分析和建立各种逻辑模型。它能够将难以理解的复杂文本和表格转换为一目了然的 Visio 图形。该软件通过创建与数据相关的 Visio 图表来显示数据，这些图表易于刷新，并能够显著提高生产率。

本章介绍使用 Visio 绘制软件工程领域的各种模型视图，包括数据流模型视图、状态机模型视图、实体关系模型视图和程序流程图等。

2.9　习题

1. Visio 可以绘制哪些领域的视图？
2. 如何使用 Visio 绘制实体关系图？请给出图书馆系统的实体关系图。
3. 请绘制一个程序的流程图。
4. 请使用 Visio 绘制校园网的网络结构图。

面向对象建模工具

3.1 引言

Rational Rose 是 IBM 公司的面向对象建模工具，利用这个工具，用户可以建立用 UML（Unified Modeling Language）描述的软件系统的模型，而且可以自动生成和维护 C++、Java、VB、Oracle 等语言编写的代码以及不同系统的代码。

Rational Rose 模型的 4 个视图是用例视图、逻辑视图、组件视图和部署视图。每个视图针对不同对象，具有不同用途。

用例视图包括系统中的所有角色、案例和用例图，还包括一些顺序图和协作图。

逻辑视图关注系统如何实现使用案例中提到的功能。它提供系统的详细图形，描述组件间如何关联。除其他内容之外，逻辑视图还包括需要的特定类、类图和状态转换图。利用这些细节元素，开发人员可以构造系统的详细设计。

组件视图包括模型代码库、执行库和其他组件的信息。组件是代码的实际模块。组件视图的主要用户是负责控制代码和编译部署应用程序的人。有些组件是代码库，有些组件是运行组件，如执行文件或动态链接库文件。

部属视图关注系统的部署，系统的部署可能与系统的逻辑结构不同。整个开发小组都用部属图来描述系统的配置环境。

3.2 Rational Rose 的基本使用方法

Rational Rose 是一个可视化的面向对象建模工具，可以很方便地创建面向对象分析与设计的各种模型。下面介绍 Rational Rose 的基本使用方法。

3.2.1 Rational Rose 的主界面

Rational Rose 是一个菜单驱动应用程序，用工具栏帮助使用常用特性。它的界面如图 3-1 所示，分为 3 个部分——Browser（浏览）窗口、Diagram（模型元素规格）窗口和 Document（文档）窗口。浏览窗口用来浏览、创建、删除和修改模型中的模型元素；模型元素规格窗口用来显示和创作模型的各种图；而文档窗口则用来显示和书写各个模型元素的文档注释。

浏览窗口

浏览窗口可视化显示模型中所有元素的层次结构、拖放功能、同步更新模型，即浏览窗口中的模型元素发生变化时，可以自动更新模型中的相应元素，反之亦然。

模型元素的创建可以利用快捷菜单，右击新模型元素所属的父元素（可以是视图、模型视图、包等），从快捷菜单中选择 New，在其下拉菜单栏中选择相应的模型元素选项。

此时就可以在浏览器中看到已经创建了模型元素。可以右击模型元素进行重命名。如果创建的是视图，双击即可出现相应的编辑区，可以将浏览器中的一些模型元素直接拖放到编辑区中。

从浏览窗口中删除一个模型元素，将把该模型元素从模型中永久删除，同时还将删除该元素的关系，可以一次删除多个模型元素。右击要删除的模型元素，从快捷菜单中选择 Delete 即可删除。如果按 Ctrl 键或者 Shift 键选取要删除的多个模型元素，可以同时删除多个模型元素。

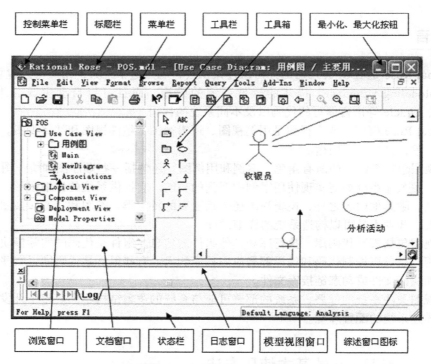

图 3-1   Rational Rose 主界面

模型视图窗口

模型视图窗口即编辑区。可以在模型视图窗口中创建和修改模型的图形视图，模型视图中的每个图标表示模型中的一个元素，每个模型视图只展示系统模型多种不同视图中的某一个。可以同时在应用程序窗口中显示多个不同的模型视图。

模型视图操作常见的有以下几种，既可以在浏览器中进行，也可以通过菜单栏中的 Browse 项进行。

- 创建模型元素：单击工具箱中适当的创建工具，在模型视图窗口中的某一位置单击。
- 命名模型元素：不在同一个包内的参与者、用例、类、构件和包，名称可以相同。不同的模型元素拥有相同的名称时，这些元素被称为"重载"。
- 创建一个重载元素：从工具箱中创建一个新的元素；双击新元素，或者选择菜单命令 Browse → Specification，打开规范窗口；在名称字段中输入名称；单击 OK 按钮。
- 创建两个元素之间的相互关系：单击工具箱中的关系工具，将光标移到模型视图中的客户（client）元素，按下鼠标左键拖动到提供者（supplier）元素，释放鼠标即可。

- 颜色填充：右击模型元素图标；选中 Use Fill Color；再次右击模型元素图标，从快捷菜单中选择 Format → FillColor；在弹出的颜色对话框中选择颜色。
- 保存模型工作空间：在默认的情况下，Rational Rose 以"<模型名>-<操作系统用户名>.wsp"的形式命名工作空间。要保存一个模型工作空间，选择菜单命令 File → Save Model Workspace；在 Save As 对话框中输入工作空间文件的名称。
- 加载模型工作空间：选择菜单命令 File → Load Model Workspace，选择要加载的模型工作空间文件名。单击 Open 按钮即可。

模型元素规格窗口

模型元素规格窗口用于显示和修改模型元素的属性和关系。在规格窗口中显示的一些信息也可以在图标中显示出来，用来描绘模型视图中的模型元素。规格窗口中提供了诸如字段、列表框、选项按钮和复选框之类的标准接口元素。

打开模型元素规格窗口：在模型视图或者浏览中双击一个项。

注意：通过双击逻辑或组件包显示规格窗口时，必须关掉 Tools → Options → Diagram → Double-Click to Diagram 选项。或者单击模型视图中的一个项，然后选择菜单命令 Browse → Specification。

通过编辑一个模型元素的规格，或者通过修改模型视图中的图标来改变该元素的属性或关系，Rose 会自动地更新相应的模型视图和规格。

文档窗口

文档窗口主要是对模型进行一些说明。在主界面左下方的空白区中可编辑一些补充性的文字，对模型视图的内容进行解释和说明。

3.2.2 Rational Rose 基本用法简介

本节将介绍 Rational Rose 的一些使用技能，有助于用户更有效地理解使用 Rational Rose 建模的相关内容。

添加模型元素

为工具箱添加一个模型元素（图标）的步骤如下：

（1）打开一个（扩展名为 .mdl 的）Rational Rose 文件。

（2）展开一个用例图，然后展开用例模型。

（3）打开参与者和用例图的全局视图，如图 3-2 所示。

（4）在图形工具栏上右击，选择 Customize，如图 3-3 所示。

（5）在打开的"自定义工具栏"对话框中选择其中一项，然后单击"添加"按钮即可完成，如图 3-4 所示。

删除模型元素

（1）在用例模型下展开一个用例。

（2）*方法 1*：在浏览中找到"顾客"用例，右击，选择 Delete，将其删除，如图 3-5 所示。

（3）*方法 2*：在用例图中找到要删除的用例，右击，利用 Ctrl＋D 组合键也可以实现从浏览中删除一个元素。也可以在用例图中找到需要删除的用例，右击，选择 Edit → Delete from Model，如图 3-6 所示。

图 3-2　用例图的浏览器

图 3-3 定制工具箱

图 3-4 "自定义工具栏"对话框

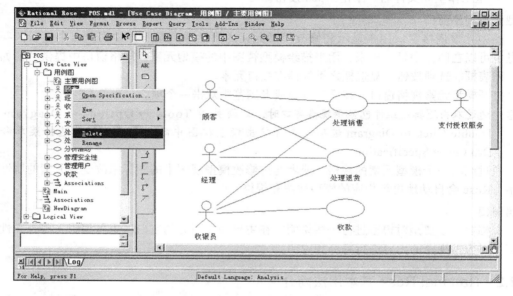

图 3-5 右击"顾客"用例

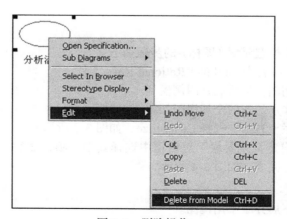

图 3-6 删除操作

（4）方法 3：选中该用例，选择菜单命令 Edit → Delete from Model。

注意：在浏览窗口和在用例图中删除一个用例是有区别的。在浏览窗口中删除，则在整个 Rose 工程中该用例将被彻底删除；在用例图中删除，该元素仍存在于该 Rose 工程中，只是元素将不显示在该图中，但仍存在于浏览窗口中。

编辑路径映射

（1）打开一个（扩展名为 .mdl 的）Rational Rose 文件。

（2）选择菜单命令 File → Edit Path Map，系统将显示虚拟路径映射窗口，如图 3-7 所示。

（3）单击 Clear 按钮，在打开的信息提示对话框中单击 OK 按钮，清除路径映射表中的所有符号，如图 3-8 所示。

图 3-7　菜单"File"的选项

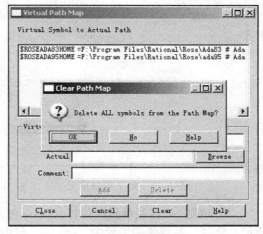

图 3-8　清除符号

（4）在 Symbol 文本框中输入"CURDIR"，在 Actual 文本框中输入"&"，此时 Add 按钮将可用，单击 Add 按钮，如图 3-9 所示。

重复步骤（4），我们定义虚拟路径为"LABS"，绝对路径为"E:\ROSE2005"的路径映射，在 Comment 文本框中，我们可以添加注释，如"This is a comment."，然后单击 Add 按钮，如图 3-10 所示。

图 3-9　路径映射对话框

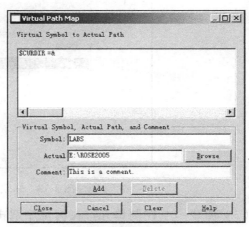

图 3-10　路径映射对话框

虚拟路径只能对应一个绝对路径，如果添加一个同名的虚拟路径，继续添加绝对路径，则绝对路径会覆盖以前的绝对路径。

控制单元

（1）定义控制单元。展开用例视图，右击一个包，选择 Units → Control use case（use case 为一个包名），并设置文件名为 "use case"，如图 3-11 所示。

取消定义控制：右击该包，选择 Units → Uncontrol use case，如图 3-12 所示。此时定义控制单元操作已完成，接下来我们将加载 / 卸载一个控制单元。

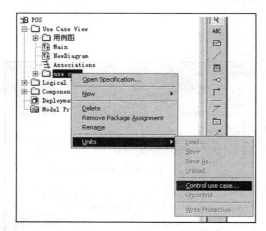

图 3-11　定义控制单元

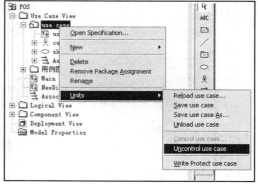

图 3-12　定义控制单元操作完成后

（2）卸载一个控制单元：右击 use case 包，选择 Units → Unload use case，如图 3-13 和 3-14 所示。此时，在当前的工程中，use case 包中所有的元素都已不存在了。

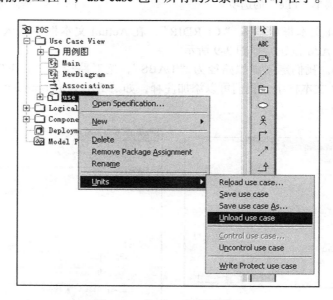

图 3-13　卸载一个控制单元

（3）加载一个控制单元。在浏览中双击 use case 包即可进行重新加载，如图 3-15 所示。

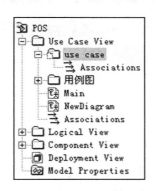

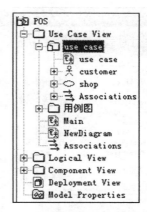

图 3-14　卸载控制单元后的列表　　　　图 3-15　加载控制单元后的列表

3.3　创建用例模型视图

　　用例模型是一种基于场景分析的需求导出技术，现已成为 OOA 一个最基本、最重要的特征。用例是系统某些动作步骤的集合，主要由角色和动作组成。角色是存在于系统之外的任何事物；动作是系统的一次执行，由角色触动。建立用例模型主要是识别角色和用例，给出用例视图描述。

3.3.1　创建用例视图

　　要在 Rose 中创建用例模型视图，首先在浏览窗口中选择 Use Case View 图标，右击，选择 New → Use Case Diagram 创建新的用例视图，并命名，如 Elevator system，如图 3-16 所示。然后双击这个视图，打开用例视图编辑界面，如图 3-17 所示。

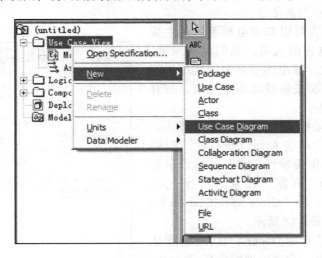

图 3-16　创建用例视图

　　图中中间部分是添加用例视图模型元素的工具栏。单击工具栏中的某个图标元素，然后在用例视图编辑区中单击即可添加该模型元素。

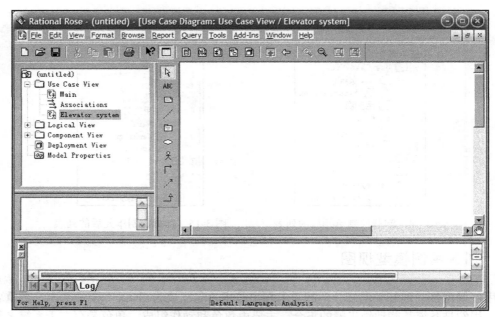

图 3-17 用例视图编辑界面

【实验 3-1】电梯系统用例模型

[问题描述] 在一幢有 m 层的大厦中安装一套 n 部电梯的产品，按照下列条件求解电梯在各楼层之间移动的逻辑关系：每部电梯有 m 个按钮，每一个按钮代表一个楼层。当按下一个按钮时，该按钮指示灯亮，同时电梯驶向相应的楼层，当到达相应楼层时指示灯熄灭。除了最底层和最高层之外，每一层楼都有两个按钮，分别指示电梯上行和下行。这两个按钮按下时指示灯亮，当电梯到达此楼层时指示灯熄灭，并向所需要的方向移动。当电梯无升降运动时，关门并停在当前楼层。

根据问题描述，可以知道电梯系统的主要外部用户是乘坐电梯的人员，我们称为乘客。而乘客的主要需求，即用例主要为按楼层按钮请求上或下，按电梯按钮请求到某楼层，按开门按钮，按关门按钮。

下面我们构建电梯系统的用例模型视图。

（1）在工具栏上单击 Actor（执行者）图标，选中它，然后在视图编辑区单击，并修改名称为"乘客"。右击"乘客"元素，选择 Open Specification…，打开"Class Specification for 乘客"对话框，如图 3-18 所示。

在 General 标签页的 Documentation 选项区输入对该乘客的描述"乘坐电梯的乘客。"

（2）单击 Use Case（用例）图标，选中它，然后在视图编辑区单击，并修改名称为"按下楼层按钮"。右击"按下楼层按钮"元素，选择 Open Specification，打开"Use Case

图 3-18 "Class Specification for 乘客"对话框

Specification for 按下楼层按钮"对话框，如图 3-19 所示。

在 General 标签页的 Documentation 列表框输入对该用例的描述。如果该用例属于业务分析得到的用例，可在 Stereotype 下拉列表框中选择 Business Use Case 选项；如果是被确认要实现的业务用例，可选择 Business Use Case realization 选项；如果是已经被确认的用例，可不选任何项；如果是已经实现的用例，可选择 Use Case Realization 选项。

（3）单击 Undirectional Association（单向关联）图标，选中它，然后在视图编辑区从"乘客"拖向"按下楼层按钮"，则创建二者之间的管理关系。右击该关联元素，选择 Open Specification 菜单，打开 Association Specification for Untitled 对话框，如图 3-20 所示，可设置相关项。

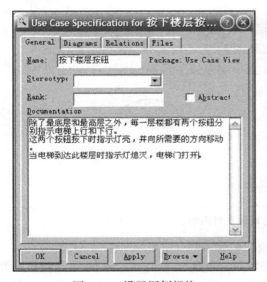

图 3-19　设置用例规格

图 3-20　创建用例视图

继续上述步骤，创建多个用例及其关联，如图 3-21 所示。

【实验 3-2】POS 机系统用例模型

POS 机系统的一个主要功能之一就是支付功能，但支付有 3 种方式，即现金支付、信用卡支付和支票支付。按照上面的步骤，我们首先建立支付用例，如图 3-22 所示。

现金支付、信用卡支付和支票支付用例是支付的子用例，我们可以用包含关系来表示。首先创建一个现金支付用例，然后单击 Dependency or initiates 图标，在绘图区从现金支付用例拖动到支付用例，建立一个依赖关联。右击该关联，选择 Open Specification，打开 Dependency Specification for Untitled 对话框，如图 3-23 所示。

在 Dependency Specification for Untitled 对话框中，在 Stereotype 下拉列表框中选择 include 选项，在 Document 列

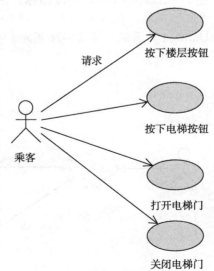

图 3-21　电梯系统用例视图

表框中输入"支付的子用例"。POS 机支付用例与现金支付用例之间的包含关系如图 3-24 所示。

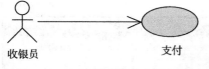

图 3-22 POS 机系统的支付用例

图 3-23 Dependency Specification for Untitled 对话框

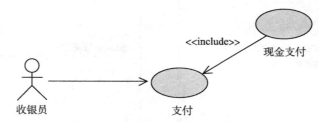

图 3-24 POS 机系统支付用例与现金支付用例之间的包含关系

基于上面的步骤，添加信用卡支付和支票支付包含用例，结果如图 3-25 所示。

当采用信用卡支付时，系统首先要验证余额。当余额不足时，系统可启动扩展用例——透支支付。下面我们讨论如何建立扩展用例。继续添加一个透支支付用例，然后单击 Dependency or initiates 图标，在绘图区由透支支付用例拖动到信用卡支付用例，建立一个扩展关联。右击该关联，选择 Open Specification 命令，打开 Dependency Specification for Untitled 对话框，如图 3-26 所示。

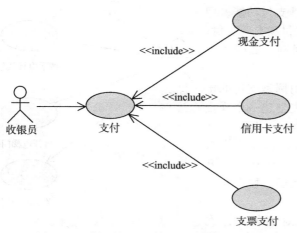

图 3-25 完整的 POS 机系统用例包含关系

图 3-26 扩展用例设置

在 Dependency Specification for Untitled 对话框中，在 Stereotype 下拉列表框中选择 extend 选项，在 Documentation 列表框中输入"信用卡支付的扩展用例"。

POS 机系统信用卡支付用例与透支支付用例之间的扩展关系如图 3-27 所示。

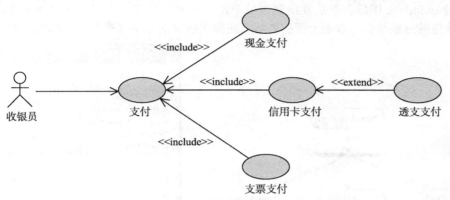

图 3-27　POS 机系统的扩展用例

3.3.2　创建用例的活动图或泳道图

活动图描述业务过程和流程，一般用于描述系统的业务流程或每个用例的过程。使用 Rose 绘制活动图的步骤如下：

（1）右击某个用例，选择 SubDiagram → New Activity Diagram，创建活动图（activity diagram）。

（2）加入开始状态和结束状态，如果在浏览窗口已有开始状态，应该从浏览窗口中拖动到活动图，否则，如果从工具箱中拖动开始状态到活动图，系统提示操作出错。

（3）增加状态和活动到活动图中。注意区别活动和状态，状态表示静态的描述，而活动则表示动作的快照，而且图标也明显不一样。

（4）增加活动状态。双击动作状态，在 Actions 标签页的空白处右击，选择 Insert。

（5）增加动作流（state transition），操作类似状态图中动作流的画法，如图 3-28 所示。

图 3-28　增加动作流

（6）增加动作的分支（decision），如图 3-29 所示。

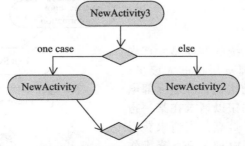

图 3-29　增加动作的分支

（7）增加分叉与汇合。添加垂直同步（horizontal synchronization）和水平同步（vertical synchronization），如图 3-30 所示。

（8）增加泳道（swimlane）。泳道用于将活动图中的活动分组。要绘制泳道，可单击工具栏中的 swimlane 图标，然后在绘制区域单击，泳道就绘制出来了。可以修改泳道的名字以反映泳道的分组情况。双击上面的名字，在弹出的对话框中修改名字，如图 3-31 所示。

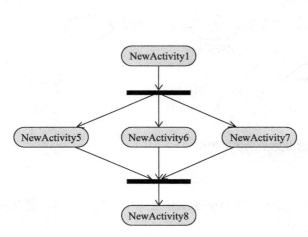

图 3-30　增加垂直同步

图 3-31　泳道的规格对话框

请完成图 3-32 所示的活动图。

活动图说明：

- Self-help Service：打开图书馆借还负责自动服务系统。
- Login：登录管理系统。
- Search for books：查询需要的书籍。
- View book information：查看书籍信息。
- Reserve the book：预订书籍。
- Exit System：退出系统。
- Leave Service：离开自助服务的计算机。

3.4　创建逻辑模型

逻辑分析主要建立系统的类模型。首先用非形式化描述：在一幢 *m* 层楼的大厦里，用电梯内的和每个楼层的按钮来控制 *n* 部电梯的运行。当按下电梯按钮以请求在某一指定楼层停下时，按钮指示灯亮；当请求获得满足时，指示灯熄灭。当电梯无升、降操作时，关门，并停在当前楼层。

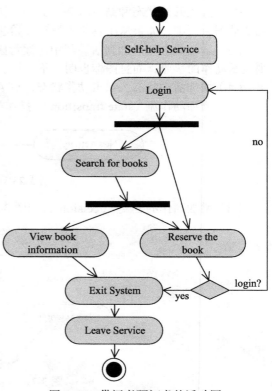

图 3-32　借阅者预订书的活动图

　　把上述非形式化描述中用下划线标出的名词作为可能的候选类。上段共有 8 个不同的名词，即按钮、电梯、楼层、运行、大厦、指示灯、请求、门。其中，楼层、大厦是处于问题边界之外的名词，可以被忽略；运行是抽象名词，没有实际意义，可删去；指示灯、请求都可以作为按钮的属性。最后剩下了 3 个候选类：电梯、按钮和门。

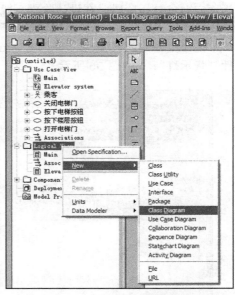

　　类模型主要描述系统的静态组成结构，即类及其关系。

　　要在 Rose 中创建类模型视图，首先在浏览窗口中右击 Logical View 图标，选择 New → Class Diagram 创建新的类模型视图，并命名为"Elevator Class diagram"，如图 3-33 所示。然后双击这个视图，打开类图编辑区，如图 3-34 所示。图中中间部分是添加类图模型元素的工具栏。单击工具栏中的某个图标元素，然后在类图编辑区中单击即可添加该模型元素。

图 3-33　创建新的类模型视图

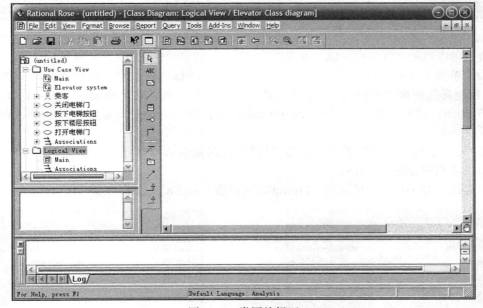

图 3-34　类图编辑区

【实验 3-3】电梯系统类模型

　　下面我们构建电梯系统的类模型视图。

　　（1）在工具栏中单击 Class（类）图标，选中它，然后在视图编辑区单击，并修改名称为"按钮"。右击"按钮"元素，选择 Open Specification，打开 Class Specification for New-Class 对话框，如图 3-35 所示。

　　在 General 标签页中的 Name 文本框中设置类的名称为"按钮"。在 Stereotype 下拉列表中设置类的形式，如边界类（boundary）、实体类（entity）、控制类（control），这些常用于面向对象分析阶段。在设计阶段一般不用设置。在 Documentation 列表框中添加关于类的描述。也可以在 Files 标签页以稳健的形式添加该类的描述。

如果要添加类的属性，可单击 Attributes 标签页，在空白区右击，选择 Insert，添加属性"指示灯"，如图 3-36 所示。

图 3-35　创建类模型

图 3-36　设置属性

我们可以添加"电梯控制器""电梯""电梯门""请求类"。

（2）单击 Undirectional Association（单向关联）图标，选中它，然后在视图编辑区从"电梯控制器"拖向"电梯"，则创建二者之间的关联关系。右击该关联元素，选择 Open Specification，打开"Association Specification for 控制"对话框，如图 3-37 所示，可设置相关项。

在 General 标签页设置关联名称为"控制"，在 Role A 文本框中设置为"被控制"，在 Role B 文本框中设置为"控制"。

在 Role A Detail 标签页设置"Multiplic"（重数）为"n"，如图 3-38 所示。

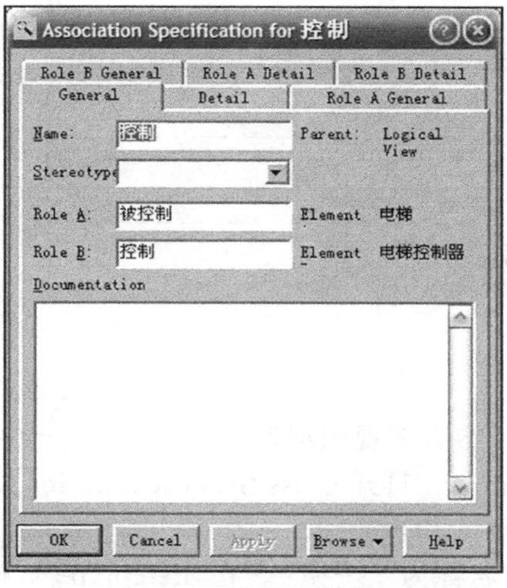

图 3-37　设置关联关系

图 3-38　设置重数

同样在 Role B Deatil 标签页中设置重数为"1",结果如图 3-39 所示。

图 3-39   部分类图

依此可建立多个关联关系。由于"按钮"类可分为"电梯按钮"和"楼层按钮"两个子类,因此可创建通用化关系。整个类图如图 3-40 所示。

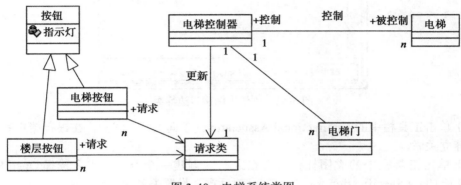

图 3-40   电梯系统类图

【实验 3-4】ATM 机取款用例的逻辑模型

取款用例的功能是完成一次取款,其动作序列如下:①银行储户表明身份;②选择取款账户、取款金额;③系统从账户上扣除金额,送出金额给用户。

在分析模型中使用了类的 3 种构造型:边界类、控制类和实体类。

边界类主要代表与用户交互的类或接口,如用户界面、外部接口等。这里"分配"和"出纳接口"是边界类,一般用于建立系统与其参与者交互的模型。

控制类负责边界类与实体类的消息传递,将边界类的消息或请求传送给相关的实体类。这里"取款"是控制类,一般用于建立协调、排序、事务以及其他对象的控制,或者与特定用例的控制。

实体类负责信息的存储和基本处理。这里"账户"是实体类,一般用于建立长效且持久的信息模型。

下面介绍如何建立取款用例分析的逻辑模型。

(1)在左边的浏览器栏的 Logical View 中建立一个新的逻辑视图——取款。

(2)在左边的浏览器栏的 Use Case View 中创建一个 Actor 对象——银行储户,然后拖动到绘图区。

(3)在工具栏单击类图标,然后在绘图区单击创建一个类。右击,选择 Open Specification,打开 Class Specification for NewClass 对话框,如图 3-41 所示。设置类名为"出纳接口",在 Stereotype 下拉列表中选择 boundary,则创建一个出纳接口边界类。该类负责与用户交互。

按同样的步骤,我们可以创建分配器边界类。

图 3-41　创建出纳接口边界类

（4）单击工具栏中的 Undirectional Association（单向关联）图标，在银行储户和出纳接口之间建立关联。

（5）单击工具栏中的类图标，然后在绘图区创建一个类。右击，选择 Open Specification 打开 Class Specification for NewClass 对话框。设置类名为取款，在 Stereotype 下拉列表中选择 control。同理创建一个账户类，在 Stereotype 下拉列表中选择 entity。分别建立出纳接口与取款、取款与账户以及银行储户与分配器之间的关联关系。结果如图 3-42 所示。

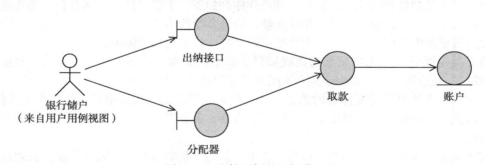

图 3-42　取款用例的逻辑模型

3.5　创建动态行为模型

建立对象模型之后，就需要考察对象的动态行为。动态模型表示瞬间的、行为化的系统"控制"性质，它规定了对象模型中对象的合法变化序列。

所有对象都有自己的运行周期（或称为生存周期）。运行周期由许多阶段组成，每个特定阶段都有适合该对象的一组运行规则，规范该对象的行为。对象运行周期中的阶段就是对象的状态。所谓状态，是对对象属性的一种抽象。当然，在定义状态时应该忽略那些不影响对象行为的属性。对象之间相互触发／作用的行为（称为事件）引起了一系列的状态变化。

　　事件是某个特定时刻所发生的一个系统行为，它是对引起对象从一种状态转换到另一个状态的现实世界事件的抽象。所以，事件是引起对象状态转换的控制信息。事件没有持续时间，是瞬间完成的。对象对事件的响应取决于接受该触发的对象当时所处的状态，其响应包括改变自己的状态，或者形成一个新的触发行为（事件）。

　　用状态图、顺序图和协作图描述对象间实现给定功能时的动态协作关系。其中常用的模型视图是协作图和顺序图。协作图侧重描述对象之间的空间协作关系，而顺序图侧重描述对象之间的时间关系。

　　要在 Rose 中创建协作图，首先在浏览窗口中选择 Logical View 图标，右击，选择 New → Collaboration Diagram，创建新的对象协作图，并命名为"Elevator collaboration diagram"，如图 3-43 所示。然后双击这个视图，打开协作图编辑区，如图 3-44 所示。图中中间部分是添加协作图模型元素的工具栏。单击工具栏选中某个图标元素，然后在协作图编辑区中单击即可添加该模型元素。

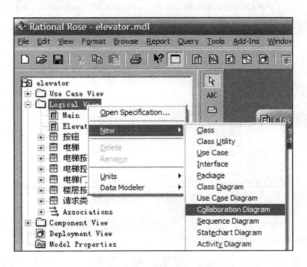

图 3-43　创建对象协作图

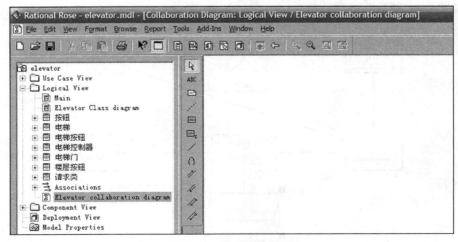

图 3-44　协作图编辑区

【实验 3-5】电梯系统动态模型

建立系统动态模型的目的是决定类需要的操作或服务。实现它的较好方法之一是列出用户和系统之间相互作用的典型情况，即用例描述，包括正常用例和异常用例。

例如，以下是电梯运行的一个正常用例的场景描述：

①用户 A 在 3 楼按下向上按钮（请求到 7 楼）；②向上按钮变亮；③一部电梯到达 3 楼，假设此时电梯内已有用户 B 在 1 楼按下了到 9 楼的按钮；④3 楼向上按钮熄灭；⑤电梯门打开；⑥延时器计时，用户 A 进入电梯；⑦用户 A 按下 7 楼按钮；⑧电梯按钮 7 变亮；⑨延时到，电梯关门；⑩电梯到达 7 楼；⑪电梯按钮 7 熄灭；⑫电梯开门；⑬延时器计时，用户 A 走出电梯；⑭延时到，电梯关门；⑮电梯载着用户 B 到 9 楼。

下面我们构建电梯系统的协作图。

（1）在浏览窗口，展开 Use Case View 包，将"乘客"执行者拖动到协作图编辑区，创建一个外部用户对象，如图 3-45 所示。该对象表示一个外部用户实例，即乘坐电梯的一个乘客。

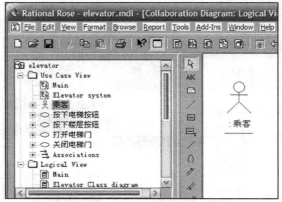

图 3-45　创建一个乘客对象

（2）展开 Logical View 包，依次将"楼层按钮""电梯按钮""电梯控制器""电梯"和"电梯门"拖放到协作图编辑区。

（3）在工具栏中单击 Object Link（对象链接）图标，选中它，然后在视图编辑区，将"乘客"对象拖到"楼层按钮"对象，则创建它们之间的链接。同理建立其他对象之间的链接，如图 3-46 所示。

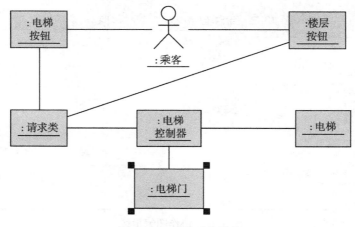

图 3-46　创建对象链接

（4）在工具栏中单击 Link Message（链接消息）图标，选中它，然后在视图编辑区，在
"乘客"对象与"楼层按钮"对象之间的链接上单击，则创建它们之间的链接消息。然后命
名为"按下楼层按钮"。同理，可添加多个链接消息，如图 3-47 所示。

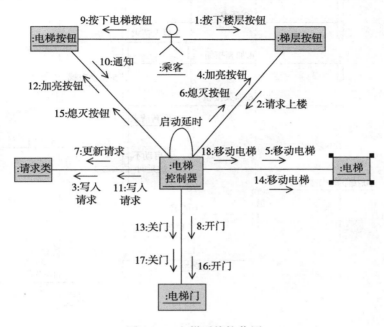

图 3-47   电梯系统协作图

要在 Rose 中创建顺序图，首先在浏览窗口中选择 Logical View 图标，右击，选择
New → Sequence Diagram 命令创建新的对象顺序图，并命名为"Elevator sequence diagram"。
然后双击该协作图，打开顺序图编辑窗口。

下面我们构建电梯系统的顺序图。

（1）在浏览窗口，展开 Use Case View 包，将"乘客"执行者拖动到协作图编辑区，创
建一个外部用户对象。该对象表示一个外部用户实例，即乘坐电梯的一个乘客。

（2）展开 Logical View 包，依次将"楼层按钮""电梯按钮""电梯控制器""电梯"
和"电梯门"拖放到顺序图编辑区。

（3）在工具栏中单击"Object Message"（对象消息）图标，然后在编辑区拖动"乘客"
对象到"楼层按钮"对象绘制一条消息，并命名为"按下楼层按钮"，如图 3-48 所示。

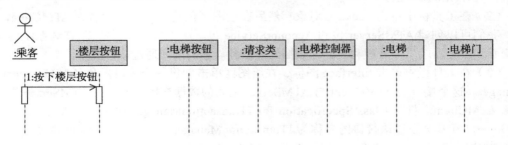

图 3-48   创建对象和消息

按照用户交互的顺序，依次绘制其他对象消息。结果如图 3-49 所示。

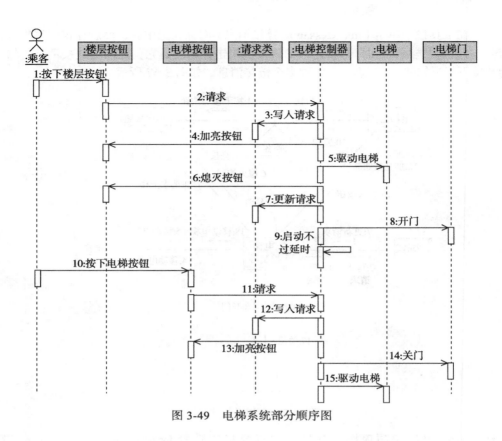

图 3-49 电梯系统部分顺序图

3.6 创建逻辑结构——包依赖模型

　　复杂的系统一般有 20 个以上的类，这些类之间存在各种依赖关系。为了清楚描述系统类的层次关系，我们通过构建系统逻辑架构来描述系统的总体架构。逻辑架构从较高的层次描述系统的总体逻辑组成和系统如何分解。

　　逻辑架构可以通过系统的包模型视图来刻画。一个包包含了一组密切相关的类，这一组类可以有效完成系统的某些用例。下面介绍包图的绘制。

　　（1）在左边的浏览器栏的 Logical View 中创建一个类图，命名为 ATM 逻辑架构。双击该文件打开图形编辑区。

　　（2）在工具栏中单击 Package 对象，然后在绘图区创建一个包，命名为 ATMClient。同样，我们可以创建 ATMServer 包和 AccountService 包。这 3 个包分别处理 ATM 系统的客户端交互、服务器端事务处理和后台的数据处理服务。它们之间通过接口关联。

　　（3）在工具栏中单击 Interface 图标，在绘图区单击创建一个接口，命名为 ITransaction-Manager。这个接口是 ATMClient 与 ATMServer 之间的数据交换标准，由 ATMServer 提供服务给 ATMClient。打开 Class Specification for ITransactionManager 对话框，如图 3-50 所示。在 General 标签页设置该接口的名称为 ITransactionManager。在 Operations 标签页下面的列表框右击，选择 Insert 命令创建接口 requestWithdraw、requestDeposit、requestTransfer 和 requestVerifyPassword 操作。

图 3-50　ITransactionManager 接口设置

（4）单击工具栏中的 Dependency 图标，在图形区创建接口的依赖关联，从 ATMClient 拖动到 ITransactionManager 接口，表示 ATMClient 依赖或使用 ITransactionManager 接口。结果如图 3-53 所示。

按照上述的步骤创建 IAccount 接口及其实现方法，如图 3-52 所示。

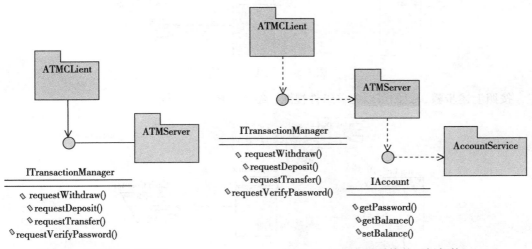

图 3-51　逻辑架构的设计　　　　　　图 3-52　ATM 机系统的逻辑架构

3.7　创建组件模型视图

根据类的类型和交互程度将这些类归为一体，就形成了包，它们的实现就是子系统。一般子系统可以按照用例或界面处理、数据处理等进行划分。子系统用两个大小不一样的矩形组成的包来表示。包之间可以接口形成依赖关系。子系统进一步开发出能够执行系统的制品：可执行的构件、文件构件、表构件等，称为组件模型视图。

【实验3-6】ATM 机系统组件模型

（1）在浏览器的 Component View 中创建一个组件视图，命名为 Client。双击该文件，打开组件视图编辑区。

（2）单击工具栏中的 Component 图标，在编辑区单击创建一个组件，命名为 client。其实现由 client.c 主程序和 dispenser.c 子程序实现。

（3）单击工具栏中的 Main Program 图标，在编辑区单击创建一个主程序，命名为 client.c。

（4）单击工具栏中的 Dependency 图标，在编辑区从 client 拖动到 client.c 建立关联。

（5）单击工具栏中的 SubProgram Body 图标，在编辑区单击创建一个子程序，命名为 dispenser.c。

（6）单击工具栏中的 Dependency 图标，在编辑区从 client 拖动到 dispenser.c 建立关联。

到目前为止，结果如图 3-53 所示。

（7）进一步，我们在工具栏中选择 Task Specification 图标，在编辑区创建一个 Cash Counter 任务规格，指明要实现的任务。在 dispenser.c 和 Cash Counter 之间创建一个关联，如图 3-54 所示。

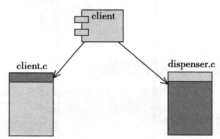

图 3-53　创建组件模型

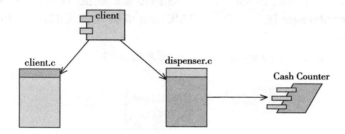

图 3-54　创建任务规格

按照上述步骤，我们可以完善组件视图，结果如图 3-55 所示。

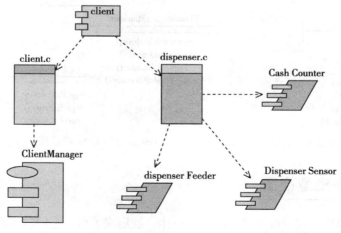

图 3-55　完整的 ATM 机系统 Client 端的组件模型

3.8　创建部署模型视图

　　部署模型是根据相互连接的节点定义的实际的系统构架。这些节点是软件构件能够在其上运行的硬件单元。在设计期间，需要确定哪些类是主动的，即确定线程或过程。还要确定主动的对象，主动对象如何通信、同步和共享信息。在将主动对象分配给节点时，需要考虑节点的性能和连接特点。

　　部署模型视图描述节点和连接，以及分配给节点的主动对象。

【实验 3-7】ATM 机系统部署模型

　　（1）在浏览窗口的 Deployment View 中创建一个部署视图，命名为 ATM。双击该文件，打开部署视图编辑区。

　　（2）单击工具栏中的 Processor 图标，在编辑区单击创建一个处理器节点，命名为 ATMClient。其运行在 ATM 机硬件设备上。

　　（3）单击工具栏中的 Device 图标，在编辑区单击创建一个设备，命名为 ATM 硬件设备。其运行在 ATMClient 软件。

　　按同样的步骤，分别添加 ATMApplicationserver 节点和小型机设备。

　　（4）单击工具栏中的 Connection 图标，在编辑区从 ATMClient 节点到 ATMApplicationserver 节点之间创建一个连接，命名为 Internet，表示 ATMClient 节点到 ATMApplicationserver 节点之间通过 Internet 协议进行通信。结果如图 3-56 所示。

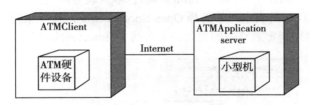

图 3-56　ATM 机系统部署模型创建

　　重复上面的步骤分别创建 Dataserver 节点和 Oracle 设备，以及它们之间的连接 Intranet。

　　（5）为每个节点添加注释和说明。这里分别说明每个节点运行的程序。完整的 ATM 系统部署图如图 3-57 所示。

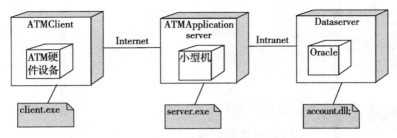

图 3-57　完整的 ATM 系统部署图

3.9　数据库建模

　　在 Rose 中，对数据库的建模主要是利用 Data Modeler 工具。Rose 中的数据模型包括

Logical 视图与 Component 视图中的结构。在 Logical 视图中，可以创建结构，其中可以包含存储过程；还可以创建表，其中包含字段、限制、触发器、主键、索引和关系。还可以创建域和域包。在 Component 视图中，可以建模数据库本身。Rose 支持的 DBMS 主要有 ANSI SQL 92、IBM DB2、Microsoft SQL Server、Oracle、Sybase。

创建数据库

本任务是创建数据库本身，它们在 Component 视图中被建模成 <Database> 版型的组件。具有唯一的名称，指定特定的 DBMS。创建数据库的方法如下：

（1）右击浏览器中的 Component View 项目，选择 Data Modeler → New → Database。

（2）输入数据库名。

（3）右击浏览器中的新数据库并选择 Open Specification，在 Target 字段中选择相应的 DBMS。

增加表空间

使用 IBM DB2、Microsoft SQL Server 或 Oracle 时，可以在数据库中增加表空间。表空间是表中存储的逻辑单元。每个表空间中有一个或几个容器，每个容器是一个物理存储设备，如硬盘。每个容器分为更小的单元，称为 extent。表空间中的表在表空间内的容器之间均匀分布。每个表空间都有初始长度。用完这个表空间后，DBMS 可以自动按预定增量增加表之间的长度。增量长度可以在 Rose 中设置。增加表空间的方法如下：

（1）右击浏览器中的数据库。

（2）选择 Data Modeler → New → Tablespace，输入表空间名。

（3）右击浏览窗口中的表空间并选择 Open Specification，打开相应对话框，如图 3-58 所示。在 Type 下拉列表中指定表空间的类型是永久的（Permanent），还是临时的（Temporary）。

图 3-58　表空间规格设置对话框

在表空间中设置容器的方法如下：

（1）右击浏览窗口中的表空间并选择 Open Specification。

（2）选择 Containers 标签页。

（3）右击任一空白位置并选择 New。

（4）输入表空间文件名、初始长度、最大长度和文件增量。

添加结构

结构是数据模型的容器，所有的表、字段、触发器、限制和其他数据模型元素放在结构中，而数据库本身则放在 Component 视图中。在 Logical 视图中有一个 Schemas 包，项目创建的结构都放在这个包中。每个结构建模成版类包。

每个结构映射模型中的数据库，每个数据库可以包含一个或多个结构。对结构指定的 DBMS 与对结构的数据库指定的 DBMS 相同。

添加结构的方法如下：

（1）右击浏览窗口中的 Logical 视图中的 Schemas 文件夹。

（2）选择 Data Modeler → New → Schema。

（3）右击浏览窗口中的新结构并选择 Open Specification。

（4）在 Database 下拉列表中选择相应数据库，数据库中的 DBMS 自动填入 Target 字段中，如图 3-59 所示。

图 3-59　Schema 规格设置对话框

创建数据模型框图

创建结构后，可以在其中创建数据模型框图。数据模型框图可以在数据模型中增加、编辑和浏览表与其他元素。

创建数据模型框图的方法如下：

（1）右击浏览器中的结构。

（2）选择 Data Modeler → New → Data Model Diagram。

（3）展开结构，输入数据模型名称。

（4）双击打开数据模型视图编辑区。

数据模型视图中有专用工具栏，可增加表、关系和其他数据模型元素。

创建域包和域

域可以执行业务规则，如必需的字段、字段的有效值和字段的默认值。域是一种模式，一旦建立之后，可以适用于数据库中的一个或多个字段。域的使用是可选的，采用域可以保证多个字段中的业务规则的一致。

在 Rose 中域放在域包中。每个域包指定特定 DBMS，其中的所有域要使用这个 DBMS 提供的数据类型。

创建域包的方法如下：

（1）右击浏览器中的 Logical 视图。

（2）选择 Data Modeler → New → Domain Package。

（3）右击新域包并选择 Open Specification。

（4）选择这个域包使用的 DBMS。

创建域的方法如下：

（1）右击浏览器中的域名。

（2）选择 Data Modeler → New → Domain。

（3）右击新域并选择 Open Specification。

（4）在 General 标签页中输入域名。

（5）选择 Generate on Server 生成基于服务器的数据类型。

（6）选择域数据类型。这个列表框中的选项取决于域包的 DBMS。

（7）输入域的字段长度。

（8）输入域的精度和比例。

（9）选择 Unique Constraint，表示使用域的字段要有唯一值。

（10）选择 Not Null，表示使用域的字段要有数值。

（11）选择 For BitData，表示域支持 ForBitData。

（12）输入默认值或从列表框中选择一个值。

在结构中添加表

建立好数据模型框图后，可以在其中创建表。数据库中每个表建模为 Rose 中的持久类，版型为 Table。同样，表的 DBMS 须与结构的 DBMS 一致。

添加表的方法如下：

（1）打开数据模型框图。

（2）在工具栏中单击 Table 按钮，单击框图中的任意位置，创建表格。

（3）输入表名。表的名称唯一。

在 Rose 中表的表示如图 3-60 所示。

在表中添加细节

添加列。数据库中每个列在 Logical 视图中被建模成所在表中的属性。列有两种类型：数据列和计算列。

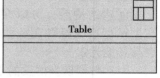

图 3-60　创建表

添加列的方法如下：

（1）右击 Logical 视图中的表，选择 Data Modeler → New → Column。

（2）输入新列名。

（3）依次双击新列，打开 Column Specification 对话框，填写各个列规范。若是数据列，则输入 Domain Data Type、Length、Scale、Precision 等规范；若是计算列，则输入计算列的 SQL 语句，如图 3-61 所示。

设置主键。设置主键的方法如下：

（1）右击 Logical 视图中的表的列，并选择 Open Specification。

（2）在 Column Specification 对话框中选择 Type 标签页，选择 Primary 选项。

添加键限制。限制是条件语句，应为真时表格才能更新。限制是执行业务规则的方法。键限制有 3 种：主键限制、唯一限制和索引。主键限制保证主键字段中输入的值不是 null 并唯一。Rose 在表中创建主键时自动创建主键限制。唯一限制保证列中输入的值唯一。在 Column Specification 对话框中对字段选中

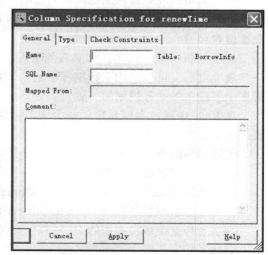

图 3-61　列规格设置对话框

Unique Constraint 复选框时，Rose 自动创建唯一限制。索引可以迅速访问记录，在查找表中执行时只查找列清单。

添加键限制的方法如下：

（1）打开表或 Column 的 Specification 对话框，如图 3-62 所示。

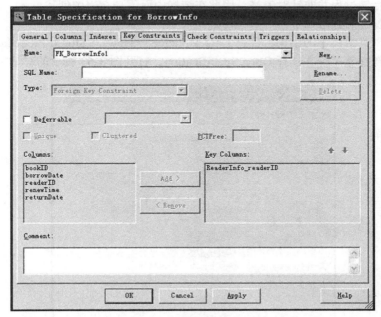

图 3-62　表规格设置对话框

（2）选择 Key Constrains 标签页，单击 New 按钮。

（3）选择类型 Primary Key Constraint、Unique Constrait。

（4）在 Columns 列表框中选择采用限制的列，用 Add 按钮将所选列移到 Key Columns 列表框中。

添加触发器。触发器是遇到特定事件时运行的 SQL 过程。它在 Logical 视图中创建，放在适用的表下面，版型为 <Trigger>。

添加触发器的方法如下：

（1）打开表的 Table Specification 对话框，选择 Triggers 标签页。

（2）单击 New 按钮，选择 Trigger Event。注意：有 3 种 Trigger Event，分别为 Insert、Delete、Update，分别表示插入、删除、更新时的运行。

（3）设置 Trigger Type。有两种 Trigger Type：Before 在触发事件之前运行；After 在触发事件之后运行。

（4）设置 Granularity。

（5）在 ActionBody 字段中输入触发器的 SQL 语句。

添加索引。索引建模成表格的键限制。索引结构可以快速查找表格。索引使用一列或几列。进行查找时，只查找这些列。

添加索引的方法如下：

（1）打开表或 Column 的 Specification 对话框。

（2）选择 Indexes 标签页，单击 New 按钮。

（3）在 Columns 列表框中选择采用的限制的列。用 Add 按钮将所选列移到 Key

Columns 列表框中。若索引唯一，则选中 Unique 复选框。

添加存储过程。和触发器相似，存储过程是数据库中的功能，实际上是一个小程序，可以直接由应用程序或触发器调用。它可以接收输入参数和返回一个或多个值。

在 Rose 中，存储过程建模成版型 <SP> 的操作，在版型 <SP Container> 的特殊类中创建存储过程。存储过程并非针对表格，因此在结构中而不是在表中创建。

添加存储过程的方法如下：

（1）右击浏览窗口中的结构，选择 Date Modeler → New → Stored Procedure。

（2）右击新存储过程并选择 Open Specification，打开图 3-63 所示的对话框。

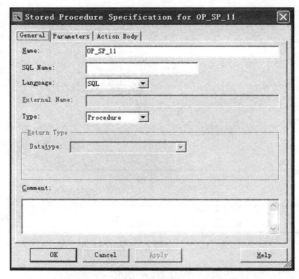

图 3-63　存储过程规格设置对话框

（3）在 General 标签页中，输入 Name、Language、Type、Return Type 等。

（4）在 Parameters 标签页中输入任何需要的参数，包括参数的数据类型、长度、精度与比例、方向（In/Out）默认值等。

（5）在 Action Body 标签页中输入存储过程的 SQL 过程。

添加表之间的关系

Rose 支持的关系主要有两种：标识关系和非标识关系。在这两种情况下，子表中增加外部键以支持关系。对于标识关系，外部键成为子表中主键的一部分。这时子表中的记录必须连接父表中的记录。标识关系建模成复合积累；非标识关系也在子表中创建外部键，但外部键并不成为子表中主键的一部分。在非标识关系中，关系基数控制子表中的记录是否需要与父表记录的连接。如果基数为 1，则父表积累必须存在；如果基数为 0..1，则父表记录不需存在。在标识关系建模成关联。

增加标识关系的方法如下：

（1）在工具栏中单击 Identifying Relationship 按钮。

（2）从父表拖放到子表。

（3）Rose 自动在子表中增加主键限制和外部键限制。

增加非标识关系的方法如下：

（1）在工具栏中单击 Non-identifying Relationship 按钮。

（2）从父表拖放到子表。

（3）Rose 自动在子表中增加外部键限制。

添加引用完整性规则

引用完整性建立一组规则，保证数据一致。引用完整性规则主要有两种：触发器和声明式。触发器执行完整性限制在父表更新或删除时运行一个触发器，声明式完整性限制在外部键从句中包括一个限制。

添加引用完整性规则的方法如下：

（1）右击表与表之间的关系并选择 Open Specification。

（2）选择 RI（完整性限制）标签页，选中 Triggers 或 Declarative Referential Integrity 单选按钮，控制使用触发器执行或声明的完整性限制。设置 Parent Update、Parent Delete 及 Child Restrict。

【实验 3-8】图书馆系统的数据库模型

创建数据库

（1）右击浏览窗口中的 Component View 项目，选择 Data Modeler → New → Databasee。

（2）输入数据库名：Library Database。

（3）右击浏览窗口中的新数据库并选择 Open Specification，在 Target 字段中选择 SQL Server，如图 3-64 所示。

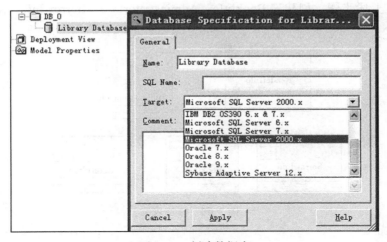

图 3-64　创建数据库

添加结构

（1）右击浏览窗口中的 Logical 视图中的 Schemas 文件夹。

（2）选择 Data Modeler → New → Schema。

（3）右击浏览窗口中的新结构 <<Schema>> S_0 并选择 Open Specification。

（4）在 Database 下拉列表中选择 Library Database，数据库中的 DBMS 自动填入 Target 字段，如图 3-65 所示。

创建数据模型框图

（1）右击浏览窗口中的结构 <<Schema>> S_0，选择 Data Modeler → New → Data Model Diagram。

（2）展开结构，输入框图名 LibraryModel。双击打开框图。

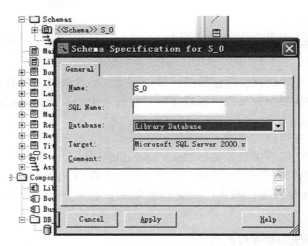

图 3-65　添加结构

在结构中添加表

（1）打开数据模型框图 LibraryModel。

（2）在工具栏中单击 Table 按钮，单击框图中的任意位置，创建表格。

（3）输入表名 ReaderInfo。表的名称唯一。

（4）重复上述步骤，创建表 BookInfo、AdminstratorInfo、BorrowInfo、ReturnInfo 等，如图 3-66 所示。

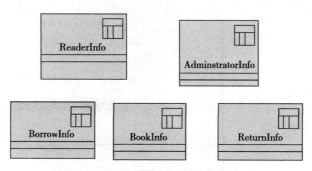

图 3-66　添加表

在表中添加细节

添加列：

（1）右击 Logical 视图中的 ReaderInfo 表，选择 Data Modeler → New → Column。

（2）输入新列名：readerID、studentID、name、sex、age、department、major、classify、bookNum、description。

（3）依次双击新列，打开 Column Specification 对话框，填写列规范，如图 3-67 所示。

（4）重复以上步骤，完成对表 BookInfo、Adminstra-torInfo、BorrowInfo、ReturnInfo 字段的添加。

设置主键：

（1）右击 Logical 视图中的 ReaderInfo 表的 readerID

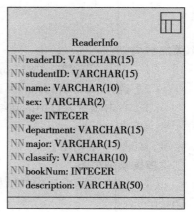

图 3-67　添加列

列，并选择 Open Specification。

（2）在 Column Specification 对话框的 Type 标签页中选择 Primary 选项。

（3）重复以上步骤，完成对表 BookInfo、AdminstratorInfo、BorrowInfo、ReturnInfo 的主键设置。

添加键限制：

（1）打开表 ReaderInfo 或 Column 的 Specification 对话框。

（2）选择 Key Constraints 标签页，单击 New 按钮。

（3）选择 Unique Constrait，在 Columns 列表框中选择 readerID，用 Add 按钮将所选列移到 Key Columns 列表框中，如图 3-68 所示。

（4）重复上述步骤，完成对表 BookInfo、AdminstratorInfo、BorrowInfo、ReturnInfo 的键限制。

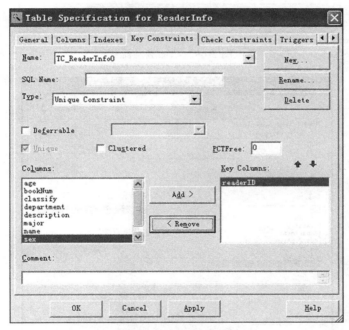

图 3-68　添加键限制

添加触发器。打开 ReaderInfo 表的 Specification 对话框，选择 Triggers 标签页。单击 New 按钮，设置 Trigger Event 为 Insert。设置 Trigger Type 为 After，如图 3-69 所示。Action Body 字段中输入触发器的 SQL 语句。在 Action Body 字段中输入触发器的 SQL 语句。重复上述步骤，完成对表 BookInfo、AdminstratorInfo、BorrowInfo、ReturnInfo 的触发器设置。

添加索引：

（1）打开表 ReaderInfo 或 Column 的 Specification 对话框。

（2）选择 Indexes 标签页，单击 New 按钮。

（3）在 Columns 列表框中选择 readerID。若索引唯一，则选中 Unique 复选框，如图 3-70 所示。

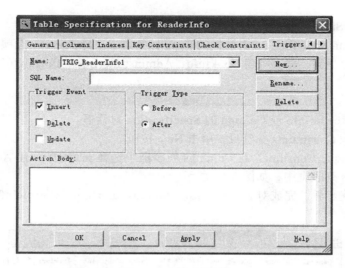

图 3-69 添加触发器

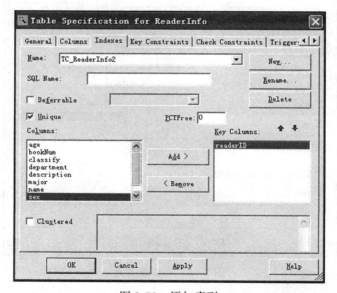

图 3-70 添加索引

（4）重复上述步骤，完成对表 BookInfo、AdminstratorInfo、BorrowInfo、ReturnInfo 的索引设置。

添加存储过程：

（1）右击浏览窗口中的结构 <<Schema>> S_0，选择 Data Modeler → New → Stored Procedure。

（2）右击新存储过程并选择 Open Specification。

（3）在 General 标签页中，输入 Name、Language、Type、ReturnType、Length、Precision 等。

（4）在 Parameters 标签页中输入任何需要的参数，包括参数数据类型、长度、精度与比例、方向（In/Out）默认值等。在 Action Body 标签页中输入存储过程的 SQL 过程。

添加表之间的关系

增加标识关系：

（1）在工具栏中单击 Identifying Relationship 按钮。

（2）从父表拖放到子表。

（3）Rose 自动在子表中增加主键限制和外部键限制，如图 3-71 所示。

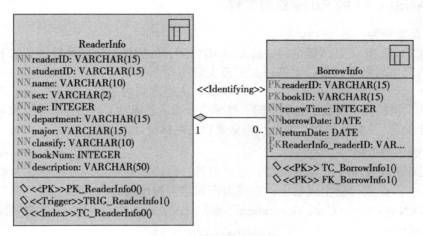

图 3-71　增加表之间关系

增加非标识关系：

（1）在工具栏中单击 Non-identifying Relationship 按钮。

（2）从父表拖放到子表。

（3）Rose 自动在子表中增加外部键限制。

添加引用完整性规则

（1）右击表 readerInfo 与表 borrowInfo 关系并选择 Open Specification。

（2）选择 RI（完整性限制）标签页，选中 Triggers 单选按钮，设置 Parent Update、Parent Delete 及 Child Restrict。

（3）用同样的方法设置表 BookInfo 与 BorrowInfo 的关系。

3.10　双向工程

Rational Rose 的双向工程包括正向工程和逆向工程。正向工程是从模型到代码，逆向工程是从代码到模型。

正向工程是指从模型直接产生一个代码框架，这样可以节约许多用于编写类、属性、方法代码等工作的时间。逆向工程是指将代码转换成模型，或者迭代过程结束。重新同步模型和代码时，逆向工程非常有用。在一个迭代开发周期中，一旦某个模型作为迭代的一部分被修改，正向工程则会加入所有新的类、方法、属性的代码。正向工程的代码生成元素主要有类、属性、操作、关系、组件、文档等。逆向工程收集的元素信息主要有类、属性、操作、关系、包、组件等。

Rose 本身能够支持的语言包括 C++、Visual C++、Java、Smalltalk、Ada，以及 4GL 语言 Visual Basic、PowerBuilder 和 Forte，也能够为 CORBA 应用产生接口定义语言（IDL）

和为数据库应用产生数据库描述语言（DDL）。Rose 能够提供对 CORBA2.2 的支持。

正向工程即代码生成，是指从 Rose 模型中的一个或多个类图生成所需要的某种语言的源代码的过程。代码生成的一般的步骤如下：检查模型；生成组件；将类映射到组件；设置代码生成属性；选择类、组件和包；生成代码。

3.10.1　ANSI C++ 的 Rose 双向工程

ANSI C++ 语言插件

ANSI C++ 是 Rose 最新提供的支持 C++ 编程语言的插件。该插件提供了如下功能：支持从分析到设计的模型开发，支持独立于开发商编译器的 C++ 语言，支持 C++ 代码生成，支持从 C++ 代码到模型的逆向工程，支持模型和代码之间的迭代式同步双向工程，支持所有 C++ 结构（包括类、模板、名字空间、继承以及类成员函数）的设计、建模和可视化，支持大型框架结构，支持用户对生成的代码格式化的风格设计。

ANSI C++ 的正向工程

正向工程的步骤如下：检查模型；生成组件；将类映射到组件并将组件的实现语言设为 ANSI C++；设置代码生成属性；选择类图和组件图中要进行代码生成的类和组件。选择 Tools → ANSI C++ → Code Generation，或者右击类和组件图标，选择 ANSI C++ → Generate Code…。

设置代码生成属性

ANSI C++ 语言属性标签如下：

- Attribute：类属性。
- Class：类。
- Class Category：类类别。
- Dependency：依赖关系。
- Generalize：泛化关系。
- Module Body：模块体。
- Module Specification：模块规范。
- Operation：类操作。
- Param：操作参数。
- Role：角色。

代码属性设置对话框如图 3-72 所示。

定制类的代码生成属性。在类定制窗口中设置代码生成属性的步骤如下：

（1）在 Class 框图中选择一个或几个类。

（2）右击类，选择 ANSI C++ → Class Customization，打开代码生成属性设置对话框。其中含 Standard Operations 标签页和 Get and Set Operations 标签页，如图 3-73 所示。

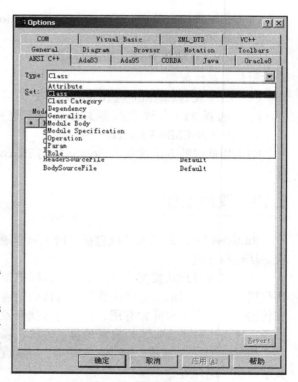

图 3-72　代码属性设置

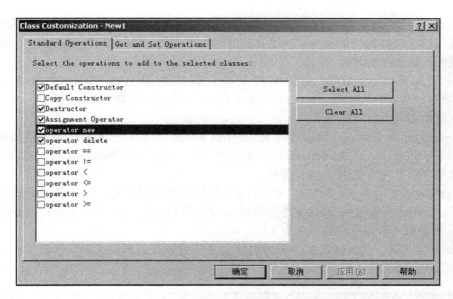

图 3-73　代码生成属性设置

　　属性的属性。在 Options 对话框对模型中所有类的属性的代码生成属性进行设置。Synchronize 项控制属性是否参与双向工程过程，默认值为 True。CodeName 项控制生成代码中类的属性名，在该对话框中不可修改，即使用模型中的属性名。

　　操作的属性。Synchronize 项控制操作是否参与双向工程，默认值为 True。CodeName 项生成代码中的操作名，默认值为空。InitialCodeBody 项控制操作要包括的代码。这些代码在首次运行代码生成过程时在操作中生成，并且在后续代码生成过程中不会被替换，默认值为空。Inline 项控制是否内联操作，默认值为 False。GenerateFunctionBody 项控制是否生成函数体。默认生成函数体，默认值为 Default。

　　参数属性。操作参数的唯一代码生成属性为 CodeName。该属性控制操作参数在代码中的名字，默认使用模型中的参数名。

　　模块体属性和模块规范属性。模块体属性和模块规范属性是与双向工程中的 .cpp 与 .h 文件相关的属性。

　　角色属性。在角色中有 3 个属性。Synchronize 项控制角色是否参与双向工程，默认值为 True。CodeName 项生成代码中角色的名称，默认为空。InitialValue 项生成代码中数据成员的初始值，默认为空。

　　泛化属性。Synchronize 项控制泛化关系是否参与双向工程，默认值为 True。

　　依赖属性。BodyReferenceOnly 项控制 #include 语句是否只能由与客户类关联的模块体生成，默认值为 False。

　　类类别属性。CodeName 项设置名称空间名，默认为空。IsNameSpace 项指定类类别是否为名称空间，默认为 False。

组件 ANSI C++ 规范对话框

　　组件 ANSI C++ 规范对话框如图 3-74 所示，所含标签页如下：

　　Files 标签页。Source file root directory 项指定逆向工程中源文件的根目录。Reverse engineering root package 项指定逆向工程的根目录，默认值为 C++ Reverse Engineered。Reverse engineer directories as packages 项将目录在逆向工程中转化为逻辑视图包。Create backup files 项创建备份文件。Project Files 项可以在该字段中添加和删除映射到该组件的文件，包括与这个组件相关的 .cpp、.h 以及其他源代码文件。Names of generated files 项设置关于生成的代码文件的名称。

Style 标签页。Indentation 组合框控制源代码的缩排格式。Round-Trip Engineering Options 项指定双向工程选项。Miscellaneous Options 指定杂选项。Brace Styles 指明代码中类和函数所使用的大括号的格式。

Internal Map 和 External Map 标签页。Select a class or press <Add Class> 项添加引用的类。#include Filename 选择 #include 语句中的文件名。#include Punctuation 选择在 #include 语句中使用双引号或者使用"<>"标记。

Copyright and Includes 标签页。Copyright 指定组件版权信息，以注释的形式添加到新的文件中。Initial header #includes 指定组件所要包含的所有头文件。Initial implementation #includes 指明构件所要包含的实现头文件。

Macros 标签页。在该标签页中可为组件设置任意数目的预定义宏，预定义宏在逆向工程中会被添加到模型中。

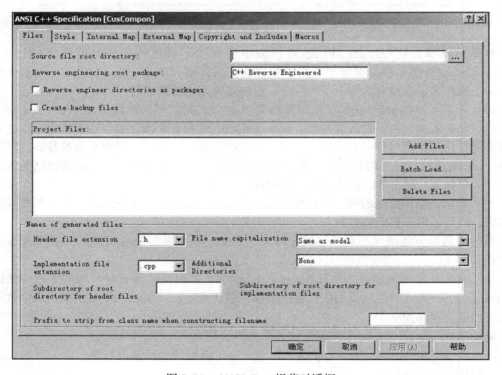

图 3-74　ANSI C++ 规范对话框

生成 ANSI C++ 代码

代码生成的操作步骤如下：

（1）选择类图和组件图中要进行代码生成的类和组件。

（2）选择菜单命令 Tools → ANSI C++ → Generation Code…。对模型中的类进行 ANSI C++ 代码生成操作，将变成相应的 C++ 类。每个类生成两个文件，即一个 .h 头文件和一个 .cpp 实现文件。类代码中的信息包括类名、类可见性、构造函数和析构函数（由代码生成属性决定）、类的属性（可见性、Get 和 Set 操作）、类的操作（参数）、类之间的关系（角色、依赖、泛化）。

ANSI C++ 的逆向工程

ANSI C++ 不仅支持一个空模型的逆向工程，也支持向一个已存在的模型中添加逆向工程的模型元素。要进行逆向工程，模型必须包含用 ANSI C++ 实现的组件。对于所要添加类到模型中的文件，其内容必须是有效的 C++ 代码。逆向工程的步骤如下：

（1）在组件视图中创建并命名新的组件。

（2）双击新的组件打开组件规范对话框，将组件的实现语言改为 ANSI C++。

（3）右击新组件，选择 ANSI C++ → Open ANSI C++ Specification…，打开组件 ANSI C++ 规范对话框。

（4）在组件规范对话框的 Files 标签页中添加源文件。

（5）关闭组件 ANSI C++ 规范对话框。

（6）选中组件，选择菜单命令 Tools → ANSI C++ → Reverse engineer…，打开"选择要添加到模型中的类"对话框。

（7）选择要添加到模型中的类，单击 OK 按钮，开始逆向工程。

3.10.2　VC++ 的 Rose 双向工程

Rose VC++ 的正向工程

代码生成的步骤如下：

（1）检查模型。

（2）创建组件，在组件规范对话框的 Language 下拉列表中选择 VC++，并将组件映射到对应的 VC 项目。

（3）将类映射到组件。

（4）设置代码生成属性。

（5）右击要生成代码的组件，选择 Update Code…，或者选择菜单命令 Tools → VC++ → Update Code…，激活 Code Update Tool。

（6）按照 Code Update Tool 提示操作。

检查模型

检查模型主要是为了检查模型的一致性，发现模型中的错误和不一致性，使代码正确生成。

步骤：选择菜单命令 Tools → Check Model。发现的错误代码写入日志窗口，可以根据日志窗口中的提示改正模型中的错误。一般情况下，容易出现的错误是 Sequence 图和 Collaboration 图中的对象和类没有映射以及消息和操作没有映射。

设置代码生成属性

模型中的类、属性、组件和其他模型元素可以设置多个代码生成属性。这些属性控制代码如何生成。Rose 提供常用的默认设置。在设置代码生成属性时主要设置以下四方面的属性：

VC++ 语言属性对话框。该对话框用于设置 VC++ 语言属性。通过菜单命令 Tools → Options → VC++ 打开 VC++ 语言属性对话框，如图 3-75 所示。一共有 8 种属性，分别是类的属性、类属性的属性、类操作的属性、依赖关系（Dependency）、角色（Role）、包的属性（Class Category）、组件的属性（Module Specification）、项目属性（Project）。

项目属性对话框。该对话框用于为新建的模型或当前模型设置默认的 VC++ 语言属性。通过菜单命令 Tools → Visual C++ → Properties 打开，如图 7-76 所示。各种标签页的设置如下：

（1）Code Update 标签页。Generate Model IDs：生成模型 ID；Generate Documentation：信息作为注释添加到代码中；Generate #include Statements：为头文件生成 #include 语句；Apply Pattern on Code Generation：生成代码时是否选中 Class Operations 标签页和 Accessors 标签页中的原型；Generate Debug Operations for MFC Classes：为 MFC 类 Cobject 的派生类生成 DUMP 和 AssertValid 成员函数；Create Backup Files：如果选中该选项，则在对源代码文件进行修改之前，在备份区域生成该文件的备份；Support CodeName：为每个模型元素指定与模型中不相同的名字。

（2）Model Update 标签页。Create Overview Diagrams：自动为每个逆向工程的组件创建一张综合图；Default Package：新模型元素所在包的名字；Attribute Types：首次逆向工程时应该作为属性（而不是角色）进行建模的 VC++ 属性类型。

图 3-75　VC++ 语言属性对话框

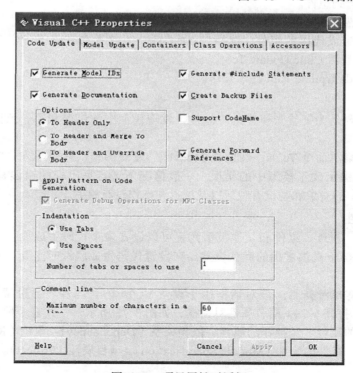

图 3-76　项目属性对话框

（3）Containers 标签页。列出了在 Model Assistant → Role 标签页中 Implementation 下拉列表中可选用的类。在默认的情况下，列表中提供的是最常用 MFC 容器类。也可以将用户自定义的容器类添加到列表中。Add 和 Remove 按钮用于添加和删除列表中的某个或某些容器类。要修改其中的容器类，右击要改动的类，在快捷菜单中选择 Edit 命令进行编辑。

（4）Class Operations 标签页。类操作的代码生成与否还依赖于 Code Update 中的 Apply Pattern on Code Generation 选项。左边选中的成员函数只在第一次代码生成过程中生成。Model Assistant 将用该列表控制所能加入类的操作。

（5）Accessors 标签页。Accessor Operations：访问函数（操作）。每个访问函数的原型由模型中角色和属性的类型决定。Accessor Body：访问操作的函数体。

组件属性对话框。该对话框用于设定应用于组件所要实现的类的模型属性。选择已经创建的组件，右击，选择 Properties 命令，打开组件属性对话框，如图 3-77 所示。各种标签页的用法如下：

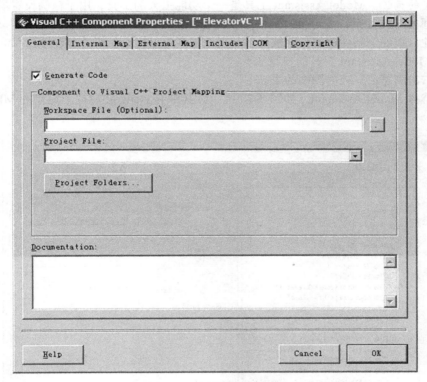

图 3-77　组件属性对话框

（1）General 标签页。

Workspace File（Optional）：VC++ 项目的工作空间和项目文件的名称和路径。

Project File：VC++ 项目文件的文件名和路径。

（2）Internal Map（和 External Map）标签页。Location 控制在何处定义 #include 语句，有三种选择：

Auto：根据类型依赖规则决定写入头文件或实现文件。

Header：总是写入头文件中。

Source：总是写入实现文件中。

（3）Includes 标签页。

Initial Source Includes：写入类实现文件的 #include 语句中的文件名。如果有多个包含文件，则每个文件名占一行。

Initial Header Includes：写入类头文件的 #include 语句中的文件名，每个文件名各占一行。

（4）COM 标签页。

Update ATL Artifacts：控制是否为服务器端简单的 ATL 对象生成代码。

Use Smart Pointers for Interface Associations：设定是否要在双向工程中使用 VC++ 的 Smart Pointer 特性。

Generate #import statements：控制是否为服务器端简单的 ATL 对象生成 #import 语句。

（5）Copyright 标签页。添加构件的版权信息，默认的值为 Copyright (C) 1991—1999 Rational Software Corporation。

设置类的属性。Model Assistant 工具是一个功能强大的工具，用于精确设置模型中的类与代码之间的对应关系，设定类以下层次的模型元素（包括类、操作、属性、关联等）的代码生成属性，精确定制生成的代码框架。利用该工具可以提高代码的准确性和简洁性。

启动 Model Assistant 工具的步骤如下：

（1）右击浏览窗口或类图中的类。

（2）选择 Model Assistant，如图 3-78 所示。其中有 General 树视图窗口和 MFC 树视图窗口。

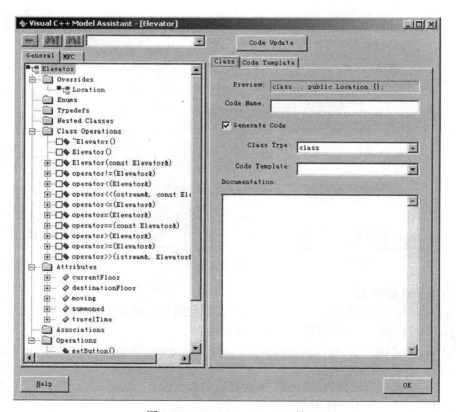

图 3-78　Model Assistant 工具

类的属性设置主要在树视图的 Class Operations、Attributes、Associations 和 Operations 实现。在树视图 Class Operations 中可以设置在生成代码时的构造函数和析构函数等。在树视图的 Attributes 中可以设置属性成员的返回值、初始值、可见性、注释说明等。在 Associations 中列出的是关联生成的属性，在这里可以设置产生的引用类型。在 Operations 中可以设置方法的返回类型、可见性、内联函数等。

Code Update Tool 与代码生成

Code Update Tool（代码生成向导）可简化正向工程操作；可以同时生成和更新多个用不同语言实现的源代码项目；可以保证模型和源代码之间的同步，将类映射到构件，方便操作；可以在代码生成向导中打开 Model Assistant，设定类及其成员的代码生成属性，进一步设置类与代码之间的映射；可以在将模型转换成代码之前，提前预览类和类成员的代码，及时发现模型中的错误并加以修改。

利用代码生成向导进行正向工程的步骤：

（1）启动 Code Update Tool。

（2）选择要进行代码转换的类、构件以及实现语言，将组件映射到 VC 项目，指定要实现的类及其成员。

（3）生成代码。

（4）查看代码生成结果。

生成的代码内容

生成代码时，模型中的组件对应于 VC 项目，模型中的类对应于代码中的类。模型中的其他细节（包括属性、操作、关系、可见性等）在类的头文件和实现文件中体现。

- 头文件（*.h）框架代码：类声明，类的数据成员和成员函数声明、注释、反映代码生成属性设置的代码。
- 实现文件（*.cpp）框架代码：#include 语句、成员函数和数据成员的定义、反映代码生成属性设置的代码。

【实验 3-9】图书馆系统正向工程

下面详细介绍如何从模型生成 VC++ 代码。正向工程主要从模型直接产生一个代码框架。其中代码的生成元素主要包括类、属性、操作、关系、组件、文档等。

（1）第 1 步：检查模型。主要检查模型的一致性，发现模型中的错误和不一致性，使代码能够正确生成。

选择 Tools → Check Model。将检测到的错误信息写入日志窗口中。主要错误是 Sequence 图和 Collaboration 图中的对象和类不映射、消息和操作不映射和 Sequence 图和 Collaboration 图中消息和操作不映射等。

对于对象和类未映射的错误：右击 Sequence 图中的错误对象，打开 Open Specification 对话框，从 Class 下拉列表中选择用映射的类，单击 OK 按钮。

对于消息和操作不映射的错误：右击错误消息，可以为未映射的消息选择新的操作，也可以将消息映射到已经存在的操作之中。改正错误后继续检查模型直到日志窗口不再提示错误信息。

（2）第 2 步：创建组件。组件的创建在前面部分已经介绍。图书馆管理系统的业务对象组件图中有 Item、Loan、Title、BorrowerInfomation、Reservation 等组件，在用户界面组件图中有 MainWindow、BrowseWindow、TitleInfoWindow、QuitDialog 等组件。

在组件创建完成后，为组件选择语言：右击 Loan 组件，打开 Open Specification 对话框，在组件规范对话框的 Language 下拉列表中选择 VC++ ，如图 3-79 所示。同理可以设置其他组件的代码生成语言。还可以通过 Tools → Options → Notation 设置整个模型元素的语言为 VC++。

（3）第 3 步：将类映射到组件。右击组件图或 Loan 组件，打开 Component Specification 对话框，选择 Realizes 标签页，右击类 Loan，选择 Assign 命令，可以将类映射到相应的组件，如图 3-80 所示。完成后在类名后面的括号里显示组件名。同理可以映射其他类的组件。

图 3-79　选择组件语言

图 3-80　类与组件映射

还可以直接将 Logical View 中的类拖动到 Component View 中的相关组件，结果同上面方法一样。

（4）第 4 步：设置代码生成属性。类、属性、组件和其他模型元素可以设置多个代码生成属性。关于这些属性控制代码如何生成，Rose 提供常用的默认设置。

首先可以查看一些属性的设置：选择 Tools → Options，在打开的对话框中选择 VC++ 语言标签页。从 Type 下拉列表中选择 Class、Attribute 等项，即可在 Model 列表框中看到相应的设置。

设置类的属性。启动 Model Assistant 工具，如图 3-81 所示。在这里可以设置 Class Operations、Attributes、Associations 和 Operations。单击类名 Title。右边出现 Class 标签页和 Code Template 标签页。在 Class 标签页中选中 Generate Code 复选框，在 Class Type 下拉列表中选择类的版型为 class（其中有 struct、union 等）。在 Code Template 标签页中选择模板。在 Documentation 列表框中写入说明语句。

在树视图 Class Operations 中选择构造函数、析构函数、拷贝构造函数以及一些运算符重载等。选择构造函数 Title() 后右边出现 Operation 标签页，如图 3-82 所示。这里可以设置该函数为内联函数以及方法体等。

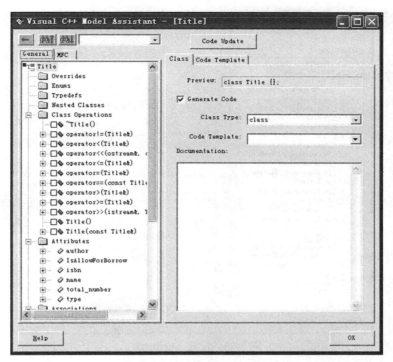

图 3-81　Model Assistant 工具

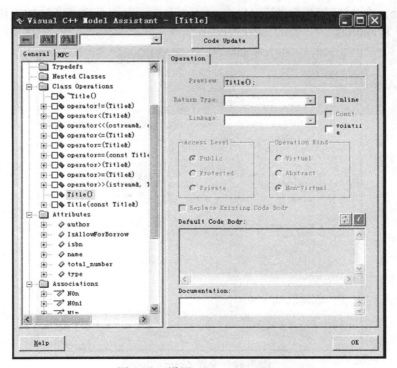

图 3-82　设置 Class Operations

在树视图 Attributes 中，选择属性 name，如图 3-83 所示。在这里设置 Type 为 string，Initial Value 为空，Access Level 为 Private。另外可以为 name 属性选择 set 和 get 函数。

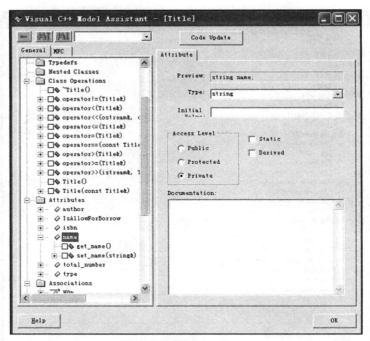

图 3-83　设置 Attributes

在树视图 Associations 中，主要设置一些同其他类对象之间的关系，如图 3-84 所示。单击关系 N0n，在 Role 标签页的 implementation 下拉列表中可选择产生的应用类型，设置 Access Level 为 Public。

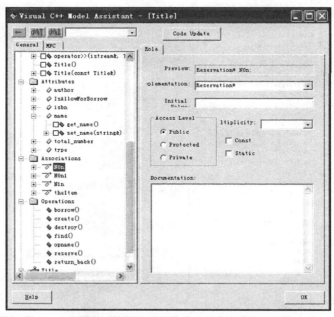

图 3-84　设置 Associations

在树视图 Operations 中单击 create() 方法，如图 3-85 所示。在 Opration 标签页中可以设置返回值、可见性等。另外，选中 Replace Existing Code Body 复选框后可在 Default Code Body 列表框中写入方法体。

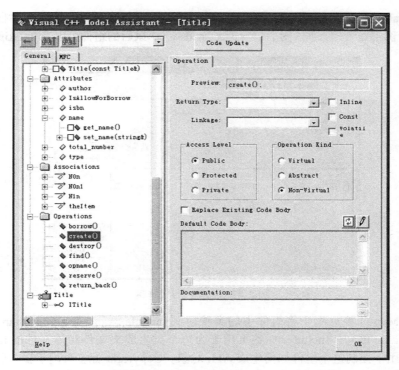

图 3-85　设置 Operations

设置组件的属性。右击 Loan 组件，打开组件属性对话框，分别有 General 标签页、Internal Map 标签页、External Map 标签页、Includes 标签页、COM 标签页和 Copyright 标签页，如图 3-86 所示。

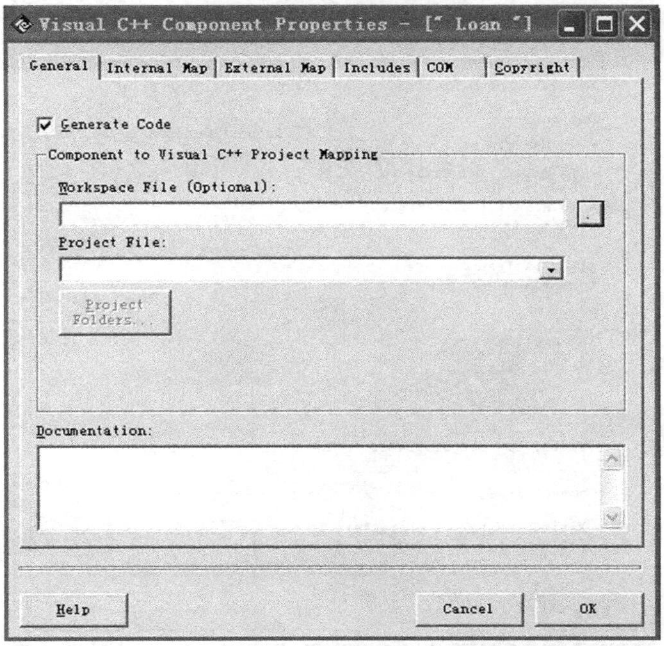

图 3-86　组件属性对话框

在 General 标签页中选择 Project File，单击 OK 按钮，打开图 3-87 所示对话框。新增加一个工程"D: \ 图书馆管理系统 \ 图书馆管理系统 .dsw"。以后的组件可以选择 Existing 的工程。

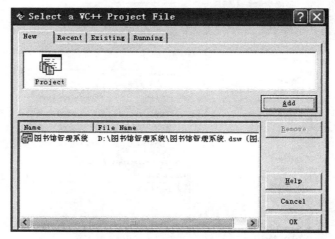

图 3-87　选择项目工作区

Internal Map 标签页用于将组件中的类映射到 include 语句。External Map 标签页用于引用其他 include 语句。Includes 标签页用于为每个类生成头文件和体文件的 include 语句。COM 标签页用于控制这个组件如何生成 ATL 对象。Copyright 标签页用于输入版权信息等。

设置项目的属性。选择 Tools → Visual C++，打开项目属性对话框，可以设置适用于整个 Rose 模型的属性，如图 3-88 所示。

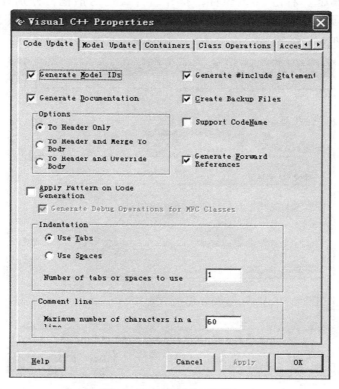

图 3-88　项目属性对话框

　　在 Code Update 标签页中选中 Generate Model IDs 复选框，可在生成代码时生成对应模型的 ID，使模型与代码之间相映射。Model Update 标签页主要设置逆向工程。

　　同理可以设置图书馆管理系统中其他的类、组件的代码生成属性。

　　（5）第 5 步：生成代码。可以一次生成一个或多个类、组件或包。

　　右击要生成代码的组件（可以按住 Ctrl 键选择多个组件），选择 Update Code。或者选择 Tools → VC++ → Update Code，激活 Code Update Tool，如图 3-93 所示。

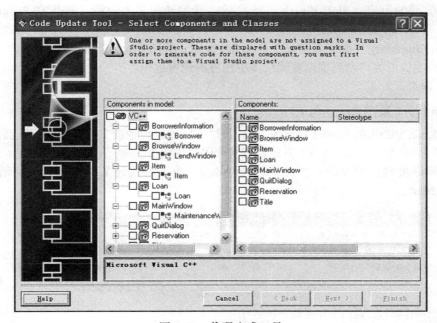

图 3-89　代码生成工具

　　选择模型中要映射到工程中的组件。在这里逐个单击，按照提示映射到已经创建的工程 "D:\图书馆管理系统\图书馆管理系统 .dsw" 中。

　　单击完成，开始生成代码。代码生成完成后启动 VC++6.0 查看代码。

VC++ 的逆向工程

　　逆向工程通常有 3 种情况：

- 针对代码的改动，更新一个已存在的模型。
- 根据 VC++ 项目创建一个新的模型。
- 往模型中添加一个外部 VC++ 组件。

　　利用 Rose VC++ 的 Model Update Tool 可以方便地进行逆向工程的操作。在需要进行逆向工程时，都需要使用 Model Update Tool，包括：①根据 VC++ 项目创建一个新的模型；②针对代码的改动，更新一个已存在的模型；③往模型中添加一个外部 VC++ 组件。

　　逆向工程的步骤如下：

　　（1）编译要转换的 VC++ 项目，确保源代码文件中没有任何语法错误。

　　（2）如果要创建新的模型，则需要创建一个组件，并设置组件的实现语言为 VC++。如果要更新模型，则可以省略这一步。

　　（3）选择 Tools → Visual C++ → Update Model from Code，激活 Model Update Tool，在打开的对话框中单击 Next 按钮，接着打开 Select Components and Classes 对话框，在该对话

框中进行组件和类的选择。

（4）将 VC++ 项目与模型中已有（或者新创建）的组件关联。

（5）在要进行逆向工程转换的项目的各项名称前面选中复选框，或者选择组件边上的复选框，对整个项目进行逆向工程。

（6）单击 Next 按钮，出现 Finish 界面。

（7）检查所要生成的模型元素，确定之后单击 Finish 按钮，也可以单击 Back 按钮返回并改动前面的设定。单击 Finish 按钮之后，开始逆向工程过程，进度在 Progress 页面显示。

（8）在 Summary 界面查看结果。单击 OK 按钮，关闭 Model Update Tool。

（9）将生成的类移动到模型逻辑视图中相应的逻辑包中。

（10）保存新的模型。

【实验 3-10】交互绘图系统逆向工程

利用 Rose VC++ 的 Model Update Tool 可以方便地进行逆向工程的操作。下面通过一个交互绘图的例子（EastDraw.dsw）描述如何从代码生成模型。

（1）编译要转换的 VC++ 项目 EastDraw.dsw，确保源代码文件中没有任何语法错误，如图 3-90 所示。

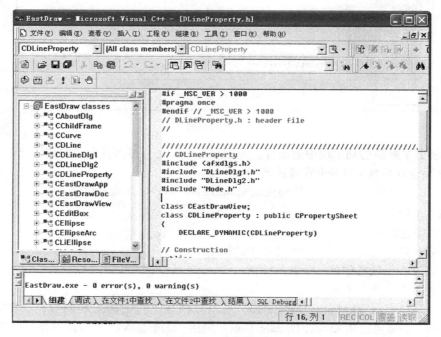

图 3-90　编译项目

（2）如果要创建新的模型，则需要创建一个组件，并设置组件的实现语言为 VC++。如果要更新模型，则可以省略这一步。本例在 Rose 中创建一个组件 EastDraw。

（3）选择 Tools → Visual C++ → Update Model from Code，激活 Model Update Tool，在打开的对话框中单击 Next 按钮，接着打开 Select Components and Classes 对话框，在该对话框中进行组件和类的选择。选择组件并映射到 EastDraw.dsw 项目文件。

（4）单击 Next 按钮，出现 Finish 界面。

（5）检查所要生成的模型元素，确定之后单击 Finish 按钮，也可以单击 Back 按钮返回并改动前面的设定。单击 Finish 按钮之后，开始逆向工程过程，进度在 Progress 界面显示。

（6）在 Summary 界面查看结果。单击 OK 按钮，关闭 Model Update Tool。

（7）将生成的类移动到模型逻辑视图中相应的逻辑包中。

（8）保存新的模型。

3.10.3　Java 的 Rose 双向工程

代码生成属性的设置

代码生成是从 Rose 模型中的一个或多个类图生成 Java 源代码的过程。这里是以组件为中心的，所以创建一个类后需要将它分配给一个有效的 Java 组件。如果模型的默认语言是 Java，Rose 会自动为这个类创建一个组件。在生成时模型元素的特征会映射到对应的 Java 语言的结构。Rose 中的类会通过它的组件生成一个 Java 的文件。Rose 中的包会生成一个 Java 包。

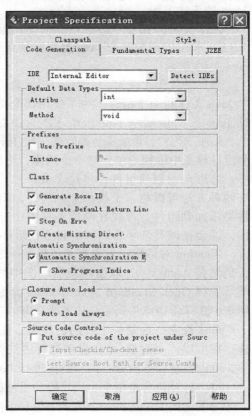

Rose 提供了一个工具，它能够使代码与 UML 模型保持一致，每次创建或修改模型中的 Java 元素，会自动进行代码的生成。默认情况下是关闭的，可以通过 Tool → Java → Project Specification 打开该功能，选择 Code Generation 标签页，选中 Automatic Synchronization 复选框，如图 3-91 所示。

Code Generation 标签页是代码生成时最常用的一个标签页，下面对该标签页中的每项做详细的介绍。

- IDE：指定与 Rose 相关联的 Java 开发环境，默认的 IDE 是 Rose 内部编辑器，它使用 Sun 的 DK。
- Default Data Types：该项用来设置默认数据类型，当创建新的属性和方法时，Rose 就会使用这个数据类型。默认的属性数据类型是 int，方法返回值的数据类型是 void。
- Prefixes：该项设定默认前缀（如果有的

图 3-91　同步设置

话），Rose 会在创建实例和类变量的时候使用这个前缀。

- Generate Rose ID：设定 Rose 是否在代码中为每个方法都加唯一的标识符。Rose 使用这个 Rose ID 来标识代码中名称被改动的方法。默认情况下，将生成 Rose ID。如果取消选中 Automatic Synchronization 复选框，就需要打开该功能。
- Generate Default Return Line：设定 Rose 是否在每个类声明后面都生成一个返回行。默认情况下，Rose 将自动生成返回行。
- Stop On Error：设定 Rose 在生成代码时，是否在遇到第一个错误时就停止。默认情况下这一项是非选中状态。
- Create Missing Directories：如果在 Rose 模型中引用了包，将指定是否生成没有定义的目录。默认情况下，这个功能是开启的。

- Automatic Synchronization Mode：当启用该功能时，Rose 会自动保持代码和模型同步。默认情况下，没有使用这个功能。
- Show Progress Indicator：指定 Rose 是否在遇到复杂的同步操作时显示进度栏。默认情况下不会显示。
- Source Code Control：指定对哪些文件进行源码控制。
- Put source code of the project under Source Control：是否使用 Rose J/CM Integration 对 Java 源代码进行版本控制。
- Input Checkin/Checkout comment：指定用户是否需要对检入 / 检出代码的活动进行说明。
- Select Source Root Path for Source Control：选择存放生成的代码文件的路径。

Java 的正向工程

Java 类加入模型中的 Java 组件。Rose 会将 Java 文件与模型中的组件联系起来。因此，Rose 要求模型中的每个 Java 类都必须属于组件视图中的某个 Java 组件。有两种组件添加 Java 类的方法。

当启动代码生成时，可以让 Rose 自动创建组件。如果这样，Rose 会为每个类都生成一个 Java 文件和一个组件。为了使用这个功能，必须将模型的默认语言设置为 Java，可以通过 Tool → Options → Notation → Default Language 进行设置。

Rose 不会自动为多个类生成一个 Java 文件。如果将 Java 分配给一个逻辑包，Rose 将为组件视图中的物理包创建一个镜像，然后用它创建目录或基于模型中的 Java 包。

可以自动创建组件，将这个类添加到组件。这样做可以将多个类生成一个 Java 文件。有两种方法可以将一个类添加到组件，但必须先创建这个组件。第一种方法是使用浏览器将类添加到组件。首先在浏览器视图中选择一个类，然后将该类拖放到适当的组件上。这样，就会在该类名字后面列出其所在组件的名字。第二种方法是使用 Rose 里的 Component Specification 对话框。首先打开组件的标准说明，如果该组件不是一个 Java 组件（也就是语言仍然是 Analysis），双击浏览器或图中的组件，如果它已经是 Java 组件，选中它并右击，然后选择 Open Standard Specification 命令。在打开的对话框中选择 Realizes 选项卡，从类列表中选择希望添加到组件中的类，并右击，选择 Assign 命令。

语法检查。这是一个可选的步骤。在生成代码前，可以选择对模型组件的语法进行检查。在生成代码时 Rose 会自动进行语法检查。Rose 的 Java 语法检查是基于 Java 代码语义的。可以通过以下步骤对模型组件进行 Java 语法错误检查。

（1）打开包含将用于生成代码的组件的组建图。

（2）在该图中选择一个或多个包和组件。

（3）使用 Tools → Java/J2EE → Syntax Check 对其进行语法检查。

（4）查看 Rose 的日志窗口。如果发现有语法错误，生成的代码有可能不能编译。

（5）对组件进行修正。

设置 CLASSPATH。通过 Tools → Java/J2EE → Project Specification 打开 Rose 中的 Java Project Specification 对话框，其中 CLASSPATH 标签页可以用来为模型指定一个 Java 类路径。无论从模型生成代码还是从代码生成模型，Rose 都使用该路径。

设置 Code Generation 参数。前面已详细介绍了各种参数。

备份文件。代码生成后，Rose 将会生成一份当前源文件的备份，它的扩展名是 .jv~。在用代码生成设计模型时，必须将源文件备份。如果多次为同一个模型生成代码，那么新生成的文件会覆盖原来的 .jv~ 文件。

生成 Java 代码。选择至少一个类或组件，然后选择 Tools → Java/J2EE → Generate Code。

如果是第一次使用该模型生成代码，那么会弹出一个映射对话框，它允许用户将包和组件映射到 CLASSPATH 属性设置的文件夹中。

如果发生错误或警告，将会出现警告信息，用户可以在 Rose 日志窗口查看这些信息。一旦代码生成完毕，Java 文件以及相关的目录将在设置的路径出现。用户也可以从 Rose 里面查看新生成的代码。选中已经生成代码的类或组件，右击，选择 Java/J2EE → Edit Code 即可。

Java 的逆向工程

分析 Java 代码，然后将其转换到 Rose 模型的类和组件的过程。IBM 的 Rational Rose 允许从 Java 源文件、Java 字节码以及一些打包文件中进行逆向工程。详细过程如下。

（1）设置或检查 CLASSPATH 环境变量。这一步是必需的，Rose 要求将 CLASSPATH 环境变量设为 JDK 的类库。根据使用的 JDK 的版本不同，CLASSPATH 可以指向不同类型的类库文件。

设置 CLASSPATH 环境变量的步骤如下：右击"我的电脑"，然后选择"属性"命令，在打开的属性对话框中选择高级标签页。单击"环境变量"按钮，在"系统变量"区域中，首先查找是否已经有了 CLASSPATH 环境变量。如果没有，单击"新建"按钮；如果有，则单击"编辑"按钮，然后在打开的对话框中输入路径。

另外，还需要为自己的库创建一个 CLASSPATH 属性。可以使用 Project Specification 对话框中的 CLASSPATH 选项进行设置。

（2）启动逆向工程。有三种方式可以启动逆向工程：

- 选择一个或多个类，然后选择 Tools → Java/J2EE → Reverse Engineer；
- 右击某个类，然后选择 Java/J2EE → Reverse Engineer 命令；
- 将文件拖放到 Rose 模型中的组件图或类图。当拖放 .zip、.cab 和 .jar 文件时，Rose 会自动将它们解压。

Reverse Engineer 对话框会显示 CLASSPATH 设置。如果打开该对话框发现左边没有显示目录结构，需要查看 Project Specification 对话框中的 CLASSPATH 是否设置了。

（3）创建和修改类图和组件图。完成逆向工程后，就可以在 Rose 浏览器中浏览生成的类模型和组件模型。默认情况下，Rose 不会自动将逆向工程生成的类和组件放在图中。按照下列步骤可以将类或组件加入图：首先，将它们从浏览器中拖放到新的或已经存在的图中，然后选择 Query → Add Classes 或 Query → Add Components。

（4）浏览和扩展源文件。在完成逆向工程以后，可能需要浏览和扩展与不同模型元素关联的源文件。浏览源文件，可以使用前面介绍的方法，即右击某个类，然后选择 Java/J2EE → Edit Code。

3.11 实验安排说明

Rational Rose 的主要优势是面向对象建模，支持系统分析、设计和实现等各阶段的各种模型。本章设置了 10 个实验：

- 【实验 3-1】电梯系统用例模型
- 【实验 3-2】POS 机系统用例模型
- 【实验 3-3】电梯系统类模型
- 【实验 3-4】ATM 机取款用例的逻辑模型
- 【实验 3-5】电梯系统动态模型

- 【实验 3-6】ATM 机系统组件模型
- 【实验 3-7】ATM 机系统部署模型
- 【实验 3-8】图书馆系统的数据库模型
- 【实验 3-9】图书馆系统正向工程
- 【实验 3-10】交互绘图系统逆向工程

其中前 5 个实验是面向对象分析与设计的主要任务，可以优先考虑完成，后 5 个实验根据课时情况选做。

3.12 小结

Rational Rose 是一个功能强大的面向对象分析与设计工具，可以构建 UML 的各种模型视图，同时支持正向和逆向工程。Rose 可以方便地帮助用户建立用例视图模型、类模型、活动模型视图、状态模型视图、顺序图、协作图、组件视图和部署视图等。

本章介绍了 Rational Rose 的常用的几种视图和模型构建过程，包括用例模型创建、逻辑模型创建、组件模型创建、动态交互模型创建、部署模型创建、代码双向转换和数据建模等。

3.13 习题

1. Rational Rose 支持哪些 UML 模型视图？
2. 什么是 Rational Rose 的正向工程？
3. 什么是 Rational Rose 的逆向工程？
4. 请完善电梯系统的类图。
5. 请完善电梯系统的顺序图。
6. 试着构建电梯系统的状态图。
7. 请构建电梯系统的活动图或泳道图。
8. 请构建图 3-92 所示的 ATM 系统组件模型。

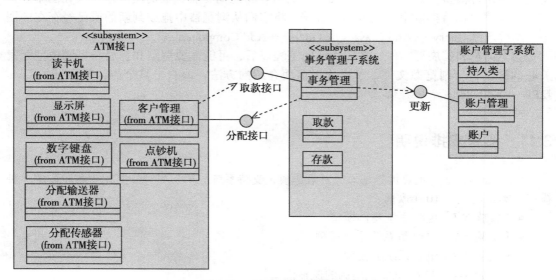

图 3-92　ATM 系统组件模型

9. 请构建图 3-93 所示的 ATM 系统的数据管理子系统组件图。

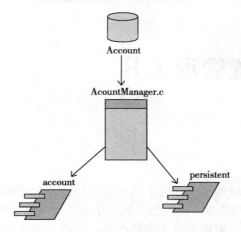

图 3-93　ATM 系统的数据管理子系统组件图

10. 请构建图 3-94 所示的 ATM 机系统服务器端的事务处理子系统组件图。

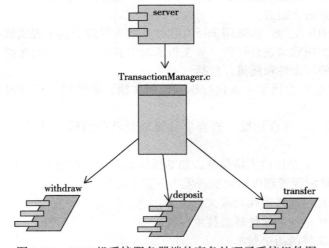

图 3-94　ATM 机系统服务器端的事务处理子系统组件图

## 第 4 章

软件配置管理工具

4.1 引言

随着软件团队人员的增加、软件版本的不断变化、开发时间的紧迫以及多平台开发环境的采用，软件开发面临越来越多的问题，这其中包括对当前多种软件产品的开发和维护、保证软件产品版本的精确、重建先前发布的产品、加强开发政策的统一和对特殊版本需求的处理等。解决这些问题的唯一途径是加强管理，而软件开发管理的核心是软件配置管理（Software Configuration Management，SCM）。

简而言之，软件配置管理就是管理软件的变化，它应用于整个软件工程过程，通常由相应的工具、过程和方法学组成。

软件配置管理的定义为：由适用于所有软件开发项目的最佳工程实践组成，无论是分阶段开发，还是采用快速原型进行开发，甚至包括对现有软件产品进行维护。软件配置管理可以有效地提高软件的可靠性和质量，包括：

- 在整个软件的生存周期中提供标识和控制文档、源代码、接口定义和数据库等工件的机制。
- 提供满足需求、符合标准、适合项目管理及其他组织策略的软件开发和维护的方法学。
- 为管理和产品发布提供支持信息，如基线的状态、变更控制、测试、发布、审计等。

实施有效的软件配置管理可以解决开发中的以下常见问题：

- 开发人员未经授权修改代码或文档。
- 人员流动造成企业的软件核心技术泄密。
- 找不到某个文件的历史版本。
- 无法重现历史版本。
- 无法重新编译某个历史版本，使维护工作十分困难。
- "合版本"时，开发冻结，造成进度延误。
- 软件系统复杂，编译速度慢，进度延误。
- 因一些特性无法按期完成而影响整个项目的进度或导致整个项目失败。
- 已修复的缺陷在新版本中出现。
- 配置管理制度难于实施。
- 分处异地的开发团队难于协同，造成重复工作，并导致系统集成困难。

4.2 VSS 简介

Microsoft VSS（Visual SourceSafe）6.0 解决了软件开发小组长期所面临的版本管理问题，

它可以有效地帮助项目开发组的负责人对项目程序进行管理，将所有的项目源文件（包括各种文件类型）以特有的方式存入数据库。开发组的成员不能对数据库中的文件进行直接修改，而是由版本管理器将项目或子项目的源程序复制到各个成员自己的工作目录下进行调试和修改，然后将修改后的项目文件做检入（check in）提交给 VSS，由它进行综合更新。

VSS 也支持多个项目之间文件的快速高效的共享。当某个成员向 VSS 中添加文件时，该文件将会被备份到数据库中，以便所有的成员都能共享该文件。而且每个成员对所有的项目文件所做的修改都将被记录到数据库中，从而使得修改的恢复和撤销在任何时刻、任何位置都成为可能。小组的成员可能得到项目的最新版本，对它进行修改，并保存一个新的版本。

VSS 的项目组织管理使得开发小组的协调变得简单、容易且很直观，当一个或一组文件发放给另一个小组成员、Web 站点或任何其他的地址时，VSS 确保它们之间的真正共享及所选的一组文件的不同版本的安全性。现在，越来越多的开发者可以通过他们的开发环境来访问 VSS 的功能。而且 VSS 可以很容易地与 Microsoft Access、Visual Basic、Visual C++、Visual FoxPro 和其他的开发工具集成在一起，一旦 VSS 集成到开发环境中，就可以像控件一样使用，能够很好地体现出 VSS 的易用性和强大功能。VSS 的主要功能如下：

版本控制

版本控制是所有配置管理系统的核心功能。配置管理系统的其他功能大都建立在版本控制功能之上。版本控制的对象是软件开发过程中涉及的所有文件系统对象，包括文件、目录和链接。

文件版本包括源代码、可执行文件、位图文件、需求文档、设计说明、测试计划以及一些 ASCII 和非 ASCII 文件等。目录版本记录了目录的变化历史，包括新文件的建立、新的子目录的创建、已有文件或子目录的重新命名、已有文件或子目录的删除等。

版本控制的目的在于为软件开发进程中文件或目录的发展过程提供有效的追踪手段，保证在需要时可回到旧的版本，避免文件的丢失、修改的丢失和相互覆盖，通过对版本库的访问控制避免未经授权的访问和修改，达到有效保护企业软件资产和知识产权的目的。另外，版本控制是实现团队并行开发、提高开发效率的基础。

文件或目录的版本演化的历史可以形象地表示为图形化的版本树（version tree）。版本树由版本依次连接形成，其中的每个节点代表一个版本，根节点是初始版本，叶节点代表最新的版本。最简单的版本树只有一个分支，也就是版本树的主干；复杂的版本树（如并行开发下的版本树）除了主干外，还可以包含很多的分支，分支可以进一步包含子分支。版本树表示单个文件或目录的演化历史，但典型的软件系统往往包含多个文件和目录，每个文件和目录都有自己的版本树，多个文件的版本需要相互匹配才可以协同工作，共同构成软件系统的一个版本或发布。

基线（baseline）由每个组件的某一个版本构成，是开发和进一步演化的基础。如果将全部版本树看作一个森林，基线则是该森林的一个横截面。有了版本控制和历史版本，版本之间的比较就变得非常有意义，配置管理工具应能有效支持版本的图形化比较。

工作空间

在某一时刻，开发人员的开发工作往往只限于文件的某一选定的版本上，因此配置管理系统需要提供一种便捷地访问正确文件的正确版本的机制，这正是配置管理系统的工作空间管理功能。工作空间就是为了完成特定的开发任务（如开发新功能、进行软件测试或修复缺陷等），从版本库中选择一组正确的文件或目录的正确版本复制到开发人员的开发环境。

开发人员首先需要在自己的开发环境中完全重现工作文件所对应的源文件和目录结构，也就是说，需要建立一个对应于工作文件的工作空间。存在两类工作空间：

- 一类是开发人员的私有空间，在私有空间中，开发人员可以相对独立地编写和测试自己的代码，而不受团队中其他开发人员工作的影响，即使其他人也在修改同样的文件。
- 另一类是团队共享的集成空间，该空间用于集成所有开发人员的开发成果。

工作空间管理包括工作空间的创建、维护与更新、删除等，工作空间应具备稳定性、一致性、透明性等特点。缺少有效的工作空间管理会造成由于文件版本不匹配而出错和开发效率的降低，以及更长的集成时间等问题。

并行开发

在传统的串行开发模式下，同一软件的多个发布（release）是顺序地被开发出来的，这种方式在当今的市场环境下越来越行不通，因为所有的软件产品都面临越来越大的迅速上市的压力，唯一有效的解决方案是引入并行开发机制。在并行开发模式下，同一软件的多个版本会同时进行开发，从而有效缩短软件的上市周期。为实现有效的并行开发模式，需要一种机制将前一个版本中后期开发的功能合并到后一个版本中，这正是配置管理工具所需要完成的。

为实现并行开发，配置管理系统需要提供灵活的分支机制和工作空间管理体系。创建分支的过程实际上就是一个建立副本的过程，针对每个发布分别建立相应的分支，分支之间具备相对的独立性，这样不同的发布就可以在各自的分支上进行并行开发，在适当的时候，分支之间可以进行合并。对同一软件的多个发布的并行开发其实只是诸多并行开发模式和分支策略之一，其他常见的并行开发模式如下：

- 并行进行同一产品的维护和开发。
- 并行开发同一产品的多个定制版本。
- 并行开发同一产品的多个特性。
- 团队协作并行开发一组相同的文件/目录。

过程控制

不同的开发组织往往具备不同的组织结构、开发环境、开发策略，因此，配置管理系统应该能够支持灵活的配置管理策略和配置管理流程，并实现过程自动化以提高配置管理效率，这就是过程控制需要实现的功能。

在商用关系型数据库中有一种触发器（trigger），通过触发器机制，可以定义在记录被插入/删除之前或之后自动执行一个预定义的脚本来实现特定的逻辑功能。

配置管理系统应能够提供类似的触发器机制。通过可定制的触发器，可以定义在执行特定的配置管理操作（如检出、检入）之前或之后自动执行的特定任务（可以是批处理、可执行文件或其他的配置管理操作），从而自动化实现预定义的配置管理策略。

过程控制还可以通过对配置项加锁/解锁来实现，如在版本库备份阶段对版本库进行加锁以禁止在备份过程中对版本库进行修改。通过过程控制还可以设置额外的安全访问机制以加强配置管理系统的安全策略。

构建和发布

构建和发布管理的目的是确保软件构建是可重现的、高效的和可维护的。随着开发团队、软件规模、软件复杂性的增长，实现这一目标已经成为一种挑战。

典型的构建和发布管理包括以下几个步骤：

（1）确定参与构建的全部资源（如源代码、库文件、配置文件等）的正确版本。

（2）创建一个仅仅用于构建目的的专用工作空间。

（3）执行构建过程，并对构建过程进行审计。审计信息包括谁执行构建、什么时候执行构建、构建生成的可执行文件包含哪些内容、执行构建的机器是什么、机器上运行的操作系统版本是什么、执行构建使用的是什么编译器、使用了编译器的哪些选项等。构建审计是构建重现性和可维护性的有力保证。

（4）对构建和审计过程中产生的导出文件进行版本控制。

（5）为已受控的导出文件建立基线。

（6）生成软件发布介质。

异地开发

经济全球化趋势越来越明显，越来越多的企业兼并以及软件规模和复杂性的不断增加等诸多因素使得地理上分布的多个软件开发团队进行协作开发的情况日益普遍。配置管理系统应该能够有效支持地理上分布的团队之间的远程协作。典型的异地开发模式具有以下特点：

- 支持跨多个地点的分布式开发。
- 复制和同步配置数据。
- 提供配置数据的本地存取。

变更请求管理

变更请求管理是软件配置管理的一个重要组成部分，主要包括变更请求管理记录、跟踪和报告针对软件系统的任何变更，其核心是一个适合软件开发组织的变更处理流程，典型的变更处理流程涉及如何提交变更请求，如何对变更请求进行复审以便决定是否实施，由谁实施，如何实施，如何确定变更请求准确实施并完成等方面。

变更处理流程应该是灵活的和便于定制的，不同的软件开发组织需要不同的变更处理流程，即使在同一软件开发组织内部，针对不同的变更类型或不同的软件开发项目，往往也需要不同的流程。

变更请求管理系统应具备强大的统计、查询和报告功能，同时，能够及时准确地报告软件的变更现状、开发团队的工作进展和负荷、软件的质量水平以及变更的发展趋势。

4.3　VSS 的基本使用方法

SourceSafe 是 Microsoft 公司推出的一款支持团队协同开发的配置管理工具，是 Visual Studio 的套件之一，简单易用。人们在使用配置管理工具时，80％的时间只是用 Add、Check in、Check out 等几个功能。SourceSafe 只支持 Windows，不支持异构环境下的配置管理。

SourceSafe 是使用服务器、本地机的概念来进行操作的，它认为所有需要操作的文件都存在服务器版本文件和本地机版本文件，无论用户的 SourceSafe 架构是服务器／客户机，还是个人单机版形式，它的机制都是这样。用户所有的修改都是在本地机上完成的，修改完成后再上传至服务器。

服务器版本文件是一个绝对受配置管理软件限制的文件，用户只能通过 SourceSafe 规定的权限和操作方法修改它。本地文件是一个基本不受限制的文件，用户可以像操作本地文件一样操作它。

SourceSafe 由 Visual SourceSafe 6.0 Admin、Microsoft Visual SourceSafe 6.0、Analyze

VSS DB、Analyze & Fix VSS DB 四部分组成。Analyze VSS DB、Analyze & Fix VSS DB 两个工具不是很常用，前者用于检查 SourceSafe 数据库文件的完整性，后者主要用于修正 SourceSafe 数据库文件存在的错误。VSS 6.0 Admin 的功能类似于 Windows 2000 的用户管理器，软件配置管理人员用它来分配用户和设定相应的权限。管理员的管理操作一般都集中在 Visual SourceSafe 6.0 Admin 中，系统中只有一个系统管理员 Admin 可以登录到此程序中进行管理工作。

数据库的创建必须在服务器上执行，因为通过客户端创建数据库，只是在客户端的机器上创建数据库，这个数据库往往只能单机使用。同时，必须要注意，由于 VSS 是通过 Windows 的网络共享来完成服务器端受控版本文件共享的，因此 VSS 服务器端的数据库必须建立在服务器的一个完全共享的目录之中；否则，客户端将无法获得数据库中的文件。

数据库的备份与恢复、备份数据库或者其中的一个项目，选择 Tools → Archive Projects，在打开的对话框中根据提示进行操作，最后会形成一个扩展名为 *.ssa 的备份档案文件。如果要从档案文件中恢复 VSS 数据库，选择 Tools → Restore Projects，然后根据提示完成数据库恢复工作。在恢复过程中，可以选择恢复为原有工程，也可恢复为其他工程目录。

【实验 4-1】构建项目配置环境

[项目背景] 该项目为一个软件移交的项目，这个项目团队的成员组成和职责分配如下。
- 项目经理：1 人，负责协调整个项目。
- 业务分析师：1 人，负责整个系统业务的分析。
- 系统架构师：1 人，负责整个系统的系统架构。
- Package Owner：3 人，分别负责系统前端、中间层及后台数据库三个部分。
- 模块负责人：3 ~ 5 人，分别负责各个模块。
- 数据库管理员（DBA）：1 人，负责系统数据库。
- Test/QA：1 人，负责整个软件的测试和质量保证。
- Technical Writer：1 人，负责相关技术文档的写作。
- 变更控制委员会（CCB）：3 人，负责项目需求的变更审核及执行，包括软件配置管理员、外方项目经理。

实际过程中大多会发生人员交叉现象，例如，某项目的实际人数只有 9 人，项目经理同时是 CCB 中的一员，Package Owner 同时兼任模块负责人。图 4-1 中的 exec 项目中主要存放项目可执行文件或者软件安装文件，由于该项目比较复杂，建立过程耗时长，所以直接在 VSS 中存放可执行文件。

接下来，就需要为每个项目、子项目设置不同的用户访问权限。由于所有的软件重大变更都需要交由 CCB 审核签字后方可执行，所以把整个项目的 6 级权限赋给 CCB 成员。而项目经理主要负责项目的整体进度以及与外方

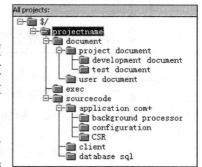

图 4-1　VSS 项目结构

项目组、其他部门的协调工作，所以拥有整个项目的 Read 权限并且拥有开发文档的 Add/Rename/Delete 权限。

配置管理员的权限有两种可能，一种是拥有整个项目的 Add/Rename/Delete 权限，另外一种是只拥有部分项目的 Add/Rename/Delete 权限，这主要取决于赋予配置管理员的实际权限有多大。以此类推，各个模块负责人拥有各自模块的 Add/Rename/Delete 权限。

此外，由于移交项目的特殊性，一般在项目开始阶段主要以培训为主，很少涉及软件的修改，所以建议在项目开始阶段不赋予开发工程师 check in/check out 权限，以免引起不必要的错误和争论。

VSS 6.0 是 SourceSafe 的主要使用平台，类似于 Windows 的文件管理器，它所显示的路径是以"$"符号为根节点的相对路径。VSS 的主要使用过程如下。

创建 VSS 数据库

在 VSS 6.0 安装完毕后，首先，管理员需要为整个项目创建一个 VSS 数据库（在 VSS 服务器安装时，系统已经创建了一个默认数据库 Common），启动 Visual SourceSafe 6.0 Admin，选择新数据库的路径，例如，创建 MYAPP 数据库，如图 4-2 所示，然后单击 OK 按钮。

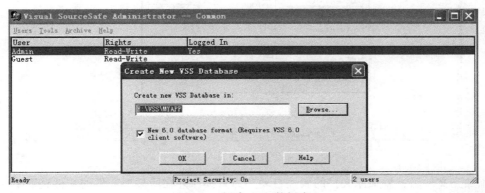

图 4-2　创建 VSS 数据库

为新创建的数据库建立用户

要为新创建的数据库建立用户，首先需要打开该数据库，选择 Users → Open SourceSafe Database，然后选择该数据库，打开它，如图 4-3 所示。再选择菜单项 Add User，输入用户名和口令。然后依次创建其他用户。

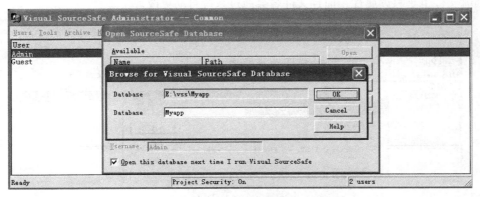

图 4-3　打开新建的数据库

添加项目

项目是一组相关的文档或者一组文件的集合，VSS 允许用户以任何层次结构来存储和组织项目。在 VSS 数据库中，可以创建一个或者多个项目。

添加项目的方法如下：通过 File → Create Project 菜单在根目录下创建一个项目，如

myproject，之后需要向此项目节点下添加文件。选择 File → Add File 菜单打开 Add File 对话框，之后选择相关文件并单击 Add 按钮，即可将文件添加到 myproject 中，如图 4-4 所示。

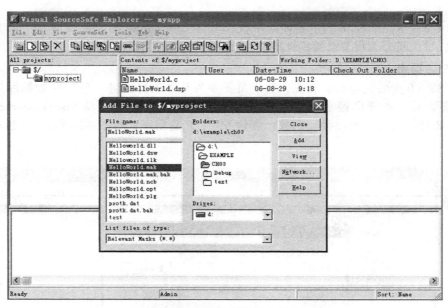

图 4-4　添加项目及文件

添加完文件后，添加原文件的属性自动变为只读，并在所添加文件的文件夹下生成一个 vssver 文件，以后对文件的操作基本与原文件没有关系了。

浏览 SourceSafe Server 中的文件

在 Visual SourceSafe Explorer 中双击要打开的文件，在打开的对话框中直接单击 OK 按钮即可，如图 4-5 所示。这时 SourceSafe Explorer 会将文件复制一份到本地机的临时文件夹中（临时文件夹路径通过 Tools → Options → General 设置），因原文件已经变为只读属性，所以临时文件也是只读属性，而且文件名会通过系统自动更改。

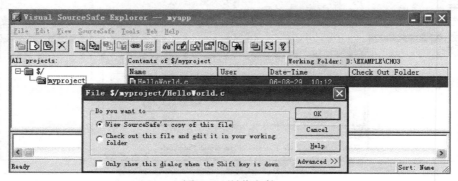

图 4-5　浏览文件

设置工作文件夹

SourceSafe 的文件夹需要在本地计算机上指定一个 working folder。当 check out（检出）时，相应文件会下载到这个本地工作文件夹中。用户在本地的文件夹中修改文件，然后把修改后的文件 check in 回服务器的 source safe 中。

用户可以利用 set working folder 命令来建立 source safe 文件夹和本地 working folder 的对应关系。方法是在 source safe 文件目录树中选中要建立对应关系的文件夹，右击，然后从弹出的快捷菜单中选择 set working folder 命令。

下载最新版本文件到本地机

get latest version 命令可以将一个或一组文件或者整个文件夹的最新版本从 source safe 中复制到本地的计算机中，并用只读的形式保存起来。方法如下：在左侧的文件树中选择相应的文件夹右击，然后从弹出的快捷菜单中选择 get latest version，会打开一个对话框，它包括 3 个复选框：

- 3 个复选框全处于非选中状态时，只将 source safe 文件夹根目录下的文件复制到本地计算机，如同 DOS 中的 copy 命令。
- 选中 Recursive 选项时，会将 source safe 文件夹下的所有文件夹及文件都复制到本地计算机，如同 DOS 中的 diskcopy。
- 选中 Make writable 选项时，复制到本地的文件是可写的。

如果用户单击 Advance 按钮，会出现更多的选择项。Set file 中的四个选项依次如下：

- Current：复制操作发生时的当前时间。
- Modification：文件最近一次修改的时间。
- Check in：文件最后一次 check in 的时间。
- Default：同 Current。

Replace writable 中的四个选项（见图 4-6）的作用是：当本地文件和要下载的文件同名，且本地的文件是可写的时，设置系统如何执行复制。

- Ask：系统提示是否覆盖本地的同名文件。
- Replace：自动覆盖本地的同名文件。
- Skip：不覆盖本地的同名文件。
- Merge：将两个文件合并。

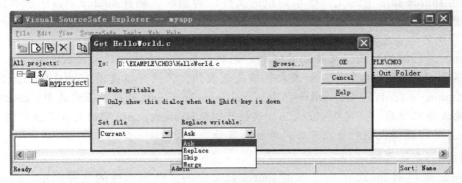

图 4-6　下载最新版本

一定要养成先获取文件的最新版本的习惯，否则如果别人更新了代码，VC 会提示存在版本差异并询问是否覆盖、整合、保留等，如果选错了就会把别人的代码忽略掉，所以一定要谨慎。

下载文件到本地操作

当用户要修改一个文件时，首先要把文件从 source safe 中复制到 working folder 中，并且以可写的形式保存，这一系列动作的命令就是 check out。

具体使用方法如下：选择要下载到本地机的文件，右击后选择 check out，这时会弹出一个对话框，如图 4-7 所示。

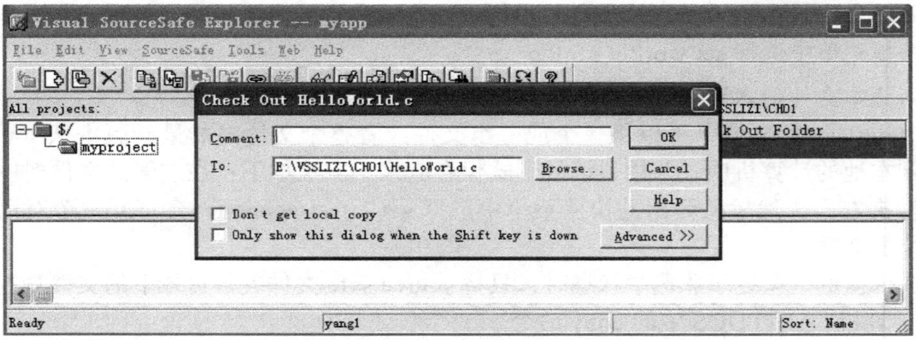

图 4-7 下载文件到本地

默认的状态下 Don't get local copy 这个选项是不选的，其意义是：如果不选（保持默认状态），当本地的同名文件是只读的时，则系统首先用 source safe 文件更新本地的文件，本地的文件变为可写。当本地的文件是可写的时，则会出现另一提示框，其中的选项 Leave this file 表示本地文件保留当前状态，source safe 中的文件也保留当前状态，这样有可能两个文件不一致。

如果单击 Advanced 按钮，会出现 Replace your local file with this version from source safe 选项，表示用 source safe 中的文件更新本地的文件。如果选中 Don't get local copy 复选框，则不把 source safe 文件复制到本地。

文件检出成功后，用户可以看到文件上有红色标记，这时用户的本地文件是可写的，用户就可以修改文件了。为了操作更简便，我们推荐一种 check out 方法。

- 当本地的文件比 source safe 中的文件内容新时，选中 Don't get local copy 复选框。然后 check in 使本地机与服务器内容同步；
- 当 source safe 中的文件比本地机的文件内容新时，则在 source safe 中选择此文件，选择 get latest version 命令，然后按照默认选项进行 check out；
- 当两者内容相同时，按照默认选项操作。

注意：source safe 中使用了文件锁的概念，也就是当一个文件被别人 check out 时，其他人不能 check out 此文件；如果文件锁是无效的，用户可以查看 Visual Source Safe 6.0 Admin → Tools → General → Allow multiple check outs 选项是否被选中。check out 修改文件完毕后，一定要 check in，这样可以保证 source safe 中的文件是最新的。check out 时将使得代码对自己可写，对别人只读。

上传文件到服务器操作

用户必须利用 check in 命令保证 source safe 中的文件与本地的文件同步，check in 与 check out 成对出现，其作用是用本地的文件更新 source safe 中被 check out 的文件。

具体操作是，在 source safe 中选中处于 check out 状态的文件，右击选择 check in 即打开一个对话框：

默认情态下它的两个复选框处于非选中状态。Keep checked out 选项可以在 check in 后自动地再次 check out，相当于省略了 check out 操作；Remove local copy 选项可以在 check in 的同时，删除本地机上 working folder 中的同名文件。如图 4-8 所示。

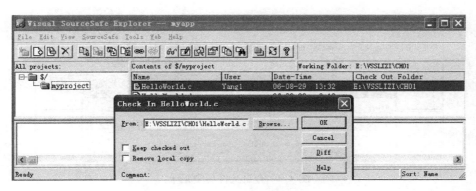

图 4-8　上传文件到服务器

一般保持默认选项就可以了。check in 成功后，source safe 和本地的文件是完全相同的，本地的文件变成了只读文件。要再次修改文件，需再次执行 check out 操作，此时本地机的文件属性自动变为可写状态。记住 check out 后要 check in，否则，后果与文件写完不保存类似。

一定要保证文档正确、可编译后再 check in，否则，会使得其他人也无法通过编译，整个过程将无法调试。

undo check out 操作

当一个文件被 check out 后，用户如果想要撤销这项操作，可以使用 undo check out 命令。操作步骤如下：

选中处于 check out 状态的文件，右击后选择 undo check out。

当 source safe 中的文件和本地的文件完全相同时，不出现提示信息，文件恢复为普通状态。

当 source safe 中的文件和本地的文件不完全相同时，出现提示信息对话框，对话框的 Local copy 中包括三个选项：

- 选中 Replace 选项后，系统会询问是否覆盖信息，如果单击 Yes 按钮则用 source safe 中的文件的最后一个版本覆盖本地机上的文件，如果单击 No 按钮则保留本地计算机上文件的内容，source safe 中的文件是上次 check in 后的内容。此时，两个文件可能出现不同。
- Leave 选项保留当前计算机上的内容，source safe 中的文件是上次 check in 后的内容，两个文件可能出现不同。
- Delete 选项删除本地计算机上的文件。

选择一个选项后，单击 OK 按钮，文件回到普通状态。

edit 操作

edit 命令是一个组合命令，是先 check out 再修改的命令的组合。应当注意的是，执行 edit 命令后，用户修改了文件，但是 source safe 中的文件并没有同步修改，用户还是要通过 check in 完成本地文件与 source safe 中文件的同步。

查看文件的历史内容

选中文件，右击，从弹出的快捷菜单中选择 show history，出现一对话框，单击 OK 按钮后弹出窗口，用户可以看到这个文件的所有版本，要查看某个版本可以单击 View 按钮。如果想下载某个先前的版本可以单击 Get 按钮，如图 4-9 所示。

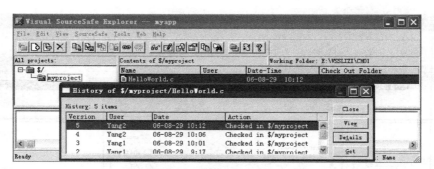

图 4-9　查看文件历史记录

关于 source safe 的权限

VSS 包含多个数据库，每个数据库又包含许多项目，而且可能项目里嵌套不同的子项目，最后才是源文件。可以将此类比成操作系统中的磁盘分区、目录、子目录、文件。

VSS 中的用户是基于 VSS 数据库的，也就是说每个数据库都包含自己的用户清单。用户访问权限规定用户可以访问（包括查看、修改和执行命令等）数据库中的哪些项目，对于项目来说就是它只能被那些已经授权的用户访问，也就是所谓的项目安全。

默认情况下，项目安全管理是以简单模式来运行的，即用户对工程的操作权限只有两种：一种是只读权限，另一种是读写权限。要启用高级模式，可以通过 Visual SourceSafe 6.0 Admin → Tools → Options → Project Security → Enable project security 设置。source safe 的权限分为 5 级：

- 无权限级：看不到文件。
- Read 级：只能浏览文件，可以使用 get latest version 命令。
- Check In/Check Out 级：可以更新文件，但不能对文件进行删除。
- Delete 级：可以删除文件，但通过某些命令这些文件还能恢复。
- Destroy 级：可以彻底地删除文件，删除之后无法恢复。

为用户设定权限的工作一般由软件配置管理员在 VSS 6.0 Admin 中完成。

权限管理就是管理用户和工程目录之间的操作权限的关系。有两种管理方式：一种是以工程为主线来管理权限的，另一种是以用户为主线来管理权限的。设置用户权限之前，必须激活项目安全机制。打开 VSS Admin 的 Tools 菜单，选择 Options，打开 SourceSafe Options 对话框，选择 Project Security 标签页，选中 Enable project security 复选框，如图 4-10 所示。

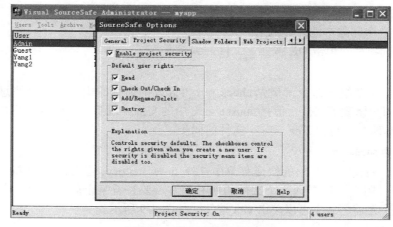

图 4-10　激活项目安全机制

VSS 中有 3 种方法可以设置用户的项目访问权限：针对项目设置每个用户的权限、针对用户设置访问每个项目的权限、复制用户权限。它们分别对应于 Tools 菜单下的 Assign Rights by Project、Rights Assignments for User 和 Copy User Rights。

以 Assign Rights by Project 为例，选择 Tools → Assign → Rights by Project，打开 Project Rights 对话框来管理项目的用户访问权限，如图 4-11 所示。在左边区域中选定项目，在右上区域中选定用户，User rights 区域中就显示该用户具有的权限，选中不同的复选框来设置权限。注意：对每个项目的用户权限设置自动反映到该项目的所有子项目中。

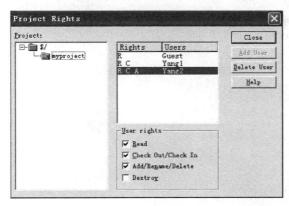

图 4-11　用户授权

如果以用户为主线来设置用户权限，则应先在主界面下方的用户列表中选中一个用户，再选择 Rights Assignments for User 菜单，打开的对话框下方列出了该用户对数据库各项目目录的访问权限，如果访问某个项目在列表上没有列出，则说明该项目的权限是继承自上级目录的访问权限。只要选中一个目录，就可以编辑该用户对该项目目录的访问权限。

权限复制就是将一个用户的权限直接复制给另外一个用户，管理员可以通过 Copy User Right 菜单来实现。

password 一般是由软件配置管理员分配的，如果用户需要修改密码，可以通过 Tools → Change Password 修改。需要说明的是，当用户的 Source Safe 密码和 Windows 密码相同时，启动 Source Safe，不会出现提示用户输入密码的对话框。

4.4　实验安排说明

本章安排了一个项目配置管理实验：
● 【实验 4-1】构建项目配置环境
使用 VSS 完成项目的部署和人员权限管理，以及任务的分配，学习 VSS 的基本操作。教师可根据具体情况安排学生完成服务器的部署和设置，学生可完成代码检出 / 检入以及版本比较等任务。

4.5　小结

VSS 是 MS 开发的一个基于 Windows 环境的软件项目配置管理工具，可以较为方便地部署项目的开发配置环境和软件配置项的变更管理。VSS 是一个客户 / 服务器结构，管理员负责部署项目配置环境和权限管理，开发人员通过客户端完成代码的检出和检入以及比较代码差异等功能。通过 VSS 的基本操作让学生理解 VSS 的基本功能，掌握 VSS 的基本使用过程。

4.6　习题

1. VSS 有哪些基本功能？
2. VSS 的项目环境如何建立？
3. 如何检出和检入代码？
4. 如何比较代码差异？
5. 如何分配用户权限？

## 第 5 章

功能测试工具

5.1 引言

WinRunner 是 MI 公司开发的一个功能测试工具，可以录制界面交互过程，进行自动功能回归测试，提高测试的效率。

WinRunner 是一种企业级的功能测试工具，用于检测应用程序是否能够达到预期的功能并正常运行。通过自动录制、检测和回放用户的应用操作，WinRunner 能够有效地帮助测试人员对复杂的企业级应用的不同发布版进行测试，提高测试人员的工作效率和质量，确保跨平台的、复杂的企业级应用无故障发布并长期稳定运行。

5.2 WinRunner 的测试过程

WinRunner 的测试过程分 6 个步骤。

（1）学习 GUI Map 对象。使用 RapidTest Script Wizard（快速测试脚本向导）回顾软件用户界面，并系统地把每个 GUI 对象的描述添加到 GUI Map 中。也可以在录制测试时，在 GUI Map 编辑器中通过选中对象把对单个对象的描述添加到 GUI Map 中。

注意：当使用 GUI Map Per Test 模式时，可以跳过这一步骤。

（2）录制测试脚本。可以通过录制、编程或两者同用的方式创建测试脚本。录制测试时，在需要检查软件反应的地方插入检查点（checkpoint）。可以插入检查点来检查 GUI 对象、位图（bitmap）和数据库。在这个过程中，WinRunner 捕捉数据，并作为期望结果（被测软件的期望反应）储存下来。

（3）调试测试脚本。可以先在调试模式（debug mode）下运行脚本，也可以设置中断点（breakpoint），监测变量，控制 WinRunner 识别和隔离错误。调试结果被保存在 Debug folder，一旦调试结束就可以删除。

（4）执行测试。在检验模式（verify mode）下测试被测软件。WinRunner 在脚本运行中遇到检查点后，就把当前数据和期望值进行比较，并记录不符合的情况。

（5）查看测试结果。测试成功与否由测试人员来认定。每次测试结束，WinRunner 会把结果显示在报告中。报告会详述测试执行过程中发生的所有主要事件，如检查点、错误信息、系统信息或用户信息。如果在检查点有不符合情况被发现，可以在 Test Results（测试结果）窗口查看预期结果和实测结果。如果位图不符合，也可以查看用于显示预期值和实测结果之间差异的位图。

（6）报告测试结果。测试中发现错误而造成测试运行失败，可以直接从 Test Results 窗口报告中得到有关错误的信息。这些信息通过 E-mail 发送给测试经理，用来跟踪这个错误直到被修复。

　　本实验中使用 WinRunner 附带的 Flight Reservation（航班预订）软件。样本软件可以通过"开始→所有程序→WinRunner→Sample Application"命令打开。该程序有两个版本：Flight 4A 和 Flight 4B。Flight 4A 版本是正常的软件，Flight 4B 有一些故意加入的错误。在 WinRunner Tutorial（WinRunner 教学）中，两个版本都被使用来互相比较。本教程中的例子在两个版本中都可以使用。如果 WinRunner 中安装了 Visual Basic，VB 版本的 Flight 4A 和 Flight 4B 将被安装到常规样本软件中。机票预订应用系统的登录界面和主界面分别如图 5-1 和图 5-2 所示。Agent Name 为长度至少为 4 个字符的任意用户名，Password 为 mercury。

图 5-1　示例软件的登录界面

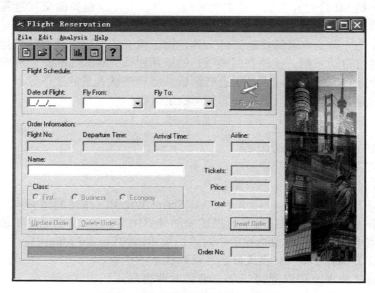

图 5-2　机票预订应用系统主界面

5.3　WinRunner 的基本使用方法

　　WinRunner 是一个面向 Windows 标准界面进行测试和录制的功能测试自动化工具。下面介绍 WinRunner 的基本使用过程。

5.3.1　WinRunner 的基本操作

启动 WinRunner

　　选择"开始→所有程序→WinRunner→WinRunner"命令启动 WinRunner。WinRunner 的 Record/Run Engine(记录/执行引擎)的图标出现在 Windows 的任务栏上。这个引擎设立和维护 WinRunner 与被测软件之间的连接。第一次启动 WinRunner 会看到欢迎窗口，用户可以选择新建测试、打开已有测试或快速预览 WinRunner。如果不希望下次启动时看到这个窗口，则可以取消勾选 Show on Startup 复选框。

WinRunner 主窗口如图 5-3 所示，包括标准部分（WinRunner 标题栏、菜单栏、工具栏、状态栏）、WinRunner 特有的部分（包含运行测试时常用测试的命令）、用户工具栏（包含创建测试时常用的命令、调试观察窗口和功能观察窗口）。

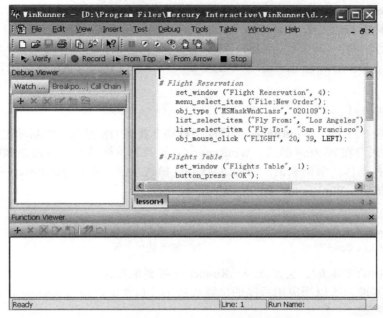

图 5-3　WinRunner 主窗口

运行测试脚本窗口

在测试脚本窗口创建、调试和执行测试，窗口如图 5-4 所示，包含以下部分。

- 测试脚本窗口标题栏：显示当前打开的测试名称。
- 测试脚本：通过录制或编写代码方式生成。
- 执行箭头：指明当前正在执行的那一行脚本，如果想要移动这个标志到某一行，只需要在该行左侧空白处单击。
- 插入点：指出可以插入或编辑文本的地方。

```
# Flight Reservation
    set_window ("Flight Reservation", 4);
    menu_select_item ("File:New Order");
    obj_type ("MSMaskWndClass","020109");
    list_select_item ("Fly From:", "Los Angeles");    # Item Number 3;
    list_select_item ("Fly To:", "San Francisco");    # Item Number 5;
    obj_mouse_click ("FLIGHT", 20, 39, LEFT);

# Flights Table
    set_window ("Flights Table", 1);
    button_press ("OK");

# Flight Reservation
    set_window ("Flight Reservation", 5);
    edit_set ("Name:", "Joho");
    button_set ("First", ON);
    button_press ("Insert Order");
    set_window ("Flight Reservation", 7);
    obj_wait_bitmap("Insert Done...", "Img1", 10);

    button_press ("Delete Order");

lesson4
```

图 5-4　测试脚本窗口

5.3.2　WinRunner 的测试方法

设置录制模式

　　WinRunner 的录制脚本有两种录制模式：Context Sensitive 和 Analog。

　　Context Sensitive 模式。Context Sensitive 模式主要以 GUI 对象为基础，WinRunner 会识别使用者选择的 GUI（General User Interface，通用用户界面）对象（如窗口、菜单、按钮等），以及执行的操作（如按下、移动、选取等）。举例来说，假如以 Context Sensitive 模式录制，在 Flight Reservation 的登录界面上单击 OK 按钮，WinRunner 会产生以下测试脚本 TSL：

```
button_press ("OK");
```

　　当执行这段 TSL 时，WinRunner 会在应用程序上找寻 OK 按钮，然后单击它。

　　Analog 模式。在 Analog 模式，WinRunner 主要录制鼠标移动的轨迹、鼠标的点选以及键盘的输入 3 种动作。举例来说，假如以 Analog 模式录制，在 Flight Reservation 的登录界面上单击 OK 按钮，WinRunner 会产生以下脚本 TSL：

```
move_locator_track (1);        // 鼠标移动
mtype ("<t110><kleft>-");      // 按下鼠标左键
mtype ("<kleft>+");            // 放开鼠标左键
```

　　当执行上面的 TSL 时，会发现 WinRunner 会控制鼠标移动，此鼠标移动的轨迹以屏幕的绝对坐标为基准，所以当应用程序的位置或使用接口变动，则以 Analog 模式录制的测试脚本将会执行失败。

　　一般情况下，只有在测试需要记录鼠标移动的应用程序（如绘图软件）时才使用 Analog 模式，否则以使用 Context Sensitive 模式为默认模式。表 5-1 是两种录制模式的比较。

表 5-1　两种录制模式的比较

Context Sensitive 模式	Analog 模式
应用程序只考虑 GUI 对象（菜单、按钮）	应用程序考虑位图（BMP 图画）精确定位，如绘图线条走向
其录制的脚本是操作的动作描述	其录制的脚本其实是精确的鼠标运动轨迹
计划在应用程序的各个版本中应用（回归）	不支持回归测试

生成的 TSL 脚本：
button_press("OK");
	生成的 TSL 脚本：
	move_lactor_track(1);
	mtype("<t110><kleft>–");
	mtype("<kleft>+");

　　提示：F2 是两种记录模式的切换快捷键。

　　要设置录制模式，可在 WinRunner 的选项中进行设置。选择 Tools → General Options…命令，打开 General Options 对话框。在 General Options 对话框的 Record 标签页，可以选择 Default recording mode 来设置默认的录制模式，如图 5-5 所示。默认的录制模式是 Context Sensitive。

录制脚本的步骤

　　（1）运行机票预订系统，进入主界面，然后启动 WinRunner，并在 Add-In Manager 窗口中不要选任何 add-ins 模块。接着选择 File → New 命令创建一个新测试。选择 Insert → RapidTest Script Wizard 命令，显示欢迎界面。

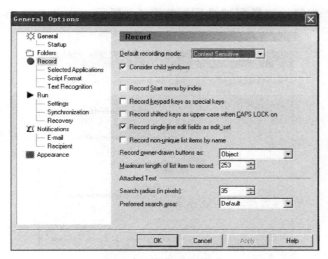

图 5-5　设置录制模式

（2）单击 Next 按钮，显示脚本向导对话框，如图 5-6 所示。

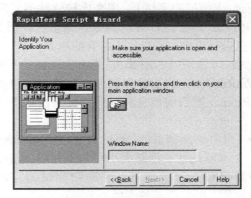

图 5-6　脚本向导第二步

（3）单击手形按钮，再在机票预订系统窗口中单击，此时向导对话框的 Window Name 文本框中显示"Flight Reservation"，如图 5-7 所示。

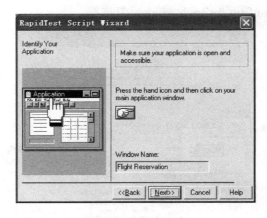

图 5-7　捕捉窗口名

（4）单击 Next 按钮，选择测试类型，如图 5-8 所示，这里选中 User Interface Test 复
选框。

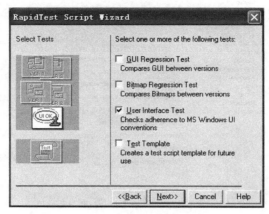

图 5-8　脚本向导第三步

WinRunner 提供了以下 4 种测试类型：

- GUI Regression Test（界面回归测试）：用来比较软件不同版本中的 GUI 对象。创建
  这种测试时，WinRunner 先捕捉 GUI 对象默认信息。在回归测试时，WinRunner 把
  当前信息和默认信息进行比较，并报告不符合的地方。
- Bitmap Regression Test（位图回归测试）：用来比较软件不同版本中的位图图像。创
  建这种测试时，WinRunner 先捕捉被测软件中的每个窗口中的图像的默认信息。在
  回归测试时，WinRunner 把当前信息和以前捕捉的信息进行比较，并报告不符合的
  地方。
- User Interface Test（用户界面测试）：测试是否符合 Windows 标准，检查 GUI 对象
  在窗口中的排列、文本可见性、标题大小写与下划线、按钮和菜单。创建这种测试
  时，WinRunner 先捕捉 GUI 对象信息。在回归测试时，WinRunner 把当前信息和
  Windows 标准进行比较，并报告不符合的地方。
- Test Template（测试模板）：它提供一个自动测试的基本框架，执行打开和关闭每个
  窗口，留下可以添加代码的空间。

（5）单击 Next 按钮，显示导航控制对话框，如图 5-9 所示。如果需要对每个窗口进行
确认，可选中 Pause to confirm for each window 复选框。

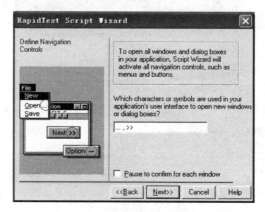

图 5-9　定义导航控制

（6）单击 Next 按钮，出现图 5-10 所示的对话框。可以选择 Express（快速）或 Comprehensive（全面）学习流程。

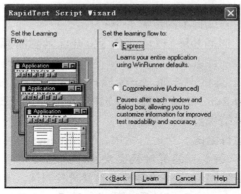

图 5-10 学习流程

（7）选择 Express 项，单击 Learn 按钮。WinRunner 开始学习被测软件。机票预订系统的窗口不断闪烁（工作），左上角显示工作状态。当窗口停止闪烁，表示学习结束，并显示学习结果。

（8）单击 OK 按钮，WinRunner 要求确认启动测试选项，如图 5-11 所示。

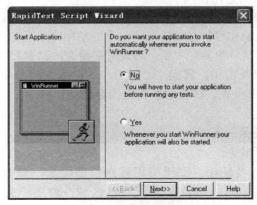

图 5-11 启动测试选项

（9）单击 Next 按钮，选择 GUI Map 保存路径，保存结果，如图 5-12 所示。

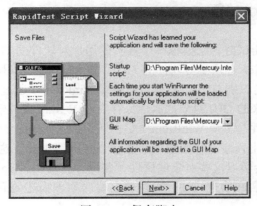

图 5-12 保存脚本

运行测试脚本

WinRunner 的一个脚本可以让不同版本的程序反复使用，通过观察测试结果，然后通过修改脚本直到运行到满意的结果。

运行一个已经录制好的测试脚本的步骤如下：

（1）打开 WinRunner，选择 File → Open 命令打开已录制的脚本。例如，打开机票预订系统的脚本，然后运行机票预订系统。

（2）在 WinRunner 的工具栏中选择 Verify 模式，然后选择 Test → Run from Top 命令，在打开的对话框中选择 Test Run Name 名称，并选中 Display test results at end of run 复选框，表示运行完脚本后自动弹出结果窗口。

（3）单击 OK 按钮，运行测试。当运行结束，WinRunner 将自动显示分析结果。

注意：在新版本中运用测试脚本可能有时候会发生不期望的中断（由于程序的改变），若想 WinRunner 在运行过程中不理会中断事件而继续进行测试，可以通过 Settings → General Opinions → Environment → Run 设置，取消勾选 Break When Verification Fail 复选框即可。

一般来说，脚本运行结束后，系统将自动弹出一个结果窗口，描述此次测试的结果以及各种信息。

报告缺陷

在 WinRunner 中常用到的流程如下：

（1）在测试流程中进行同步设置（延迟）。在测试过程中，由于程序执行时间不是一个稳定值，但是后续的测试操作可能必须得等到前面的动作完成后才可用，如果系统设置超时的时间过短，就会导致测试发生异常中断。因此有必要在测试过程中加入同步设置。

（2）GUI 对象检查以及应用。我们平常运行一个应用程序，经常通过 GUI 对象的状态来判断功能是否（与需求）一致。GUI 对象检查内容包括：

- 字段内容值；
- 单选按钮是打开还是关闭的；
- 按钮是否处于激活状态。

（3）图画对象检查以及使用。如果应用程序包含位图，如图画或图表，可以使用位图检查点（bitmap checkpoint）功能来检测这些区域。位图检查点通过像素来捕获位图像素。创建位图检查点时，可以指定想要检测的图的一部分，如窗口、属性等。

5.4　识别 GUI Map 对象

当 WinRunner 运行测试时，它模拟一个真实的用户对软件的 GUI 对象用鼠标、键盘进行操作。因此，WinRunner 必须学习软件的 GUI。WinRunner 学习软件的 GUI 对象和对象的属性。WinRunner 正确识别 GUI 对象非常重要，WinRunner 通过学习 GUI 对象的属性来识别 GUI 对象，并把学来的 GUI 对象的属性保存在 GUI Map 文件中。用户可以用 GUI Spy 查看任意 GUI 对象的属性，了解 WinRunner 是如何识别它们的。

一般的 Windows 应用程序通常由窗口、按钮、菜单等组成，这些在 WinRunner 中称为 GUI 对象，WinRunner 会学习这些对象的属性，并保存在 GUI Map 文件中。GUI Map 文件包含了 GUI 对象的逻辑名和物理描述，而逻辑名是对物理描述的简称，逻辑名和物理描述一起确保每个 GUI 对象有自身唯一的标识。

在测试脚本中，WinRunner 使用逻辑名来定义对象。例如，利用 Print 定义 Print dialog box，用 OK 定义 OK 按钮。多数情况下，逻辑名是对象的卷标（Label）。

物理描述是包含一个物理对象属性的清单，包括物理属性清单和每个属性的值。GUI Map 按以下格式记录这些属性和值的配对：

{属性1:值1,属性2:值2,属性3:值3,…}

例如，对于 Open Window 对象的描述包含两个属性，即 Class 和 Label。其中 Class 属性的值是 Window，Label 属性的值是 Open，则该对象的物理描述如下：

```
{class:window, label:open}
```

当执行测试时，WinRunner 首先从测试脚本中读取对象的逻辑名称并指向 GUI Map，然后，WinRunner 比对对象的逻辑名和物理描述，并使用该物理描述在被测软件中找到对象。

我们可以通过工具菜单中的 GUI Map Editor（GUI Map 编辑器）命令来查看当前载入的 GUI Map 文件及其内容。GUI Map 编辑器显示多个已创建的 GUI Map 文件和带有逻辑名、物理描述的窗口和对象。

选择 Tools → GUI Map Editor 命令可以查看 GUI Map 对象的内容，如图 5-13 所示。GUI Map 实际上是一个或多个 GUI Map 文件的总和。在 GUI Map 编辑器中，可以查看整个 GUI Map 或单个 GUI Map 文件的内容。GUI Map 对象按照它们在软件中出现时所在的窗体分组。

WinRunner 通过以下方式学习软件的 GUI Map 对象：

- 使用 RapidTest Script Wizard 学习软件每个窗体中所有 GUI Map 对象的属性。
- 通过录制脚本的方法学习被录制的那部分软件中所有的 GUI Map 对象的属性。
- 使用 GUI Map 编辑器学习单个 GUI Map 对象、窗体或某个窗体中所有 GUI Map 对象的属性。

图 5-13　GUI Map Editor 窗口

如果软件开发过程中 GUI Map 改变了，可以使用 GUI Map 编辑器更新 GUI Map。

注意：在开始让 WinRunner 学习软件的 GUI Map 之前，需要确认组织 GUI Map 文件的方式：单文件测试（GUI Map file per test）模式和全局文件测试（Global GUI Map file）模式。

- GUI Map file per test 模式：为每个新建的测试创建一个新的 GUI Map 文件。
- Global GUI Map file 模式：相关测试共享同一个 GUI Map 文件。

表 5-2 给出了 WinRunner 的两种 GUI Map 模式比较。

表 5-2　WinRunner 的两种 GUI Map 模式比较

GUI Map file per test 模式	Global GUI Map file 模式
一个 GUI Map 文件对应一个测试	一个 GUI Map 文件对应一组测试（使用）
适用于初学者	适用于专业人员

要设置 GUI Map 模式，在 WinRunner 中选择 Tools → General Options 命令，在图 5-14 所示的对话框中进行设置。在 General 标签页，设置 GUI map file mode 为希望的模式，默认为 GUI Map file per test 模式。

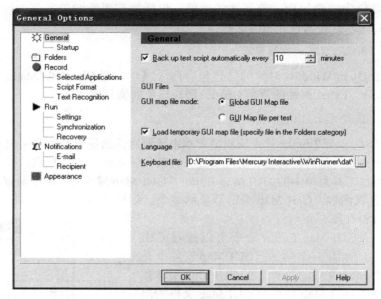

图 5-14　选项设置对话框

识别应用程序的 GUI 对象，就是让 WinRunner 识别（Learn）要进行测试的 GUI 对象，如我们要测试 Flight 的登录界面 "Login"，那么就必须先识别 "Login"。在 WinRunner 选择 Tools → GUI MAP Editor →保存 GUI 文件。

注意：如果此时 GUI Files（默认为 L0<TEMPORARY>）显示为空，说明 WinRunner 还未加载 GUI 对象，应该单击 Learn 按钮，然后选择要测试的 GUI 对象。如果 GUI Files 中已经有我们想测试的对象，那么就不需要再次识别了。

识别完 GUI 对象，必须对其进行保存，否则录制脚本中会经常发现问题。

- 如果使用的 GUI Map 模式是 GUI Map file per test 模式，那么系统将把识别的 GUI 对象自动放在 L0 temporary 文件夹下，系统会自动把识别的对象和录制的脚本保存在一起，无需手动保存。
- 如果在 Global GUI Map file 模式下识别脚本，那么需手动保存 GUI Files，具体的操作是选中要保存的 GUI Files，然后选择 Save，选择一个路径。

当使用 Context Sensitive 模式录制脚本时，这些 GUI 对象（如 Windows、Menus、Buttons、Lists）可以像用户看到的那样去测试。每个对象都有一组被定义的属性来决定它的行为和外观。WinRunner 通过学习这些属性来识别和定位 GUI 对象，而不需要知道对象的物理位置。

WinRunner 把从 GUI Map 上学来的信息储存起来。当执行测试时，WinRunner 使用 GUI Map 定位对象。先从 GUI Map 读取有关对象的描述，然后寻找有相同属性的对象。可以通过查看 GUI Map 获得对象的全面信息。

GUI Map 是一个或多个 GUI Map 文件的总和。有两种方式组织 GUI Map 文件：

- 为整个软件创建一个 GUI Map 文件。
- 为每个窗体创建一个 GUI Map 文件。

多重测试可以参考同一个 GUI Map 文件。这是 WinRunner 的默认模式。对于有经验的用户来说，这是最有效率的方式。WinRunner 可以在每次创建新的测试时自动创建相关的 GUI Map 文件，用户无须担心有关 GUI Map 文件的创建、保存或读取的问题。

对于 WinRunner 初学者，这是最简单的使用方法，步骤如下：

（1）在 WinRunner 中选择 File → New 建立新的测试。

（2）选择 Tools → GUI Spy 命令，则打开图 5-14 所示的 GUI Spy 对话框。单击其中的 Spy 手形按钮，然后将鼠标指针移动到应用程序的某个对象上，如按钮、标题栏、编辑框等，则 GUI Spy 对话框就会显示窗口名和对象名等信息，如指向 Login 登录界面，可识别 Login 信息。通过按 Ctrl＋F3 组合键，可以将目标对象的描述捕捉到 GUI Spy 对话框中。单击 GUI Spy 对话框中的 Close 按钮关闭 GUI Spy。

（3）WinRunner 通过 GUI Map 来存储对象的描述内容。在 GUI Map 编辑器中，可以查看整个 GUI Map 或单个 GUI Map 文件的内容。

（4）设置好模式以后，启动应用 Flight 4A，在登录界面中输入长度至少 4 个字符的任意用户名和 mercury 密码，进入机票预订系统主界面。在 WinRunner 中，选择 Tools → GUI Map Editor 命令，打开 GUI Map Editor 窗口，单击 Learn 按钮，随后单击 Flight 4A 应用的标题栏，WinRunner 会对该软件的 GUI Map 对象进行学习，收集相关信息。这时查看 GUI Map 的内容，如图 5-16 所示。

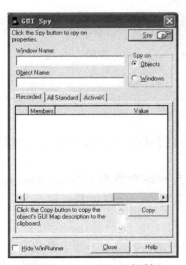

图 5-15　GUI Spy 对话框

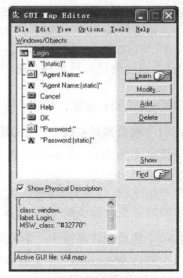

图 5-16　GUI Map Editor 窗口

如果此时 GUI Files（默认为 L0<TEMPORARY>）显示为空，说明 WinRunner 还未加载 GUI 对象，应该单击 Learn 按钮，然后选择要测试的 GUI Map 对象。如果 GUI Files 中已经有我们想测试的对象，那么就不需要再次识别了。

（5）识别完 GUI Map 对象，必须对其进行保存，否则录制脚本中会经常发现问题。

5.5　功能测试方法

在了解了 WinRunner 的基本概念和测试步骤以后，我们就可以开始进行功能测试了。

5.5.1 使用向导识别对象

WinRunner 进行功能测试之前，首先要模拟用户操作过程，学习被测软件的界面对象。WinRunner 提供了对象学习向导，具体步骤如下：

（1）运行机票预订系统，进入主界面，然后启动 WinRunner，并在 Add-In Manager 窗口中不要选任何 add-ins 模块。接着选择 File → New 命令创建一个新测试。选择 Insert → Rapid Test Script Wizard 命令，显示欢迎界面。

（2）单击 Next 按钮，显示脚本向导对话框。

（3）单击手形按钮，再在机票预订系统窗口中单击，此时向导对话框的 Window Name 文本框中显示"Flight Reservation"。

（4）单击 Next 按钮，选择测试类型，这里选择 User Interface Test。

（5）单击 Next 按钮，显示导航控制对话框。如果需要对每个窗口的出现进行确认，可选择 Pause to confirm for each window 选项。

（6）单击 Next 按钮，在出现的对话框中选择 Express（快速）或 Comprehensive（全面）学习流程。

（7）选择 Express 项，单击 Learn 按钮。WinRunner 开始学习被测软件。机票预订系统的窗口不断闪烁（工作），左上角显示工作状态。当窗口停止闪烁，表示学习结束，并显示学习结果。

（8）单击 OK 按钮，WinRunner 要求确认启动测试选项。

（9）单击 Next 按钮，选择 GUI Map 保存路径，保存结果。默认 GUI 保存为 flight4a.gui。

（10）WinRunner 显示脚本，并提示选择 Run 命令来开始测试。

（11）设置测试结果名称，选中 Display test results at end of run 选项，并输入一个测试名称。

（12）单击 OK 按钮，快速产生测试结果。

【实验 5-1】机票预订系统——录制脚本

下面以 Context Sensitive 模式录制一段测试脚本，此测试脚本的操作流程为在 Flight Reservation 开启一笔订单。

在开始之前，我们先应用快速方法录制一个没有 GUI Map 对象的文件 flight4a.gui，唯一的不同的是在上面步骤（4）选择测试类型时，取消勾选 User Interface Test 复选框。

【实验 5-2】机票预订系统——学习 GUI 对象

（1）开启 WinRunner 并加载 GUI Map File 执行。运行 WinRunner，如果是第一次执行 WinRunner，会开启欢迎窗口，则选择 New Test 选项。

如果没有开启欢迎窗口，则选择 File → New。检查 GUI Map File 是否已经加载，选择 Tools → GUI Map Editor，打开 GUI Map Editor 窗口，如图 5-17 所示。

再次选择 View → GUI Files，检查是否加载 flight4a.gui。如果 flight4a.gui 没有加载，选择 File → Open，然后选取 flight4a.gui 后，单击 Open 按钮将其载入。

（2）开启 Flight Reservation 并登录。执行 WinRunner 的应用 Flight 4A，登录窗口会开启。在 Agent Name 文本框中输入名字，（至少 4 个英文字母），在 Password 文本框中输入 mercury，单击 OK 按钮，进入 Flight Reservation。调整 WinRunner 与 Flight Reservation 的窗口大小与位置，让这两个窗口内容都清晰可见。

（3）开始以 Context Sensitive 模式录制测试脚本。在 WinRunner 选择 Test → Record Context Sensitive 或直接单击工具栏上的 Record 按钮，从现在开始 WinRunner 会录制所有

鼠标的单击以及键盘的输入动作。请注意 Record 按钮 ⬭ 会变成 ▣REC，蓝色的 Rec 会出现在按钮下方，表示现在已经进入 Context Sensitive 录制模式了。WinRunner 下方的状态栏同样也会有变化，表示现在已经在录制测试脚本了。

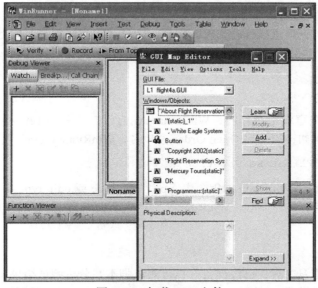

图 5-17　加载 GUI 文件

（4）开启 3 号订单。在 Flight Reservation 中选择 File → Open Order，在 Open Order 窗口中选中 OrderNo. 复选框，并且输入"3"后单击 OK 按钮，如图 5-18 所示。

（5）停止录制。在 WinRunner 中选择 Test → Stop Recording，或直接在工具栏上单击 Stop 按钮停止录制测试脚本。

（6）储存测试脚本。选择 File → Save，或直接单击工具栏上的保存按钮。本测试脚本保存为 Pr1。

图 5-18　产生订单

了解测试脚本

在之前的练习中，录制了在 Flight Reservation 中开启订单的测试脚本，而 WinRunner 产生了以下的测试脚本：

```
# Flight Reservation
  set_window ("Flight Reservation", 2);
  menu_select_item ("File;Open Order...");
# Open Order
  set_window ("Open Order", 2);
  button_set ("Order No.", ON);
  edit_set ("Edit_1", "3");
  button_press ("OK");
```

WinRunner 产生的 TSL 描述了选择的 GUI 对象以及互动的方式。例如，打开下拉式菜单时，WinRunner 产生 menu_select_item 的指令。

脚本解释

当选择一个 GUI 对象，WinRunner 会自动为这个 GUI 对象取个名字，通常以 GUI 对象上的文字作为名字。此名字在 WinRunner 中称为逻辑名字（logic name）。这个逻辑名字可以让用户更容易地阅读测试脚本。例如，当选中 Order No. 这个复选框时，WinRunner 产生以下的指令：

```
button_set ("Order No.",  ON);
```

而 Order No. 就是这个复选框的逻辑名字。

当切换到另一个窗口上操作时，WinRunner 会自动在测试脚本上加上一行批注，帮助用户更容易阅读测试脚本。例如，当选择 Flight Reservation 窗口时，WinRunner 会自动加上下面的注解：

```
# Flight Reservation
```

当切换到另一个窗口上操作时，WinRunner 会自动产生一行 set_window 指令，然后才是它操作的指令。例如，当开启 Open Order 窗口时，WinRunner 会先产生下面的指令：

```
set_window ("Flight Reservation", 2);
```

当以键盘输入时，WinRunner 会产生 type、obj_type 或 edit_type 等指令。例如，当在 Order No. 文本框中输入 "3" 时，WinRunner 会产生下面的指令：

```
edit_set ("Edit_1",  "3");
```

执行脚本

当完成上面的练习之后，已经准备好执行测试脚本并分析测试结果了。WinRunner 提供 3 种执行测试脚本的模式：Verify、Debug、Update。Verify 执行测试检查应用程序的功能，并且要储存测试结果。Debug 检查测试脚本执行是否流畅和没有错误。Update 更新检查点的预期值。执行脚本的步骤如下：

（1）确认 WinRunner 与 Flight Reservation 的主窗口都已经开启。

（2）开启 Pr1 测试脚本。选择 File → Open，开启 Pr1 测试脚本。

（3）检查 Flight Reservation 主窗口。如果有其他对话窗口请先关闭。

（4）确认工具栏上显示 Verify 模式，如图 5-19 所示。

（5）选择 Test → Run From Top 或直接单击工具栏中的 From Top 按钮，Run Test 窗口将会开启，单击 OK 按钮开始执行测试。

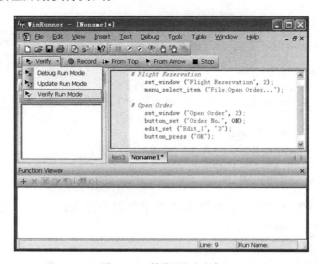

图 5-19　执行测试准备

（6）输入 Test Run Name，WinRunner 会将测试脚本执行的结果储存在 Test Run Name 的目录下，如 res1。而此测试结果将会储存在测试脚本目录下。请注意选中 Display test results at end of run 复选框，则当测试脚本执行完毕后，WinRunner 会自动开启测试执行结果的窗口。

（7）执行。单击 OK 按钮后 WinRunner 开始执行测试脚本。请注意观察 WinRunner 如何执行测试脚本。

（8）检视执行结果。当测试执行完毕后，WinRunner 会开启 Test Results 窗口，显示测试执行的结果，如图 5-20 所示。

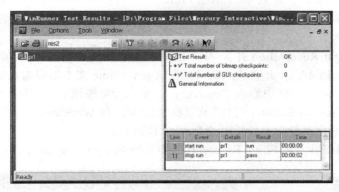

图 5-20　执行测试结果

5.5.2　插入同步点

在测试过程中，程序执行时间不是一个稳定值，但是后续的测试操作可能必须得等到前面的动作完成后才可用，如果系统设置超时的时间过短，就会导致测试发生异常中断。因此有必要在测试过程中加入同步设置。WinRunner 中有两种同步设置方法。

（1）选择 Tools → General Options，打开 General Options 对话框。选择 Run → Settings 标签页，如图 5-21 所示。将 Timeout for checkpoints and CS statements 的值加大，预设为 10000ms。加大这个设定可能会造成在 Context Sensitive 的动作变慢。

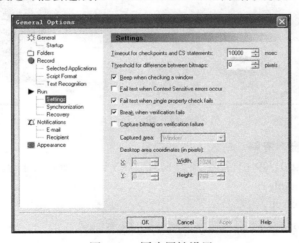

图 5-21　同步属性设置

（2）在需要同步的地方，插入一个同步点。具体步骤如下：选择 Insert → Synchronization Point → For Object/window Bitmap（注意鼠标指针位置），然后将手的形状移到同步的触发事件，如 Insert Done 的位图信息。

【实验 5-3】机票预订系统——同步点测试

录制测试脚本

（1）开启 WinRunner 并加载 GUI Map File。选择"开始→所有程序→WinRunner→WinRunner"，如果是第一次执行 WinRunner，会开启欢迎窗口，则选择 New Test 选项；如果没有开启欢迎窗口，则选择 File → New。检查 GUI Map 文件是否已经加载，选择 Tools → GUI Map Editor，开启 GUI Map Editor，再选择 View → GUI Files 检查是否加载 flight4a.gui。如果 flight4a.gui 没有加载，选择 File → Open，然后选取 flight4a.gui，单击 Open 按钮将其载入。

（2）开启 Flight Reservation 并登入。选择"开始→所有程序→WinRunner→Sample Applications → Flight 4A"，开启登入窗口。在 Agent Name 文本框中输入名字，至少 4 个英文字母，在 Password 文本框中输入"mercury"，单击 OK 按钮登入 Flight Reservation。

（3）开始以 Context Sensitive 模式录制测试脚本，在 WinRunner 中选择 Test → Record Context Sensitive 或直接单击工具栏中的 Record 按钮。

（4）建立新的订单。在 Flight Reservation 中选择 File → New Order，如图 5-22 所示。

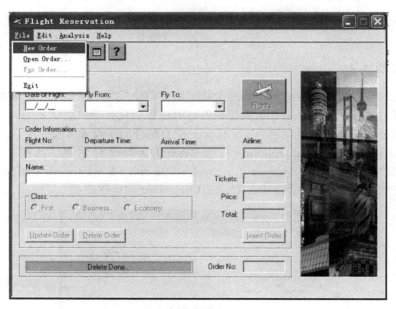

图 5-22 建立新订单

（5）填入航班与旅客资料。请输入以下信息：

Date of Flight：02/01/09（日期格式为 MM/DD/YY，日期要大于今天的日期）；

Fly From：Los Angeles；

Fly To：San Francisco。

单击 Flights 按钮，选取一个航班，输入以下信息：

Name：tom；

Class：First。

（6）单击 Insert Order 按钮，当完成新增订单后，状态列显示"Insert Done…"的信息。

（7）单击 Delete Order 按钮删除刚刚新增的订单，并单击 Yes 按钮确认。

（8）停止录制。在 WinRunner 中选择 Test→Stop Recording，或直接单击工具栏中的 Stop 按钮 ■，停止录制测试脚本。

（9）储存测试脚本。选择 File→Save 或直接单击工具栏中的保存按钮 ■，将测试脚本储存成 Pr2。

变更预设等待时间

WinRunner 预设等待时间为 10s。为了模拟出需要加入同步点的状况，接下来练习变更 WinRunner 预设等待时间，缩短成 1s。

（1）选择 Tools→General Options，打开 General Options 对话框。

（2）选择 Run→Settings，在打开的对话框中，将 Timeout for checkpoints and CS statements 选项的 10000ms 改成 1000 ms（1s）。

（4）单击 OK 按钮关闭对话框。

如何识别各种需要以解决同步点的问题

当执行 Pr2 测试脚本时，将会出现同步点的问题。

（1）执行 WinRunner 并开启 Pr2。

（2）选择 Test→Run From Top 或直接单击工具栏中的 From Top 按钮的 ■，则打开 Run Test 对话框，单击 OK 按钮开始执行测试。在测试脚本执行的过程中，请特别注意当 WinRunner 执行到单击 Delete Order 按钮时发生什么情况。

（3）暂停执行。当 WinRunner 执行到单击 Delete Order 按钮时，由于 Insert Order 的动作尚未完成，而 WinRunner 最多只等待 1 s，所以当 1 s 已经过去了，而 Delete Order 按钮还是处于无效的状态，造成 WinRunner 无法单击 Delete Order 按钮，并打开提示 Object is currently disabled 的对话框，如图 5-23 所示。因为 WinRunner 要操作的 GUI 对象是无效的，所以无法执行。

图 5-23   无效提示对话框

（4）单击 Pause 按钮。这时可以发现黄色小箭头停在 Delete Order 这行指令上，如图 5-24 所示。

图 5-24   脚本提示

加入同步点

接下来我们在 Pr2 测试脚本中插入同步点，这个同步点会撷取状态列上" Insert Done…"

的图像，然后当再次执行测试脚本时，WinRunner 会等到"Insert Done…"的图像出现后，才执行 Delete Order 的动作。

（1）确认 Flight Reservation 已经开启。

（2）确认 WinRunner 已经开启，并加载 Pr2 测试脚本与 GUI Map File。

（3）将光标移动到要插入同步点的位置。例如，在"button_press("Delete Order");"这一行上面插入一行空白行，并将光标移到这一行空白行的开头。

```
# Flight Reservation
set_window ("Flight Reservation", 1);
edit_set ("Name:", "tom");
button_set ("First", ON);
button_press ("Insert Order");
set_window ("Flight Reservation", 6);
               {插入空白行}
button_press ("Delete Order");
```

（4）插入同步点。选择 Insert → Synchronization Point → For Object/Window Bitmap，或单击工具栏中的 按钮。将鼠标指针移动到"Insert Done…"的状态列上并单击。WinRunner 会在测试脚本中插入一行"obj_wait_bitmap ("Insert Done...", "Img1", 1);"的指令。这一行指令表示当 WinRunner 执行到这里时，会等待"Insert Done…"的图像出现，等待时间为 1s。当图像出现了，才会继续往下执行。

（5）手动将 1s 改成 10s。由于等待 1s 还是太短，所以手动将"obj_wait_bitmap ("Insert Done...", "Img1", 1);"指令改成"obj_wait_bitmap ("Insert Done...", "Img1", 10);"，等待 10s。

（6）储存测试脚本。选择 File → Save 或直接单击工具栏中的 按钮。如果在 Global GUI Map File 模式下，记得储存新的 GUI 对象。由于"Insert Done…"的图像为 WinRunner 新识别的 GUI 对象，所以要记得储存。

（7）选择 Tools → GUI Map Editor，再选择 View → GUI Files，可以看到新识别的 GUI 对象放在 L0<temporary> GUI Map File。选择 File → Save，在打开的对话框中选取 flight4a.gui，单击 OK 按钮，则新识别 GUI 对象将会被储存到 flight4a.gui 中。最后关闭 GUI Map Editor。

执行测试并检查结果

接下来将执行已加入同步点的测试脚本，并检视执行结果。

（1）确认 WinRunner 与 Flight Reservation 的主窗口都已经开启。

（2）开启 Pr2 测试脚本。选择 File → Open 开启 Pr2 测试脚本。

（3）确认工具栏中显示 ▶ Verify ▼ 模式。

（4）选择 Test → Run From Top 或直接单击工具栏中的 From Top 按钮，则打开 Run Test 对话框，接受预设 res2 的执行名称，确认已选中 Display test results at the end of run 复选框，单击 OK 按钮开始执行测试。

（5）检视测试结果。当执行结束，WinRunner 会自动开启测试执行结果，如图 5-25 所示。

Line	Event	Details	Result	Time
3	start run	lesson4	run	00:00:00
20	wait for bitmap	Img2	OK	00:00:07
26	stop run	lesson4	pass	00:00:07

图 5-25　执行测试的结果

可以看到在测试结果下方的事件中，有一行绿色的 wait for bitmap 事件，表示同步点执行成功。也可以对此事件单击几下，以检视此同步点的图像结果。

（6）关闭测试结果窗口（选择 File → Exit）。

（7）关闭测试脚本（选择 File → Close）。

（8）关闭 Flight Reservation（选择 File → Exit）。

（9）将 WinRunner 预设等待时间改回 10s（选择 Tools → General Options，打开 General Options 对话框，选择 Run → Settings。将 Timeout for checkpoints and CS statements 由 1000 改为 10000）。

5.6 学习 GUI 对象

在 WinRunner 中，有两种 GUI Map 的工作模式，分别为 GUI Map file per test 和 Global GUI Map file。

5.6.1 GUI Map file per test 模式

当使用 GUI Map file per test 模式时，WinRunner 不需要去学习被测软件的 GUI，也不需要保存或加载 GUI Map 文件。WinRunner 会自动完成这些任务。在这种模式下，WinRunner 创建新测试的时候自动创建一个新的 GUI Map 文件，保存测试的时候自动保存 GUI Map 文件，打开测试时自动加载 GUI Map 文件。

注意：某些功能在这种模式下会被禁用。

在 General Options 对话框中的 General 栏中可以选择使用 GUI Map file per test 模式。WinRunner 重新启动后设置才会生效。

从 GUI Map file per test 模式转换到 Global GUI Map file 模式，必须把和每个测试对应的 GUI Map 文件合并成被一组测试使用的共享文件。可以使用 GUI Map 文件管理工具合并。

在这种模式下，WinRunner 通过录制的方式学习被测软件的 GUI。如果 GUI 发生变化，可以用 GUI Map Editor 更新每个测试的 GUI Map。无须加载或保存 GUI Map 文件。

如果改变了对象的逻辑名，则必须更新脚本。不要在 GUI Map Editor 中保存对 GUI Map 文件的修改。保存测试时，这些变更会被自动保存。不要手工加载或卸除 GUI Map 文件，这些文件在打开测试时会被自动加载。

5.6.2 更新 GUI Map 文件

WinRunner 使用 GUI Map 来标识和查找 GUI 对象。一旦被测软件的 GUI 改变了，就必须更新 GUI Map 中对象的描述。有两种更新 GUI Map 的方法。

- 通过运行向导（Run Wizard）更新 GUI Map 文件。测试中如果 WinRunner 找不到对象就会自动打开 Run Wizard。它会指导用户识别对象并把对象的描述更新到 GUI Map 中。
- 使用 GUI Map 编辑器（Editor）更新 GUI Map 文件。在更新 GUI Map 前，GUI Map 必须先被加载。注意：如果使用 GUI Map file per test 模式，不可以手工加载或卸除 GUI Map 文件。

通过运行向导更新 GUI Map 文件

运行向导在测试运行中检测被测软件 GUI 的变化。当 WinRunner 无法定位对象时，它就自动打开。它会提示指向对象，确定该对象没有被发现的原因，然后提供解决方案。例如，它可能会建议加载正确的 GUI Map 文件。多数情况下，它会自动给 GUI Map 添加新的描述或修改已有的描述。当这个过程结束后，测试将继续。下次执行测试时，WinRunner 就会找到这个对象了。假设在一个 Open 的窗体中单击 Network 按钮，脚本会显示：

```
set_window("Open");
button_press("Network");
```

如果 Network 按钮不在 GUI Map 中，则 Run wizard 就会打开并描述问题。单击手形按钮，然后指向窗体的 Network 按钮。运行向导就建议一个解决方案。单击 OK 按钮，Network 这个对象的描述就自动添加到 GUI Map 中，然后 WinRunner 继续执行测试。有些情况下，运行向导会编辑测试脚本而不是 GUI Map。例如，如果 WinRunner 不能找到对象是由于相关窗口没有激活，那么运行向导就在测试脚本中插入 set_window 语句。

使用 GUI Map 编辑器更新 GUI Map 文件

选择 Tools → GUI Map Editor 打开编辑器。在编辑器里有两种查看模式：整个 GUI Map、单个 GUI Map 文件。

当查看特定的 GUI Map 文件内容时，可以同时查看两个 GUI Map 文件，这样就可以方便地在文件之间复制或移动对象描述。查看单个 GUI Map 文件内容的步骤如下：

（1）选择 GUI Map Editor → View → GUI Files，打开 GUI Map Editor 窗口，如图 5-26 所示。

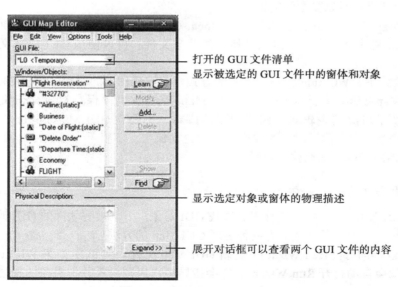

图 5-26　GUI Map Editor 窗口

（2）在编辑器中，对象在窗体图标下以树形结构显示。双击窗体名或图标，可以查看它所包含的所有对象。

（3）想要查看树结构中所有的对象，选择 View → Expand Object Tree。如果只想查看窗体，选择 View → Collapse Objects Tree。当查看整个 GUI Map 时，可以选中 Show Physical

Description 复选框，显示 Windows/Objects 清单中选定的对象的描述。当查看单个 GUI Map 文件时，物理描述自动显示。

如果在 GUI Map 里修改了对象的逻辑名，那必须在脚本里也修改这个对象的逻辑名。如果属性值包含任何空格或特殊字符，这个值必须用引号。

通过 GUI Map 文件手工添加对象

可以通过复制另一个对象的描述的方式在 GUI Map 文件中手工添加对象。如果有必要，也可以编辑这些描述。操作方法如下：

（1）选择 Tools → GUI Map Editor。

（2）选择 View → GUI Files。

（3）选择 File → Open，打开相关的 GUI Map 文件。

（4）选择一个作为编辑基础的对象。

（5）单击 Add 按钮，打开 Add 对话框。

（6）编辑完成相关选项后，单击 OK 按钮。这个新对象就会被添加到 GUI Map 文件中。

从 GUI Map 文件中删除一个对象的操作方法如下：

（1）选择 Tools → GUI Map Editor。

（2）选择 View → GUI Files。

（3）选择 File → Open，打开相关的 GUI Map 文件。

（4）选定想要删除的对象。可以用 Shift 或 Ctrl 键选定多个对象。

（5）单击 Delete 按钮。

（6）选择 File → Save 保存。

从 GUI Map 文件中删除全部对象的操作方法如下：

（1）选择 Tools → GUI Map Editor。

（2）选择 View → GUI Files。

（3）选择 File → Open，打开相关的 GUI Map 文件。

（4）选择 Edit → Clear All。

可以清除 GUI Map 文件中的所有对象。操作方法如下：

（1）选择 Tools → GUI Map Editor。

（2）选择 View → GUI Files。

（3）打开相关的 GUI Map 文件。

（4）显示位于 GUI 文件清单最上方的文件。

（5）选择 Edit → Clear All。

可以用从一个 GUI Map 文件复制或移动 GUI 对象到另一个 GUI Map 文件的方式更新 GUI Map 文件。只能从一个被打开但是未被加载的 GUI Map 文件中复制对象。如果使用 GUI Map file per test 模式，就不可以手工打开或在文件之间复制或移动对象。复制或移动对象的方法如下：

（1）选择 Tools → GUI Map Editor 打开编辑器。

（2）选择 View → GUI Files。

（3）在编辑器中单击 Expand 按钮，就会展开并同时显示两个 GUI Map 文件。

（4）如果想在两边查看其他文件，可以在 GUI File 清单里选择。

（5）在一个文件中，选定想复制或移动的对象。用 Shift 或 Ctrl 键选定多个对象，用 Edit → Select All 选择一个 GUI Map 文件中的全部对象。

（6）单击 Copy 或 Move 按钮。

（7）单击 Collapse 按钮复原 GUI Map Editor。

注意：如果从一个已经加载的 GUI Map 文件中添加新窗体到临时 GUI Map 文件，然后当
保存临时 GUI Map 文件时，会打开 New Windows 对话框。它会提示添加新窗体到
已经被加载的 GUI Map 文件中或把它们保存到一个新的 GUI Map 文件中。

通过单击被测软件中的对象，可以在 GUI Map 文件中找到它的描述。

（1）选择 Tools → GUI Map Editor。

（2）选择 View → GUI Files。

（3）选择 File → Open 加载 GUI Map 文件。

（4）单击 Find 按钮，鼠标指针会变成指向手（pointing hand）形状。

（5）单击被测软件中的对象，这个对象会在 GUI Map 文件被加亮。

可以使用以下筛选方式筛选 GUI Map 编辑器里显示的对象：

（1）Logical name：只显示含有特定逻辑名或逻辑名一部分的对象，如"Close"或
"Cl"。

（2）Physical description：只显示含有特定物理描述的对象。使用物理描述中的某个字
符串，如使用"A"，那么所有物理描述中包含"A"的对象都会显示。

（3）Class：只显示属于某个特定的类的对象。

筛选显示对象的方法如下：

（1）选择 Tools → GUI Map Editor。

（2）选择 Options → Filters，打开 Filter 对话框。

（3）选择筛选方式。

（4）单击 Apply 按钮，GUI Map 编辑器会显示筛选结果。

5.6.3　合并 GUI Map 文件

GUI Map 文件合并工具（GUI Map file merge tool）允许把多个 GUI Map 文件合并成一
个文件。在合并前，必须指定至少两个源文件和至少一个目标文件。目标 GUI Map 文件可
以是已经存在的文件或新文件，可以在自动模式或手工模式下使用这个工具。

- 在自动模式下，合并工具自动合并文件。如果被合并的文件之间有冲突，则这些冲
突会被加亮，并提示你去解决它们。
- 在手工模式下，必须手工把 GUI 对象添加到目标文件中去。合并工具不会加亮文件
之间的冲突。

在两种模式下，合并工具都会在合并文件时防止制造冲突。合并完成后，必须改变 GUI
Map 文件的模式（使用 Global GUI Map file 模式），而且修改脚本去加载正确的 GUI Map
文件。

合并 GUI Map 文件的准备

开始合并前，必须决定合并类型、源文件和目标文件。操作方法如下：

（1）选择 Choose → Merge GUI Map Files，WinRunner 会弹出一个消息框提示你所有打
开的 GUI Map 文件将被关闭而且所有未保存的变更都会被放弃。单击 OK 按钮继续。

（2）如果想要保存变更到 GUI Map 文件，单击 Cancel 按钮并使用 GUI Map 编辑器。
当保存结束后，重新开始步骤（1）。打开 GUI Map 文件合并工具后，就可以选择合并类型、
源文件和目标文件，如图 5-27 所示。

（3）在 Merge（合并类型）下列列表中选择 Auto Merge（自动合并）或 Manual Merge（手
工合并）。

图 5-27　文件合并工具

（4）指定目标文件时，单击浏览按钮。选择一个已经存在的 GUI Map 文件，单击 OK 按钮后将覆盖这个文件。输入文件名创建一个新的 GUI Map 文件。

（5）指定源文件。想把一个文件夹中所有文件添加到源文件清单上，可以单击 Browse Folder 按钮选择文件夹。添加单个文件到源文件清单上，单击 Add File 按钮。想从源文件清单上删除文件，先在 Source 列表框中选定想删除的文件，然后单击 Delete 按钮。

（6）单击 OK 按钮关闭对话框。如果选择自动合并，且合并成功，WinRunner 会发消息确认。如果选择自动合并，但是源文件有冲突，WinRunner 会弹出消息框警告。当单击 OK 按钮关闭消息框时，会打开 GUI Map Auto Merge Tool。如果选择手工合并，会打开 GUI Map File Manual Merge Tool。

手工合并 GUI Map 文件

如果手工合并 GUI Map 文件，每个目标文件都要用源文件来合并。合并工具会防止在合并时制造冲突。手工合并时，目标 GUI Map 文件不能包含以下内容：

- 两个窗体有相同名称，但是物理描述不同。
- 两个窗体有相同名称和相同物理描述。
- 一个窗体中的两个对象有相同名称，但是物理描述不同。
- 一个窗体中的两个对象有相同名称和相同物理描述。

下面是一个手工合并时发生冲突的例子，如图 5-28 所示。手工合并操作方法如下：

（1）与合并 GUI Map 文件的准备相似，选择合并类型为 Manual Merge。选定源文件和目标文件并单击 OK 按钮后，会打开 GUI Map File Manual Merge Tool。源文件和目标文件的内容都会显示出来。

（2）选择合并对象或窗体。

- 双击窗体可以看到窗体包含的对象。
- 如果有多个源文件，可以单击 Prev File 或 Next File 按钮来切换。
- 单击 Description 按钮查看被加亮的对象或窗体的物理描述

（3）使用表 5-3 所示的合并选项。

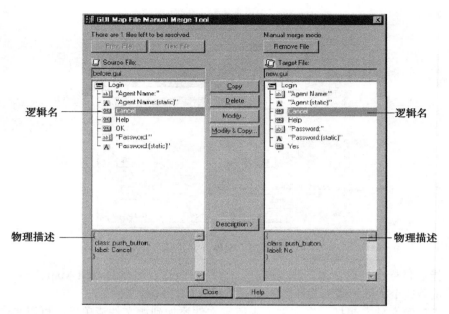

图 5-28   手工合并

表 5-3   合并选项

合 并 选 项	描 述
Copy（当对象或窗体在当前源文件中被加亮时才可用）	从源文件中把加亮的对象或窗体复制到目标文件的窗体或父窗体中。注意：复制窗体时会同时复制窗体中所有的对象
Delete（当对象或窗体在目标文件中被加亮时才可用）	从目标文件中删除被加亮的对象或窗体。注意：删除窗体时会同时删除窗体中所有的对象
Modify（当对象或窗体在目标文件中被加亮时才可用）	打开 Modify 对话框，修改目标文件中被加亮的对象或窗体逻辑名或物理描述
Modify&Copy（当对象或窗体在当前源文件中被加亮时才可用）	打开 Modify 对话框，修改源文件中被加亮的对象或窗体逻辑名或物理描述，并复制到目标文件的窗体或父窗体中。注意：在源文件中做的修改不会被保存在源文件中

注：合并过的源文件可以用 Remove File 按钮从文件清单上清除掉。对目标文件所做的改动会被自动保存。

5.6.4   配置 GUI Map

被测软件中每个 GUI 对象都有多个属性，如 class（类）、label（卷标）、MSW_class（微软窗体类）、MSW_id（微软窗体标识符）、x（X 坐标）、y（Y 坐标）、width（宽度）和 height（高度）。WinRunner 在 Context Sensitive 测试时使用这些属性来标识对象。

当 WinRunner 学习对象时，它并不学习对象所有的属性，而是学习可以标识唯一对象的最少属性。对每个对象的类（如 push_button、list、window 或 menu），WinRunner 学习默认的一组属性：GUI Map 配置。

例如，一个标准的 Push 按钮有 26 个属性，如 MSW_class、label、text、nchildren、x、y、height、class、enabled。在多数情况下，WinRunner 只需要 class 和 label 就可以创建一个唯一标识来识别这个 push 按钮。

默认配置

对于每个类来说，WinRunner 都学习一组默认属性。每个默认属性都被分成"必选"（obligatory）或"可选"（optional）。obligatory 属性只要存在 WinRunner 就一定会学习。optional 属性只有当 obligatory 属性不足以提供唯一标识的时候才使用。这些可选属性储存在一个清单里。WinRunner 从清单中挑选足以唯一标识对象的最小数量的属性。它从清单第一个属性开始，依次把属性添加到描述里，直到足以唯一标识对象。

如果用 GUI Spy 查看一个 Cancel 按钮的默认属性，会看到 WinRunner 学习了 class 和 label 属性。这个按钮的物理描述是 {class: push_button, label: "Cancel"}。

在必选和可选属性都不能唯一标识对象时，WinRunner 使用一个选择符（selector）。例如，如果一个窗体中有两个 OK 按钮都有同样的 MSW_id，WinRunner 会使用选择符来区分它们。选择符有两种：

- 位置选择符（location selector）：用对象的空间位置（上、下、左、右）来标识对象。
- 索引选择符（index selector）：用一个唯一数字来标识一个窗体中的对象。如果对象的位置可能发生变化，就要用这种选择符。

配置标准或自定义类

对于任何标准或自定义的类，可以修改学到的属性、选择符、录制方法。操作方法如下：

（1）选择 Tools → GUI Map Configuration，打开 GUI Map Configuration 对话框，如图 5-29 所示。Class List（类清单）包含所有的标准类以及添加的自定义类。

图 5-29　GUI Map Configuration 对话框

（2）双击想要配置的类，打开 Configure Class（配置类）对话框，如图 5-30 所示。

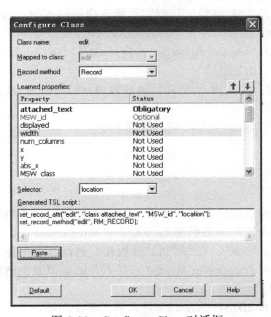

图 5-30　Configure Class 对话框

（3）可以修改属性、选择符或录制方法。

（4）修改完成后单击 OK 按钮。

（5）在 GUI Map Configuration 对话框中单击 OK 按钮。

配置录制方法

录制方法决定 WinRunner 在录制属于某一类的对象时采用的操作方式。一共有 4 种可用方式：

- Record 指 WinRunner 录制对某个 GUI 对象的所有操作。这是 WinRunner 默认的对所有类的录制方式（唯一的例外是 static 类，这个类的默认方式是 Pass Up）。
- Pass Up 指 WinRunner 录制对包含某个对象的元素的一个操作。通常这个元素是一个窗体，操作被录成 win_mouse_click。
- As Object 指 WinRunner 录制对某个 GUI 对象的所有操作，并认为这个对象的类是 object 类（这个类的对象是那种不属于已经存在的任何一个类的对象）。
- Ignore 指 WinRunner 忽略对某个类的所有操作。

对话框中 Learned properties 选项允许配置类的被录制和学习的属性。在一个清单中选择一个属性。每个属性只能出现在一个清单上。

- Obligatory 清单上包含必须学习的属性。
- Optional 清单上的属性只有当 Obligatory 清单上的属性不足以提供唯一标识的时候才被使用。WinRunner 从清单第一个属性开始，选择可以唯一标识对象的最小数量的属性（如果前 3 个属性足以唯一标识对象，就不用看第 4 个了）。
- Not Used 清单上的是不在前两个清单上的其他的可用属性。

修改属性的方法：只需要在 Status 栏上单击就可以打开一个列表框，里面列出了 3 个属性。在必选和可选属性都不能唯一标识对象的情况下，WinRunner 使用选择符 location 或 index。location 选择符根据对象在窗体中的位置（从上到下、从左到右）来选择。index 选择符根据开发人员分配给对象的唯一数字来选择。WinRunner 默认使用 location 选择符。

创建永久的 GUI Map 配置

生成描述所作配置的 TSL 语句，并把它们插入启动脚本中。这样一来，WinRunner 就总能使用正确的 GUI Map 配置。为一个类创建永久 GUI Map 配置的方法如下：

- 选择 Tools → GUI Map Configuration，打开 GUI Map Configuration 对话框。
- 选择一个类，并双击它。
- 配置完这个类后，可以发现在对话框底部 WinRunner 自动生成了描述这个配置的 TSL 语句。
- 单击 Paste 按钮可以把语句粘贴到启动脚本中。

5.7　数据驱动测试

如果想用多组数据测试相同的操作步骤，可以创建数据驱动测试。测试会循环执行指定的次数，每次执行都由不同的数据驱动。为了使 WinRunner 可以使用这些数据，必须在测试脚本中建立和数据的联系。这就叫测试参数化。数据会被储存在一个数据表中。具体操作时可以手工也可以用 DataDriver Wizard 来参数化测试以及把数据储存到表格中。使用 DataDriver Wizard 的操作步骤如下：

（1）选择 Table → DataDriver Wizard，进入数据驱动向导。

（2）单击 Next 按钮，出现图 5-31 所示的对话框，根据提示选择所需的设置。

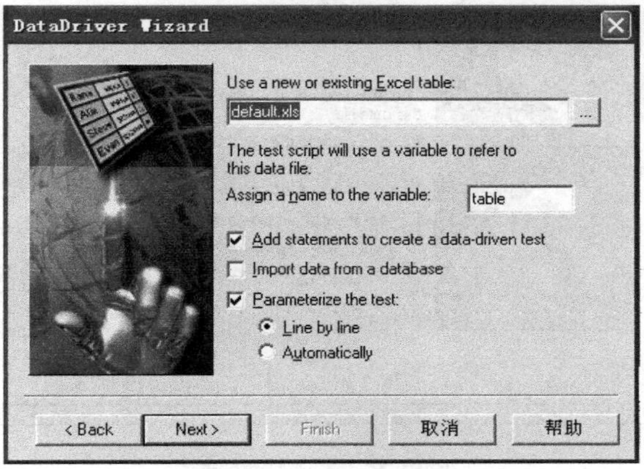

图 5-31 数据驱动设置

（3）单击 Next 按钮，完成设置。

【实验 5-4】飞机订票系统数据驱动测试

录制基本测试脚本

（1）开启 WinRunner 并加载 GUI Map 文件。执行 WinRunner，如果是第一次执行 WinRunner，会开启欢迎窗口，则选择 New Test；如果没有开启欢迎窗口，则选择 File → New。检查 GUI Map 文件是否已经加载，选择 Tool → GUI Map Editor，开启 GUI Map 编辑器，再选择 View → GUI Files，检查是否加载 flight4a.gui。如果 flight4a.gui 没有加载，选择 File → Open，然后选取 flight4a.gui 后，单击 Open 按钮将其载入。

（2）开启 Flight Reservation 并登入。执行"开始→所有程序→ WinRunner → Sample Applications → Flight 4A"，进入登入界面。在 Agent Name 文本框中输入名字（至少 4 个英文字母），在 Password 文本框中输入"mercury"，单击 OK 按钮进入 Flight Reservation 界面。

（3）开始以 Context Sensitive 模式录制测试脚本。在 WinRunner 中选择 Test → Record – Context Sensitive 或直接单击工具栏中的 Record 按钮。

（4）开启订单。在 Flight Reservation 界面选择 File → Open Order，在打开的对话框中选中 Order No. 复选框，输入"3"，然后单击 OK 按钮。

（5）传真订单。在 Flight Reservation 界面选择 File → Fax Order。

（6）单击 Cancel 按钮，关闭传真订单对话框。

（7）停止录制。在 WinRunner 选择 Test → Stop Recording，或直接单击工具栏中的 Stop 按钮停止录制测试脚本。

（8）储存测试脚本。选择 File → Save 或直接单击工具栏中的 ▣ 按钮，将测试脚本储存成 Pr3。

执行数据驱动向导

（1）选择 Table → DataDriver Wizard，打开数据驱动向导。单击 Next 按钮进入下一个界面。

（2）建立数据表。在 Use a new or existing Excel table 文本框中输入 Pr3.xls，数据驱动向导会自动建立一个 Excel 档案，并储存在测试脚本的目录下，如图 5-32 所示。

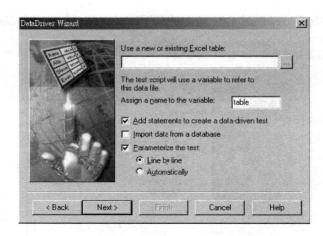

图 5-32　创建数据表

（3）指定数据表的变量名称。在 Assign a name to the variable 文本框中使用默认值 table
作为数据表的变量名称。在测试脚本的开头，会以数据表的变量来取代数据表的完整路径与
文件名。当想要用其他的数据表来取代原本的测试数据时，只要修改此变量的值就可以了。

（4）设定参数化选项。选项 Add statements to create a data-driven test 表示由数据驱动向
导自动将转成数据驱动测试脚本的指令加到测试脚本中，预设是选中的。选项 Parameterize
the test 表示要做参数化，预设是选中的。选项 Line by line 表示 WinRunner 会显示可以做参
数化的脚本，并让用户决定真正要做参数化的值，预设是选中的。单击 Next 按钮。

（5）选择要被参数化的值。如图 5-33 所示，第一个显示要参数化的测试脚本为"button_
set("Order No.", ON);"，这行脚本中的"Order No."不是我们要做参数化的测试脚本，选中
Do not replace this data 复选框，单击 Next 按钮。

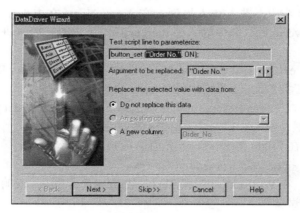

图 5-33　选择要被参数化的值

第二个显示要参数化的测试脚本为"edit_set("Edit", "3");"，这行脚本是在"Order
No."字段中输入 3，就是我们要做参数化的脚本。此时可以看到在 Argument to be replaced
字段中显示要被参数化的数值为 3。在"Replace the selected value with data from:"下选中
A new column 复选框，并在字段中输入 Order_Num，则数据驱动向导会在 Pr3.xls 中新增一
栏 Order_Num 字段，且第一笔数据被参数化的值为 3。单击 Next 按钮。

（6）完成。单击 Finish 按钮，数据驱动向导将测试脚本转成数据驱动测试脚本，如

图 5-34 所示。

```
table = "lesson8.xls";
rc = ddt_open(table, DDT_MODE_READ);
if (rc!= E_OK && rc != E_FILE_OPEN)
    pause("Cannot open table.");
ddt_get_row_count(table,table_RowCount);
for(table_Row = 1; table_Row <= table_RowCount; table_Row ++)
{
    ddt_set_row(table,table_Row);

    # Flight Reservation
        set_window ("Flight Reservation", 4);
        menu_select_iten ("File;Open Order...");

    # Open Order
        set_window ("Open Order", 1);
        button_set ("Order No.", ON);
        edit_set ("Edit", ddt_val(table,"Order_Num"));
        button_press ("OK");

    # Flight Reservation
        set_window ("Flight Reservation", 2);
        menu_select_iten ("File;Fax Order...");

    # Fax Order No. 3
        set_window ("# Fax Order No. 3", 1);
        edit_get_text("# Tickets:",tickets);
        edit_get_text("Ticket Price:",price);
        edit_get_text("Total:",total);

    #   check that the total ticket price is calculated correctly.
        if(tickets*price == total)
            tl_step("total", 0, "Total is correct.");
        else
            tl_step("total", 1, "Total is incorrect.");

        button_press ("Cancel");
}
ddt_close(table);
```

图 5-34　数据驱动向导生成的测试脚本

将数据加入数据表

将数据加入数据表中的步骤如下：

（1）开启数据表。选择 Table → Data Table，开启数据表，可以看到第一栏为 Order_
Num，且其第一个记录的值为 3。

（2）加上数据。加上 4 个记录数据，分别为 1、6、8、
10，如图 5-35 所示。

（3）存储数据表。选择 File → Save，将数据表存盘。选
择 File → Close，关闭数据表。

（4）存储测试脚本。选择 File → Save 或直接单击工具栏
中的 ![save] 按钮可保存测试脚本。

以 regular expression 调整测试脚本

在执行测试脚本之前，要先检查一下测试脚本是否有冲
突的地方。虽然数据驱动向导帮助将测试脚本中需要做参数

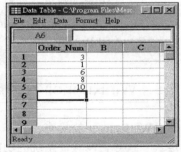

图 5-35　建立数据

化的值，以参数取代掉了，但是并没有取代对象标签的值，这些固定的值可能会导致数据
驱动测试脚本执行失败。在 Flight Reservation 范例程序中，传真窗口的 label 会随着开启的
订单编号而改变，所以如果执行刚刚转换成数据驱动的测试脚本，在第二次反复时，就会
出现找不到窗口的错误信息。要解决这个问题，可以通过 regular expression 来完成。所谓
regular expression 就是利用某些字符来表示特定的字符。例如，用" * "来表示所有字符。
接下来我们将传真窗口的 label 属性修改成 regular expression，以解决找不到窗口的问题。

（1）在 flight4a.gui 找到 Fax Order 窗口。选择 Tools → GUI Map Editor。选择 View → GUI Files，选择 flight4a.gui。选取 Fax Order No. 3 窗口。

（2）修改窗口 label 属性。单击 Modify 按钮，打开 Modify 对话框，如图 5-36 所示。

在 Physical Description 字段中，在 label 这一行第一个双引号后加上 "!"，然后将 3 与前面的空白删除改成 "*" 号，如图 5-37 所示。

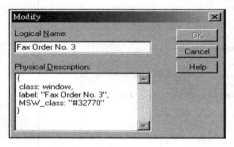

图 5-36　查看 label 属性

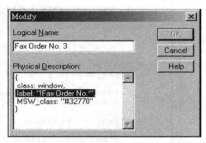

图 5-37　修改窗口 label 属性

（3）单击 OK 按钮，关闭 Modify 对话框。

（4）如果使用 Global GUI Map 文件模式，请记得将 GUI Map 文件存盘。在 WinRunner 选择 Tools → GUI Map Editor。在 GUI Map Editor 中选择 View → GUI Files，然后选择 File → Save。

执行测试脚本并分析结果

执行此测试脚本，并于测试脚本执行完成后，检视测试结果。

（1）确认 Flight 4A 已经开启。

（2）在工具栏中选择 Verify 的执行模式。

（3）选择 Test → Run From Top 或直接单击工具栏中的 From Top 按钮，则打开 Run Test 对话框，接受预设 res1 的执行名称，确认已选中 Display test results at the end of run 复选框，单击 OK 按钮开始执行测试。

（4）检视测试结果。当执行完测试脚本，WinRunner 会自动开启测试结果。

（5）关闭测试结果。选择 File → Exit 关闭测试结果。

（6）关闭 Flight Reservation。选择 File → Exit 关闭 Flight Reservation 范例程序。

（7）关闭 Pr3 测试脚本。选择 File → Close 关闭测试脚本。

5.8　WinRunner 检查点测试

WinRunner 的检查点测试是指检查 GUI 对象的属性值是否一致、图像是否正确和文字是否一致等，以验证系统的功能是否正确。

5.8.1　GUI 对象检查点

在测试应用程序时，通常通过检查 GUI 对象的属性来测试功能是否正常，当 GUI 对象的属性值与预期的值不符合时，就表示可能有问题产生了。在 WinRunner 中可以建立 GUI 检查点（checkpoint），检查 GUI 对象的属性。例如，我们可以检查：

- 输入字段的内容。
- Radio 按钮是否被选取。

- 按钮是否处于 enabled 状态。

要建立单一 GUI 对象的检查点，首先要指到要建立检查点的 GUI 对象。单击 GUI 对象，WinRunner 会以预设检查的属性建立检查清单（checklist），并将检查点插入测试脚本中。检查清单的内容记录了要检查的 GUI 对象与属性。

双击 GUI 对象，则打开 Check GUI 对话框，并显示我们选取的 GUI 对象，以及此 GUI 对象可供检查的属性。在 Check GUI 对话框中，我们可以设置想检查的属性，WinRunner 就会建立检查清单，并将检查点插入测试脚本中。

不管建立的检查点是检查预设的属性还是我们选取的属性，WinRunner 会建立检查点当时的属性值当作预期的值，并且在测试脚本中插入 obj_check_gui 或 win_check_gui（与所建立的检查点是针对 GUI 对象还是窗口对象有关）。

当执行测试脚本时，WinRunner 会自动比对执行时的实际值与建立检查点时的预期值。如果一致，表示检查点检查通过；如果不一致，表示检查点检查失败。

【实验 5-5】检查订单

（1）加载 GUI Map 文件。启动 WinRunner，会开启欢迎窗口，则选择 New Test；如果没有开启欢迎窗口，则选择 File → New。检查 GUI Map 文件是否已经加载，选择 Tools → GUI Map Editor 开启 GUI Map 编辑器，再选择 View → GUI Files 检查是否加载 flight4a.gui。如果 flight4a.gui 没有加载，选择 File → Open，然后在选取 flight4a.gui 后，单击 Open 按钮将其载入。

（2）启动 Flight Reservation 并登入。启动样品应用软件 Flight 4A 进入登入界面。在 Agent Name 文本框中输入名字（至少 4 个英文字母），在 Password 文本框中输入"mercury"，单击 OK 按钮进入 Flight Reservation 界面。

（3）以 Context Sensitive 模式录制测试脚本。在 WinRunner 选择 Test → Record → Context Sensitive 或直接单击工具栏中的录制按钮。

（4）打开 Open Order 对话框。在 Flight Reservation 界面选择 File → Open Order，打开 Open Order 对话框，如图 5-38 所示。

（5）建立"Order No."复选框检查点。在 WinRunner 中选择 Insert → GUI Checkpoint → For Object/Window，或单击工具栏中的手形按钮。双击"Order No."复选框，则打开 Check GUI 对话框，并显示选

图 5-38   Open Order 对话框

取的 GUI 对象，以及此 GUI 对象可供检查的属性。请注意，如果只单击，则不会打开 Check GUI 对话框，且 WinRunner 会直接以 State 属性当成检查点要检查的属性，并插入检查点。如图 5-39 所示，单击 OK 按钮，WinRunner 会在测试脚本中插入 obj_check_gui 检查点。

（6）输入订单编号 4。在 Open Order 对话框中，选中"Order No."复选框，并且在字段中输入"4"。

（7）建立"Order No."复选框检查点。在 WinRunner 中选择 Insert → GUI Checkpoint → For Object/Window，单击"Order No."复选框，WinRunner 会马上以预设的属性（status）在测试脚本中加上检查点（obj_check_gui），其预期值为 ON。

（8）建立 Customer Name 复选框检查点。在 WinRunner 中选择 Insert → GUI Checkpoint → For Object/Window，双击 Customer Name 复选框，则打开 Check GUI 对话框并显示选取的

GUI 对象，以及此 GUI 对象可供检查的属性，并插入检查点。选择 State 与 Enabled 属性，其预期值分别为 OFF 与 OFF。单击 OK 按钮，WinRunner 会在测试脚本中插入 obj_check_gui 检查点。

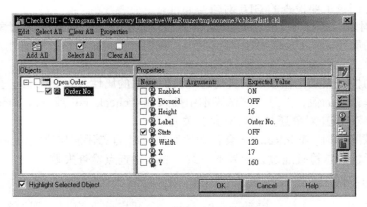

图 5-39　Check GUI 对话框

（9）单击 OK 按钮开启订单。

（10）停止录制。在 WinRunner 中选择 Test → Stop Recording，停止录制测试脚本。

（11）储存测试脚本。选择 File → Save，将测试脚本存储成 le5。

（12）执行测试脚本。执行 le5 测试脚本，以验证测试脚本可以正常执行。确认 WinRunner 与 Flight Reservation 的主窗口都已经开启，选择 File → Open，开启 le5 测试脚本。确认当前模式为验证模式。选择 Test → Run From Top，则打开 Run Test 对话框，接受预设 res1 的执行名称，确认已选中 Display test results at the end of run 复选框，单击 OK 按钮开始执行测试。

（13）检视测试结果。当执行结束，WinRunner 会自动开启测试执行结果。可以看到每个 end GUI checkpoint 都应该是绿色的文字，表示检查点是通过的，如图 5-40 所示。

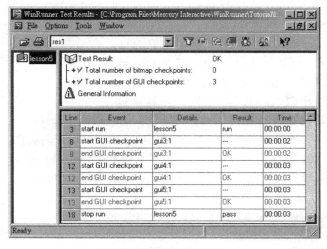

图 5-40　测试执行结果

双击某个 end GUI checkpoint，会打开 GUI Checkpoint Results 窗口，显示此检查点的测试结果。该窗口显示相应的属性以及其预期值与实际值，有没有通过检查等。

（14）关闭 Test Results 窗口。

可以使用 Insert → GUI Checkpoint → For Multiple Objects 一次检查窗口中多个或全部的 GUI 对象。透过 Check GUI 对话框选取要检查的 GUI 对象及其属性，以建立检查点。WinRunner 会在测试脚本中插入 win_check_gui 指令。

如果希望自动执行测试，可以设定当检查点不一致时，WinRunner 不要显示提示以免中断测试的执行。选择 Tools → General Options → Run → Settings，取消选中 Break when verification fails 选项，则在测试执行过程中就不会被检查点不一致的提示信息中断了。

如果想要更新检查点的预期值，可以更新模式执行一次测试脚本，则 WinRunner 会以执行当时取到的值覆盖原本的预期值，这些值会成为新的预期值。

5.8.2　图像检查点

WinRunner 提供图像检查点（bitmap checkpoint），以像素的方式比对图像。WinRunner 提供 3 种方式建立图像检查点：

- 屏幕区域：以鼠标拖拉方式决定图像检查点的区域。
- 窗口：以整个窗口作为图像检查点的区域。
- GUI 物件：以整个 GUI 对象作为图像检查点的区域。

WinRunner 会直接提取区域部分并存储成预期值，然后在测试脚本中插入 bj_check_bitmap 或 win_check_bitmap 指令（所建立的图像检查点是针对区域、GUI 对象还是窗口对象）。当执行测试脚本时，WinRunner 会比对执行时的图像与预期的图像，将结果显示在 Test Results 窗口，如果有不一致，在 Test Results 窗口也提供检视差异的部分。

【实验 5-6】检查屏幕区域图像

（1）启动 WinRunner 并加载 GUI Map 文件。选择 Tools → GUI Map Editor，打开 GUI Map 编辑器，再选择 View → GUI Files 检查是否加载 flight4a.gui。如果 flight4a.gui 没有加载，选择 File → Open，然后在选取 flight4a.gui 后，单击 Open 按钮将其载入。

（2）启动 Flight Reservation 并登入。启动 Flight 4A，进入 Flight Reservation 界面。

（3）开始以 Context Sensitive 模式录制测试脚本。在 WinRunner 中选择 Test → Record → Context Sensitive。

（4）开启订单。在 Flight Reservation 界面选择 File → Open Order，选中"Order No."复选框，输入"6"，然后单击 OK 按钮。

（5）传真订单。在 Flight Reservation 界面选择 File → Fax Order。

（6）输入传真号码。在 Fax Number 文本框中输入 10 位数字，不需要输入括号与横线。

（7）移动传真订单窗口，将窗口移动到新的位置。

（8）切换到 Analog 录制模式。按 F2 键或单击工具栏中的按钮，此时录制模式将从 Context Sensitive 模式切换到 Analog 模式。

（9）在 Agent Signature 文本框中中输入名字。

（10）切换到 Context Sensitive 模式。按 F2 键或单击工具栏中的按钮，此时录制模式会从 Analog 模式切换回 Context Sensitive 模式。

（11）建立图像检查点检查签名。选择 Insert → Bitmap Checkpoint → For Object/ Window，单击 Agent Signature 按钮，WinRunner 会提取 Agent Signature 的图像，并且在测试脚本中插入 obj_check_bitmap 指令。

（12）清除签名。单击 Clear Signature 按钮，清除签名。

（13）再建立图像检查点。选择 Insert → Bitmap Checkpoint → For Object/Window，单击 Agent Signature 按钮，WinRunner 会提取 Agent Signature 的图像，并且在测试脚本中插入 obj_check_bitmap 指令。

（14）关闭传真订单窗口。单击 Cancel 按钮关闭传真订单窗口。

（15）停止录制。在 WinRunner 中选择 Test → Stop Recording，停止录制测试脚本。

（16）储存测试脚本。选择 File → Save 或直接单击工具栏中的按钮，将测试脚本存储成 le6。

如果现在使用 Global GUI Map file 模式，需要将 GUI Map 文件存档。在 WinRunner 选择 Tools → GUI Map Editor。在 GUI Map Editor 选择 View → GUI Files，然后选择 File → Save。

（17）开启 WinRunner 测试结果窗口。选择 Tools → Test Results 开启测试结果窗口。双击第一个 capture bitmap 事件，开启第一个提取的图像，如图 5-41 所示。

双击第二个 capture bitmap 事件，开启第二个提取的图像，如图 5-42 所示。

   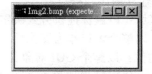

图 5-41　第一个图像窗口　　　　　图 5-42　第二个图像窗口

在测试结果窗口选择 File → Exit 关闭测试结果窗口。在另一个版本的 Flight Reservation 执行测试脚本，我们就可以看到图像检查点未通过测试的情况。

如果要以屏幕区域建立图像检查点，选择 Insert → Bitmap Checkpoint → For Screen Area，则鼠标指针会变成十字光标，然后以拖拉方式框选要比对的区域。WinRunner 会插入 win_check_bitmap 指令，此指令参数包含屏幕区域的 x 坐标、y 坐标、宽度以及高度。

当执行含有图像检查点的测试脚本时，确认屏幕显示设定与显示卡驱动程序，与当初测试脚本建立时一样。如果不一样，可能会影响图像检查点的正确性，例如，应该是通过的图像检查点，WinRunner 却判断为失败的图像检查点。

5.8.3　文字检查点

WinRunner 提供读取图像或非标准 GUI 对象上的文字的功能，并手动撰写测试脚本判断，以检查文字是否正确。通过文字检查点可达到下列的目的：

- 验证某个值是否在一定范围之内。
- 计算数值是否正确。
- 当某个指定的文字出现在画面上时，就执行某些动作。

只要指定要读取文字的区域、对象或窗口，就可以建立文字检查点。WinRunner 会以 win_get_text 或 obj_get_text 读取文字，并将读取到的文字储存到变量中。然后以手动撰写测试脚本的方式，检查变量中的文字是否为预期的文字。要提醒的是，当要验证标准的 GUI 对象（按钮、功能选单、list、edit box 等）上的文字时，建议只使用 GUI 检查点，以省去手动撰写测试脚本的不便。

【实验 5-7】检查卖出的票数

（1）开启 WinRunner 并加载 GUI Map 文件。

（2）开启 Flight Reservation 并登入。

（3）确认文字识别的设定。选择 Tools → General Options，打开 General Options 对话框，如图 5-43 所示。选择 Record → Text Recognition，确认 Timeout for Text Recognition 设定为合理的值（如不为 0），默认值为 500。确认完后单击 OK 按钮关闭对话框。

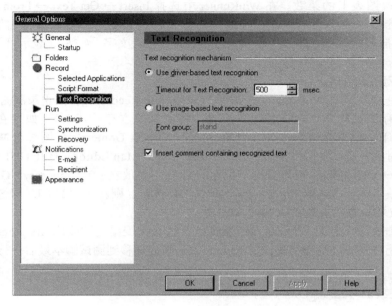

图 5-43　General Options 对话框

（4）开始以 Context Sensitive 模式录制测试脚本。在 WinRunner 中选择 Test → Record-Context Sensitive。

（5）开启图表。在 Flight Reservation 中选择 Analysis → Graphs。

（6）读取图表上的票数。在 WinRunner 中选择 Insert → Get Text → From Screen Area。此时鼠标指针会变成十字形，以左键拖拉的方式框选票数后，再以鼠标右键结束操作，如图 5-44 所示。

WinRunner 会插入 obj_get_text 指令，并且在后面加上批注文字「# 34」，表示目前读取到的文字为 34。

（7）关闭图表窗口。

（8）建立新订单。在 Flight Reservation 中选择 File → New Order。

（9）填入航班与旅客资料。请输入以下数据：

Date of Flight：03/10/04（日期格式为 MM/DD/YY，日期要大于今天的日期）；

Fly From：Denver；

Fly To：San Francisco。

单击 Flights 按钮，选取一个航班，设置 Name 为 Jojo，Class 为 First，Tickets 为 1。

（10）新增订单。选择 Insert Order，当完成新增订单后，状态列会显示 Insert Done... 的讯息。

（11）插入同步点。选择 Insert → Synchronization

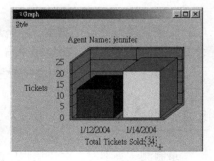

图 5-44　读取票数

Point → For Object/Window Bitmap，将鼠标指针移动到 Insert Done... 的状态列上并单击，WinRunner 会在测试脚本中插入一行命令：obj_wait_bitmap("Insert Done...", "Img1", 1);。

（12）再次开启图表。在 Flight Reservation 中选择 Analysis → Graphs。

（13）读取图表上的票数。在 WinRunner 中选择 Insert → Get Text → From Screen Area，此时鼠标指针会变成十字形，以左键拖拉的方式框选票数后，再以鼠标右键结束操作。WinRunner 会插入 obj_get_text 指令，并且在后面加上批注文字「# 35」，表示目前读取到的文字为 35。

（14）关闭图表窗口。

（15）停止录制。在 WinRunner 中选择 Test → Stop Recording，停止录制测试脚本。

（16）保存测试脚本。选择 File → Save，将测试脚本存储成 le9。如果在 Global GUI Map file 模式下，记得存储新的 GUI 对象，由于" Insert Done…"的图像为 WinRunner 新识别的 GUI 对象，所以要记得存储。选择 Tools → GUI Map Editor，打开 GUI Map 编辑器，再选择 View → GUI Files，可以看到新识别的 GUI 对象放在 L0<temporary> GUI Map 文件中。选择 File → Save，选取 flight4a.gui，单击 OK 按钮，则新识别的 GUI 对象将会被存储到 flight4a.gui 中。最后关闭 GUI Map 编辑器。

（17）检查文字。在第一行 obj_get_text 指令将 text 变量名称改成 first_total。在第二行 obj_get_text 指令将 text 变量名称改成 new_total。将光标移到测试脚本最后一行。加入以下测试脚本：

```
if(new_total==first_total+1)
{
    tl_step{"graph total",0,"Total is correct."}
}
else
{
    tl_step{"graph total", "Total is incorrect."}
}
```

当 new_total=first_total+1 时，汇报检查点通过，反之汇报检查点失败。在 if 前加上以下批注：

```
#if check that graph total increments one
```

（18）存储测试脚本。

（19）测试与除错。以除错（debug）模式执行测试脚本，检查是否有语法或逻辑上的错误。如果有任何错误，试着去修正问题。

选取 Debug 模式，选择 Test → Run From Top，一行一行执行完整个测试脚本。当以 Debug 模式执行完测试脚本，执行结果窗口并不会自动开启。选择 Tools → Test Results，将会开启测试结果窗口。测试结束后关闭测试结果窗口和 Flight Reservation。

在另一个版本的 Flight Reservation 中执行测试脚本，我们就会看到错误结果。

5.9 脚本修改

录制测试脚本时，对应用程序的所有操作，不管是单击按钮还是从键盘输入，WinRunner 会产生一行一行的测试脚本，这每一行的测试脚本称为 TSL（Test Script Language）。除了以录制的方式产生测试脚本之外，TSL 还内建了许多函数，可以依照需求灵活应用这些功能强大的函数。除此之外，WinRunner 还提供可视化工具函数产生器（function generator），它可在测试脚本中快速插入函数。

函数产生器提供两种使用方式：

- 单击 GUI 对象，让 WinRunner 提示合适的函数，并把函数加入测试脚本中。
- 依照分类，从函数清单中挑选要使用的函数。

除了使用函数外，TSL 也提供一般程序语言具备的元素，如条件判断（condition）、循环（loop）、表达式（arithmetic operator）。

【实验 5-8】使用 TSL 检查机票总金额

录制脚本的过程如下：

（1）开启 WinRunner 并加载 GUI Map 文件。启动 WinRunner，检查 GUI Map 文件是否已经加载，选择 Tools → GUI Map Editor，打开 GUI Map 编辑器，再选择 View → GUI Files，检查是否加载 flight4a.gui。如果 flight4a.gui 没有加载，选择 File → Open，然后在选取 flight4a.gui 后，单击 Open 按钮将其载入。

（2）开启 Flight Reservation 并登入。启动 Flight 4A 应用，并登入系统，进入 Flight Reservation。

（3）开始以 Context Sensitive 模式录制测试脚本。在 WinRunner 中选择 Test → Record-Context Sensitive。

（4）开启订单。在 Flight Reservation 界面选择 File → Open Order，选中 "Order No." 复选框，输入 "3" 后单击 OK 按钮。

（5）传真订单。在 Flight Reservation 界面选择 File → Fax Order。单击 Cancel 按钮关闭传真订单窗口。

（6）停止录制。在 WinRunner 中选择 Test → Stop Recording，停止录制测试脚本。选择 File → Save，将测试脚本存储成 le7。

现在我们通过加入函数的方式，取得传真订单窗口上的 #Tickets、Ticket Price、Total 字段的值。

（1）在 "button_press（"Calcel"）;" 脚本前插入一空白行。

（2）开启传真订单窗口。在 Flight Reservation 界面选择 File → Fax Order。

（3）取得 #Tickets 字段的值。选择 Insert → Function → For Object/Window，打开函数产生器并建议使用 edit_get_text 函数，如图 5-45 所示。

图 5-45　函数产生器

edit_get_text 函数会取得 #Tickets 字段的值，并存储到变量中。变量的预设名称为 text。直接将变量名称 text 改成 tickets，然后单击 Paste 按钮将函数插入测试脚本中：

```
edit_get_text("# Tickets:", tickets);
```

按同样的步骤，取得 Ticket Price 字段和 Total 字段的值：

```
edit_get_text("# Tickets Price:", price);
edit_get_text("# Total:", total);
```

（4）单击 Cancel 按钮关闭传真订单窗口，然后选择 File → Save 保存脚本。

接下来我们将在测试脚本中加上 if…else 的判断式，如此测试脚本便可以通过计算方式判断测试是否通过。

（1）将光标放在最后一个 edit_get_text 脚本的下一行，加上下列的脚本：

```
if(tickets*prise==total)
    tl_step("total",0,"Total is correct.");
else
    tl_step("total",1,"Total is incorrect.");
```

这里，tl_step 函数决定测试脚本中的某段动作是通过还是失败，进而决定整个测试脚本的执行结果是通过还是失败。第一个参数 total 代表这个动作的名称。第二个参数值为 1，表示 WinRunner 判定此动作为失败；如果参数值为 0，则会认定此动作为通过。第三个参数"Total is incorrect"则是 WinRunner 针对此动作显示的信息，提示测试结果以便了解此动作代表的意义。

（2）加上批注。在 if 脚本前加上一空白行，然后选择 Edit → Comment，并在"#"后加上批注：

```
# check that the total ticket price is calculated correctly.
  if (tickets*price==total)
      tl_step("total",0,"Total is correct.");
  else
      tl_step("total",1,"Total is incorrect.");
```

（3）选择 File → Save 保存测试脚本。

在修改完测试脚本后，通常我们会执行看看是不是顺利，看看有没有语法或逻辑上的错误。WinRunner 同时提供了除错的工具。通过使用除错工具，我们可以：

- 逐行执行测试脚本；
- 设定断点；
- 以 Watch List 检视变量的值。

以 Debug 模式执行测试脚本以便除错，测试结果会存储在 debug 目录下，且每次以 Debug 模式执行测试脚本后，WinRunner 会覆写前一次 debug 的执行结果。

（1）选取 Debug 模式。在工具栏中选择 Debug 模式。

（2）将执行箭头放在测试脚本第一行。在测试脚本第一行左边灰色地方单击，会出现一个黄色小箭头。

（3）逐行执行。选择 Debug → Step，WinRunner 开始执行第一行测试脚本。逐行执行完整个测试脚本。执行完最后一行后，单击 Stop 按钮。

（4）检视测试结果。当以 Debug 模式执行完测试脚本时，执行结果窗口并不会自动开启。选择 Tools → Test Results，将会开启测试结果窗口。

在另一个版本的 Flight4B 中执行测试脚本，执行模式为 Verify。选择 Test → Run From Top，执行测试。测试结果窗口将会开启，接受预设 res1 的执行名称，确认已选中 Display test results at the end of run 复选框，单击 OK 按钮开始执行测试。测试结果如图 5-46 所示。

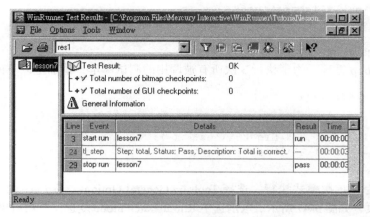

图 5-46　测试结果

双击 tl_step 显示完整的信息，我们可以看到 Description 显示的信息就是在测试脚本中所加入的字符串。

5.10　WinRunner 批测试

当我们变更了应用程序，然后想要在新版的应用程序上执行所有的测试脚本，如果一个一个单独地执行测试脚本，则测试很耗费时间。我们可以运用 WinRunner 的批测试功能执行一个批测试脚本，自动完成所有测试脚本的测试。

批测试脚本看起来与一般的测试脚本没什么区别，不过批次测试脚本还是与一般测试脚本有两个不同的地方：

（1）批测试脚本含有 call 指令，用来开启其他测试脚本。例如：

```
call "c:\\qa\\flights\\les8"()
```

当执行批测试时，WinRunner 一执行到 call 指令，便会开启并执行指定的测试脚本，当被请求的测试脚本执行完毕，WinRunner 便会回到批测试继续执行下去。

（2）在执行批测试之前，先选择 Tools → General Options，打开 General Options 对话框，选择 Run 页，选中 Run in batch mode 复选框，则 WinRunner 不再跳出信息窗口而中断测试的执行。

例如，当一个图像检查点失败时，WinRunner 不会再暂停测试执行并显示不匹配的信息了。当检视测试结果时，可以看到整个批测试的测试结果是通过或失败，也可以看到所有被批测试调用的测试，其结果是通过或失败。

【实验 5-9】批执行多个脚本

（1）开启 WinRunner 并加载 GUI Map 文件。启动 WinRunner，检查 GUI Map 文件是否已经加载，选择 Tools → GUI Map Editor，打开 GUI Map Editor 窗口。再选择 View → GUI Files，检查是否加载 flight4a.gui。如果 flight4a.gui 没有加载，则选择 File → Open，然后在选取 flight4a.gui 后，单击 Open 按钮将其载入。

（2）加上 call 指令调用其他测试脚本。在新开启的测试脚本中输入以下的脚本：

```
call "c:\\qa\\flights\\les5"( );
```

```
call "c:\\qa\\flights\\les6" ( );
call "c:\\qa\\flights\\les6" ( );
```

这里，c:\\qa\\flights 指测试脚本存放的路径。

（3）加上 loop 循环。为了执行 3 次所有被调用的测试脚本，请加上以下的 loop 循环：

```
for (i=0; i<3; i++)
{
        call "c:\\qa\\flights\\les5" ( );
        call "c:\\qa\\flights\\les6" ( );
        call "c:\\qa\\flights\\les6" ( );
}
```

（4）设定为以批次模式执行。选择 Tools → General Options，打开 General Options 对话框，选择 Run 页，如图 5-47 所示。取消选中 Run in batch mode 复选框，然后单击 OK 按钮。

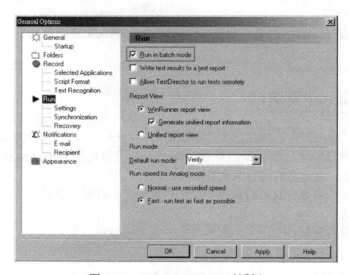

图 5-47　General Options 对话框

（5）储存批测试脚本。选择 File → Save 将测试脚本存储成 batch。

（6）在 flight 4B 上执行批测试。启动 Flight Reservation 4B 版，启动 WinRunner 并加载 les6 测试脚本。选择 Verify 测试模式。选择 Test → Run From Top，则打开 Run Test 窗口，接受预设 res1 的执行名称，确认已选中 Display test results at the end of run 复选框，单击 OK 按钮开始执行测试。注意观察 WinRunner 如何执行被调用的测试脚本。

（7）检视批测试的结果。选择 Tools → Test Results，则打开测试结果窗口，如图 5-48 所示。

由于以 Flight 4B 来执行测试，所以测试结果会失败。我们可以选择一个测试脚本，以便进一步检视其测试结果，可以清楚看出 lesson6 测试失败是因为图像检查点不一致，如图 5-49 所示。

关闭测试以后，记得取消批测试模式。选择 Tools → General Options，打开 General Options 对话框，选择 Run，取消选中 Run in batch mode 复选框，然后单击 OK 按钮。

我们可以设定测试脚本的搜寻路径，则 WinRunner 会自动到设定的路径下搜寻被调用的测试脚本，这样我们在批测试中调用其他测试脚本时，就不需要输入完整的测试脚本的路径，而只要输入测试脚本名称就可以了。

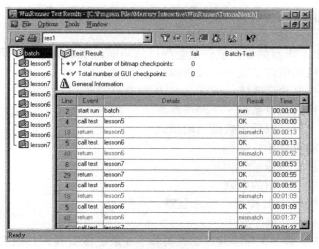

图 5-48　测试结果窗口

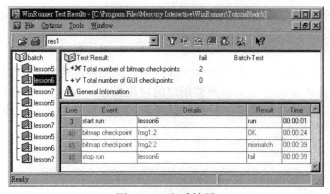

图 5-49　查看结果

选择 Tools → General Options，打开 General Options 对话框，选择 Folders，在 Search path for called tests 列表框中输入测试脚本的搜寻路径，然后单击 OK 按钮，即完成设定测试脚本的搜寻路径，如图 5-50 所示。

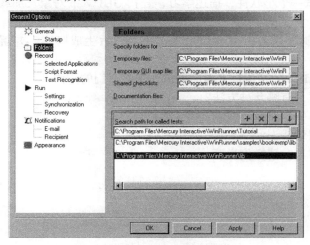

图 5-50　设置批测试脚本路径

5.11   实验安排说明

WinRunner 提供了丰富的面向软件功能测试的功能，本章安排了以下 9 个实验：

- 【实验 5-1】机票预订系统——录制脚本
- 【实验 5-2】机票预订系统——学习 GUI 对象
- 【实验 5-3】机票预订系统——同步点测试
- 【实验 5-4】飞机订票系统数据驱动测试
- 【实验 5-5】检查订单
- 【实验 5-6】检查图像
- 【实验 5-7】检查卖出的票数
- 【实验 5-8】使用 TSL 检查机票总金额
- 【实验 5-9】批执行多个脚本

其中实验 5-1 ～实验 5-3 和实验 5-5 ～实验 5-6 是必做实验，其他实验可根据课时选择安排。

5.12   小结

WinRunner 是一种企业级的功能测试工具，用于检测应用程序是否能够达到预期的功能及正常运行。通过自动录制、检测和回放用户的应用操作，WinRunner 能够有效地帮助测试人员对软件的不同发布版进行测试，提高测试人员的工作效率和质量，确保软件无故障发布及长期稳定运行。

5.13   习题

1. 结合一个小应用软件，分别应用 Context Sensitive 模式和 Analog 模式进行测试，给出测试流程和测试结果，比较二者在脚本上的区别，学习 WinRunner 测试工具的默认模式。
2. 使用已录制的 Flight 4A 应用来测试发生更改的 Flight 4B，找出存在的问题。
3. 用 WinRunner 测试一个小软件，描述学习、查找 GUI Map 对象及加载、保存 GUI Map 文件的过程。
4. 使用 GUI Map 编辑器学习一个窗口上的对象，然后生成脚本，并解释每条脚本语句的含义。
5. 使用 Debug 和 Update 分别执行上面的测试，观察它们的不同。
6. 什么是同步点测试，有哪几种方法？
7. 如何设置批测试的脚本路径？
8. 如何检查文字、图像错误？
9. 如何使用函数生成器？请举例说明。

软件性能测试工具

6.1 引言

LoadRunner 是一种预测软件系统行为和性能的工业标准级负载测试工具。通过模拟成千上万的用户进行并发负载及实时的性能检测行为来查找、发现问题，并对整个企业架构进行测试。

传统的或手动的负载测试方法只能提供不完全的负载测试解决方案。例如，构建一个许多用户同时使用一个系统的环境，然后手动测试整个系统。每个用户通过一台计算机向系统提交输入内容，当然也可以开发一些辅助的工具。然而，这种手动测试方法具有下列明显的缺陷：成本比较高，需要投入大量的人力、物力；难以模拟多用户的并发；重复性有限。目前企业的网络应用环境都必须支持大量用户，网络体系架构中含各类应用环境且由不同供应商提供软件和硬件产品。难以预知的用户负载和复杂的应用环境使公司时时担心会发生用户响应速度过慢、系统崩溃等问题。这些都将不可避免地导致公司收益的损失。

通过使用 LoadRunner，企业能最大限度地缩短测试时间，优化性能和加速应用系统的发布周期。

LoadRunner 能支持广泛的协议和技术，功能比较强大，可以为特殊环境提供特殊的解决方案。

LoadRunner 能帮助企业节省资金，无需购置额外硬件而最大限度地利用现有的 IT 资源，并确保终端用户在应用系统的各个环节中对其测试应用的质量、可靠性和可扩展性都有良好的评价。LoadRunner 是一种适用于各种体系架构的自动负载测试工具，它能预测系统行为并优化系统性能。

6.2 LoadRunner 的基本使用方法

LoadRunner 工作原理的抽象表示如图 6-1 所示，它由控制器（controller）、虚拟用户产生器（virtual user generator）、监视器和结果分析器（analysis）组成。

- 控制器是处理和检测负载测试的中央控制台。
- 虚拟用户产生器模拟成千上万的虚拟用户在被测系统上通过模拟产品交易来完成现实的交易。
- 监视器通过所有的服务器、网络资源等捕获性能数据。
- 测试的结果被存储在一个数据库容器中，提供用户生成报表和分析报告。

LoadRunner 通过建立虚拟的用户代替真正的用户来操作客户端软件，如 Internet Explorer 使用 HTTP 协议发送请求到 IIS 或 Apache 网络服务器。来自许多虚拟用户的客户端请求由负载生成器产生，以创建一个对不同服务器下的测试负载。这些负载生成器代理都通过 Mercury 的控制器控制程序被启动或停止。控制器调用已编译脚本和相关的运行时设定控制基于场景的负载测试。脚本使用 Mercury 的虚拟用户脚本生成器来制作，它生成由虚拟用户执行的 C 语言的脚本代码，捕获在互联网应用的客户端和服务器之间的网络流量。

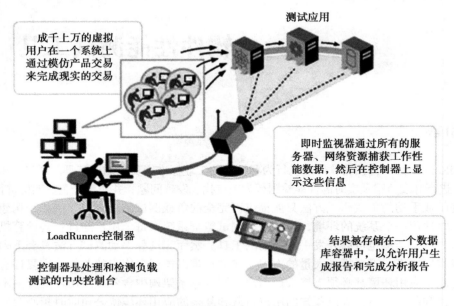

图 6-1　LoadRunner 工作原理的抽象表示

在 Java 客户端，虚拟用户脚本生成器捕获挂接在客户端的 JVM 内的调用。在运行时，每台机器的状态由控制器监控。LoadRunner 运作机制如图 6-2 所示。

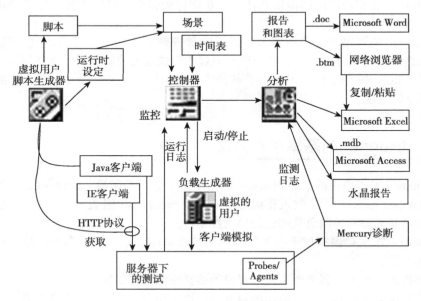

图 6-2　LoadRunner 运作机制

每次运行结束时，控制器组合其监测日志与负载生成器所得日志，把它们提供给分析程序，然后可以创建运行结果的水晶报告，或者一个 HTML 网页。每个分析程序所生成的 HTML 的报告页，可以用于进一步分析。

6.2.1 LoadRunner 的基本流程

LoadRunner 进行负载测试的流程通常由 6 个阶段组成：规划测试、创建 Vuser 脚本、创建方案、运行方案、监视方案和分析测试结果。

- 规划测试：定义性能测试要求，如并发用户的数量、典型业务流程和所需响应时间。
- 创建 Vuser 脚本：将最终用户活动捕获到自动脚本中。
- 创建方案：使用 LoadRunner 控制器设置测试环境和定义场景。
- 运行方案：通过 LoadRunner 控制器驱动、管理测试场景。
- 监视方案：通过 LoadRunner 控制器监控测试场景。
- 分析测试结果：使用 LoadRunner 分析器创建图和报告并评估性能。

在 LoadRunner 中主要通过虚拟用户产生器（VuGen）来模拟真实用户实际行为，录制后自动生成脚本。Vuser 执行的操作是用 Vuser 脚本描述的。进行测试时用虚拟用户（即 Vuser）代替实际用户。Vuser 通过以可重复、可预测的方式模拟典型用户的操作，在系统上创建负载。

VuGen 工作原理实际上与 proxy 类似。当录制时，通过 VuGen 打开应用程序，以 VuGen 作为代理访问服务器，这样 VuGen 就可以侦听到客户端和服务器之间的通信数据，VuGen 将获得数据进行相关的分析，还原成对应的协议由 API 组成的脚本，同时还可以在 VuGen 编辑器中对这些脚本进行修改。

LoadRunner 的脚本是 C 语言代码，LoadRunner 有自己的一整套函数接口，可以供外部调用。每个 Vuser 脚本都至少包含 3 部分：vuser_init、一个或多个 Action 及 vuser_end。录制前和录制期间，可以选择脚本中 VuGen 要插入已录制函数的部分。表 6-1 显示了脚本、录制和执行的关系。

表 6-1 脚本、录制和执行的关系

脚 本 部 分	录 制 内 容	执 行 时 间
vuser_init	登录服务器	初始化 Vuser（已加载）
Action	客户端活动	Vuser 处于运行状态
vuser_end	注销过程	Vuser 完成或停止

运行多次迭代的 Vuser 脚本时，只有脚本的 Action 部分可以重复，而 vuser_init 和 vuser_end 部分将不允许重复。如果需要在登录操作设集合点，那么登录操作也要放到 Actions 中，因为 vuser_init 中不能添加集合点。

可以使用 VuGen 脚本编辑器来显示并编辑每个脚本部分的内容，但一次只能显示一个部分的内容，然后配置运行时设置。运行时设置包括迭代、日志和计时信息，以及定义 Vuser 在执行 Vuser 脚本时的行为。要验证脚本是否能正确运行，可以使用单独模式运行脚本。如果运行正确，则为下一步的负载测试准备好脚本。

6.2.2 VuGen 简介

VuGen 提供了 LoadRunner 虚拟用户脚本的集成调试环境。在性能测试准备阶段，主要用 VuGen 进行 Vuser 脚本的录制与开发。当虚拟用户脚本在 VuGen 中调试通过后，就可以放到控制器中来创建场景了。

VuGen 的录制功能非常强大，支持的协议范围也非常广泛。在 VuGen 中，可通过录制用户的业务操作来快速完成 Vuser 脚本的开发。实际上，VuGen 主要通过录制客户端和服务器之间的活动来创建脚本。

注意：VuGen 仅能录制 Windows 平台上的对话。但录制的 Vuser 脚本既可以在 Windows 平台
　　　上运行，也可以在 UNIX 平台上运行。

当录制脚本时，VuGen 会拦截客户端与服务器端之间的对话，并且全部记录下来，产生脚本。虚拟用户产生器通过录制客户端和后台服务器之间的通信包，分析其中的协议，自动产生脚本。录制的技术主要是通过代理（proxy）的方式来实现的，如图 6-3 所示。

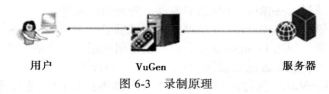

用户　　　　　　　VuGen　　　　　　　服务器

图 6-3　录制原理

VuGen 根据对捕获数据的分析，将其还原成对应协议的 API 组成的脚本。在 VuGen 的 Recording Log 中，可以找到浏览器与服务器之间所有的对话，包含通信内容、日期、时间、浏览器的请求、服务器的响应内容等。VuGen 录制的脚本和 Recording Log 最大的差别在于，脚本只记录了客户端对服务器端所发出的请求，而 Recording Log 则完整记录二者的对话。

当执行脚本时，可以把 VuGen 想象成伪装的浏览器，然后根据脚本，把录制时浏览器所有发出的请求，再对网站服务器重做一遍。VuGen 企图骗过服务器，让服务器以为它就是当初的浏览器，然后把网站内容传送给 VuGen。当然，这需要有一定修改脚本的技巧。

6.2.3　协议选择

LoadRunner 脚本开发过程中的协议选择作为脚本开发的第一个步骤，相当重要，只有选择了合理、正确的协议才能开发出好的测试脚本。LoadRunner 支持的 Vuser 协议类型非常广泛，通过这些协议可以在使用不同类型的客户端／服务器体系结构时生成服务器负载。每种 Vuser 协议都适合于特定体系结构并产生特定的 Vuser 类型。在协议选择过程中需要注意选择与被测对象相应的脚本，例如，Web 系统一般选择 HTTP/HTML 协议，FTP 服务器一般选择 FTP 协议的脚本。下面列出了常见应用与协议的对应关系：

- 一般应用：C Vuser、VB Vuser、VB Script Vuser、JavaVuser、JavaScript Vuser。
- 电子商务：Web（HTTP/HTML）、FTP、LDAP、Palm、Web/WinsocketDual Protocol。
- 客户端／服务器：MSSQLServer、ODBC、Oracle、DB2、Sybase CTlib、Sybase DBlib、Domain Name Resolution(DNS)、Windows Socket。
- 分布式组件：COM/DCOM、Corba-Java、Rmi_Java。
- EJB：EJB、Rmi_Java。
- ERP/CRP：Oracle NCA、SAP-Web、SAPGUI、SAPGUI/SAP-Web Dual Protocol、PropleSoft_Tuxedo、Siebel Web、Siebel-DB2 CLI、Sieble-MS SQL、Sieble Oracle。
- 遗留系统：Terminal Emulation（RTE）。
- Mail 服务：Internet Messaging（IMAP）、MS Exchange(MAPI)、POP3、SMTP。
- 中间件：Jacada、Tuxedo 6、Tuxedo 7。
- 无线系统：i-Mode、VoiceXML、WAP。
- 应用部署软件：Citrix ICA 流、Media Plays（MMS）、Real。

如何在协议选择之前确认被测系统使用了什么协议？这里的协议是指应用层的协议，一般确认系统选择某种协议有以下几种方法。

- 直接确认。这种情况下可以通过测试常识直接判读系统使用了什么样的协议，例如，Web 系统使用了 HTTP/HTML 协议，FTP 服务使用了 FTP 协议等。
- 通过研发人员了解被测系统使用的协议。如果通过简单判断不能确定使用协议的时候，可以与研发人员进行沟通，确认其在开发的过程中使用的协议种类。
- 使用常用的数据监听工具进行数据包分析。有时研发人员也不能确定在开发过程中使用的协议，如使用了他人的插件，或者开发环境封装得很好，在这种情况下，在判断过程中可以借助协议分析工具，常用的协议分析工具如 sniffer Pro、ethreal 等，通过这些工具抓取数据，然后对数据包进行分析也能够分析出使用的协议。
- Winsocket 协议。如果上述方法都不行，可以采用 Winsocket 协议进行脚本开发，只要是在 Windows 上的通信软件都可以通过 Winsocket 协议将脚本开发出来，但是脚本调试的难度相当大，因为脚本中有大量的十六进制数据。

6.3 LoadRunner 的测试过程与方法

在 LoadRunner 自带的 Mercury Tours 订购机票，录制整个操作过程并修改脚本成功回放，本实验使用中文版的 LoadRunner 8.1。

6.3.1 录制脚本

【实验 6-1】录制航班订票过程脚本

在进行性能测试之前，首先的工作是录制脚本。本实验完成一个航班订票过程的脚本录制。

（1）启动范例 Mercury Tours 的 Web 服务器。启动服务器程序，运行成功后右下角会出现图标。

（2）启动 VuGen 订一张从 Denver（丹佛）到 London（伦敦）的航班机票，流程如图 6-4 所示。

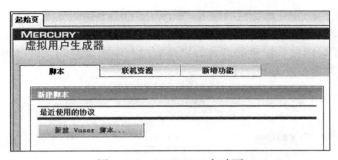

图 6-4　LoadRunner 启动页

（3）新建 Vuer 脚本，选择"新建单协议脚本"选项，如图 6-5 所示。

协议的选择取决于被测系统采用了何种协议。Mercury Tours 是典型的基于 Web 的应用程序，因此录制时选择"Web（HTTP/HTML）"。

（4）VuGen 提供了完整的向导模式帮助创建脚本，如图 6-6 所示。

图 6-5　LoadRunner 新建单协议脚本

图 6-6　LoadRunner 脚本创建向导

（5）开始录制，在 URL 地址栏中输入 "http://127.0.0.1:1080/mercuryWebTours"，如图 6-7 所示。如果测试的项目是南京师范大学校园网，则要在 URL 地址栏中输入 " http://www.njnu. edu.cn"。录制选项采用默认设置即可。如果录制过程中出现乱码，可以将选项→ Internet 协议→高级→支持字符集设置为 "UTF-8"。

图 6-7　脚本录制前的设置

（6）开始录制时会出现录制工具栏，如图6-8所示，同时自动打开网站首页。

图6-8　录制工具栏

（7）用户业务流程建议录制在默认的操作中或者自定义的操作中。在操作下拉列表中选择action，在首页中使用系统默认账号Username（jojo）、Password（Bean）登录Mercury Tours。

说明：VuGen中的脚本分为3部分：vuser_init、vuser_end和Action。其中vuser_init和vuser_end都只能存在一个，不能再分割，而Action还可以分成多个部分（通过单击New按钮，新建ActionXXX）。通常，录制登录系统环节放到vuser_init中，把登录后的操作部分放到Action中，把注销关闭登录部分放到vuser_end中（如果需要在登录操作设集合点，那么登录操作也要放到Action中，因为vuser_init中不能添加集合点）。在其他情况下，只要把操作部分放到Action中即可。

注意：在重复执行测试脚本时，vuser_init和vuser_end中的内容只会执行一次，重复执行的只是Action中的部分。

（8）在Flights中设置出发城市为Denver，目的城市为London，其余选项使用默认值，如图6-9所示。

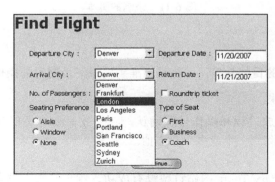

图6-9　查找航班

（9）接受默认的航班选择。

（10）在Payment Details界面中设置Credit Card为12345678，在Exp Date文本框中输入相应的过期日期（格式为11/20），完成付费并能查看到发票信息，订票成功，如图6-10所示。

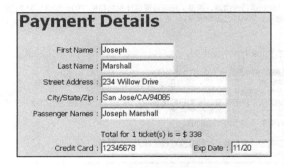

图6-10　订票信用卡付费

（11）选择操作列表中的 vuser_end，完成注销工作。

（12）录制完成后，单击"结束录制"按钮，VuGen 自动生成 Vuser 脚本，以 Basic 的名称保存脚本。图 6-11 是部分脚本。

```
                    Action()
 vuser_init         {
 Action
 vuser_end              web_url("mercuryWebTours",
 globals.h                  "URL=http://127.0.0.1:1080/mercuryWebTours/",
                            "Resource=0",
                            "RecContentType=text/html",
                            "Referer=",
                            "Snapshot=t1.inf",
                            "Mode=HTML",
                            LAST);

                        lr_think_time(141);

                        web_submit_form("login.pl",
                            "Snapshot=t2.inf",
                            ITEMDATA,
                            "Name=username", "Value=jojo", ENDITEM,
                            "Name=password", "Value=bean", ENDITEM,
                            "Name=login.x", "Value=0", ENDITEM,
                            "Name=login.y", "Value=0", ENDITEM,
                            LAST);

                        lr_think_time(7);

                        web_image("SignOff Button",
                            "Alt=SignOff Button",
                            "Snapshot=t3.inf",
                            LAST);

                        return 0;
                    }
```

图 6-11　录制的脚本

6.3.2　脚本回放

回放脚本验证脚本的目的是确认系统是否准确模拟了录制时的操作。

【实验 6-2】确认订票流程

本实验完成脚本回放过程和操作过程确认。在回放概要有类似于以下的信息：回放成功，VuGen 在脚本中检测到一个或多个动态值。

回放过程如下：

（1）查看一下 Mercury Tours 网站订票没有成功，意味着脚本没有成功模拟录制时的操作，如图 6-12 所示。

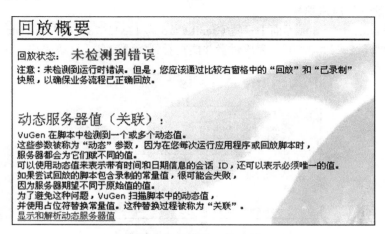

图 6-12　脚本回放概要

（2）使用![icon]扫描脚本中要关联的值，扫描结果如图 6-13 所示。在 WebTours 订票 Web 应用系统中用 userSession 保持用户登录的信息，每次登录 userSession 由服务器产生且每次值都不一样，因此出现了录制和回放时的值不一致，所以需要进行关联，类似于将固定的值变成动态值。

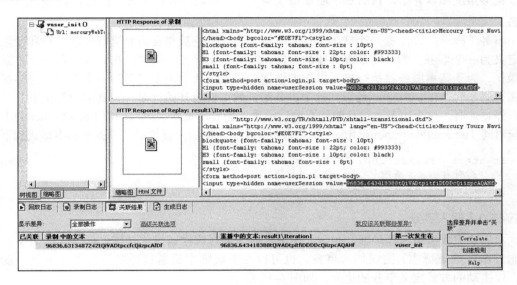

图 6-13　脚本扫描后的关联结果

（3）在关联结果中选择差异项，右击进行关联，如图 6-14 所示。

图 6-14　在关联结果中设置关联

运行应用程序或回放脚本时，服务器会对某些参数赋不同的值，因此 VuGen 扫描脚本中的动态值，并使用占位符替换常量值，这个替换过程称为关联。

一般刚生成脚本或者对脚本进行修改以进行回放，如果运行通不过，没有其他明显的原因后可让 LoadRunner 自动扫描要关联的值。

设置关联后，VuGen 就会在脚本中增加类似如下一段代码：

```
web_reg_save_param("WCSParam_Diff1",
    "LB=userSession value=",
    "RB=>",
    "Ord=1",
    "RelFrameId=1.2.1",
    "Search=Body",
    LAST);
```

其含义是，检查位于以下两个字符串之间数据的服务器响应，左边界为"userSession value="，右边界为">"。将符合条件的第一个数据保存为名为"WCSParam_Diff1"的参数。

（4）再次进行验证回放，脚本成功模拟了录制时的操作。

6.3.3 增强脚本

经过上面步骤录制的简单脚本并没有很大的价值，通常，这种脚本在测试场景中会有两个结果：一是不断地报错，无法执行下去；二是得到的测试结果没有意义。本节将从事务、参数化等角度加以介绍，目的在于通过修改脚本，不断地增强脚本的可执行性。

事务

事务（transaction）是一个或多个操作步骤的集合。一般集合需要进行性能分析和度量时可定义为一个事务。为了衡量服务器的性能，需要定义事务。例如，在脚本中有一个数据插入操作，为了衡量服务器执行插入操作的性能，可以把这个操作定义为一个事务。这样在运行测试脚本时，LoadRunner 运行到这个事务的开始点就会开始计时，直到运行到该事务的结束点停止计时。这个事务的运行时间在测试结果中会有所反映，可以使用 LoadRunner 的事务反应时间（transaction response time）图来分析每个事务的服务器性能。事务的脚本格式如下：

```
lr_start_transaction ("付费");
    //付费的相关操作
lr_end_transaction ("付费", LR_AUTO);
```

【实验 6-3】插入事务

本实验完成事务操作的插入过程。事务可在录制过程中通过工具栏上的 (事务开始标志和事务结束标志) 按钮加入事务，也可以在生成脚本后通过任务→增强→事务→新事务，以拖动的方式定义事务的边界，如图 6-15 所示。

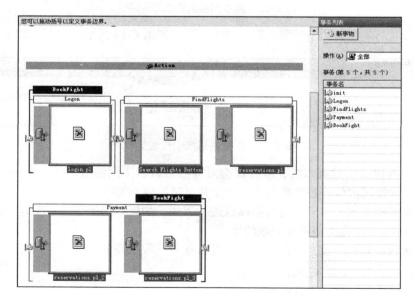

图 6-15 定义事务的边界

事务只能在同一个操作（action）中开始和结束，且事务数量不限，事务相互之间可以嵌套。

插入事务操作可以在录制过程中进行，也可以在录制结束后进行。LoadRunner 允许在脚本中插入不限数量的事务。在录制结束后插入事务的操作方法如下：在需要定义事务的操作前面，通过 Start Transaction…菜单或者工具栏插入事务开始点，如图 6-16 所示。

在出现的对话框中输入该事务的名称。注意：事务的名称最好要有意义，能够清楚地说明该事务完成的动作。

插入事务的开始点后，在需要定义事务的操作后面插入事务的结束点。同样可以通过图 6-16 所示的 End Transaction 菜单或者工具栏插入。默认情况下，事务的名称列出最近的一个事务名称，如图 6-17 所示。

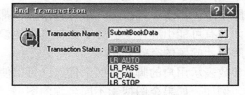

图 6-16　通过工具栏插入事务开始点　　　图 6-17　插入事务结束点

一般情况下，事务名称不用修改。事务的状态默认情况下是 LR_AUTO。一般情况下不需要修改，除非在手工编写代码时，有可能需要手动设置事务的状态。

插入事务的步骤如下：

（1）启动 VuGen。

（2）启动被测网站的服务器。

（3）创建一个脚本，协议为 HTTP/HTML，URL 地址为 http://127.0.0.1:1080/mercury-WebTours/。

（4）登录系统后，单击事务新建图标，在弹出的对话框内输入"login"作为事务名称。

（5）单击页面上的 Login 按钮登录系统，在出现 http://127.0.0.1:1080/mercuryWebTours/主页面后，单击事务结束图标，在弹出的对话框中选择"login"。

（6）停止录制。

插入事务相关的脚本如下：

```
lr_start_transaction("login");
web_submit_data("login.pl", Action=http://127.0.0.1:1080/
    mercuryWebTours/login.pl", "Method=POST", "RecContentType=text/
    html", "Referer=http://127.0.0.1:1080/mercuryWebTours/nav.
    pl?in=home","Snapshot=t9.inf", "Mode=HTTP", ITEMDATA, "Name=userSes
    sion","Value=101554.223005265fccDzQfpDtfiDDDDDVDtcpVHcAHf", ENDITEM,
"Name=username", "Value=jojo", ENDITEM,
"Name=password", "Value=bean", ENDITEM,
"Name=JSFormSubmit", "Value=off", ENDITEM,
"Name=login.x", "Value=30", ENDITEM,
"Name=login.y", "Value=13", ENDITEM, LAST);
web_concurrent_end(NULL);
web_url("fma-performance-center.jpg",
"URL=http://127.0.0.1:1080/MercuryWebTours/images/fma-performance-
    center.jpg",
"Resource=1", "RecContentType=image/jpeg",
"Referer=http://127.0.0.1:1080/mercuryWebTours/login.pl?intro=true",
"Snapshot=t16.inf",LAST);
lr_end_transaction("login",LR_AUTO);
```

参数化

参数化是为了能够更加真实地模拟真实情况。例如，登录时需要输入的用户名与口令，在录制脚本的时候只能是一个合法的用户名与口令，但是，现在脚本在场景中执行需要有1000 个用户登录，如果 1000 个人使用同一个用户名和口令登录会怎样？这样的例子很多，例如，登录后的一些操作、可选择的项目等，都需要参数化，使之更真实、更合理。

如果用户在录制脚本过程中，提交了一些数据，如要增加数据库记录。这些操作都被记录到了脚本中。当多个虚拟用户运行脚本时，都会提交相同的记录，这样不符合实际的运行情况，而且有可能引起冲突。为了更加真实地模拟实际环境，需要各种各样的输入。参数化输入是解决此问题的有效方法。

用参数表示用户的脚本有两个优点：可以使脚本的长度变短和可以使用不同的数值来测试脚本。例如，如果企图搜索不同名称的图书，仅仅需要填写提交函数一次。在回放的过程中，可以使用不同的参数值，而不只搜索一个特定名称的值。

参数化包含以下两项任务：首先，在脚本中用参数取代常量值；其次，设置参数的属性以及数据源。

VuGen 生成的 Vuser 脚本只是如实地记录了录制时的操作及相关的特定数据，因此虚拟用户直接使用录制的脚本，就不能很好地模拟实际情况。用参数来替代一些脚本中的常量，既可以减小脚本的大小和脚本的数量，又能更好地模拟真实用户的行为。

例如，将预订航班目的地进行参数化就可以模拟真实用户到不同城市的需求。首先在脚本视图中找到相关目的地的信息，如图 6-18 所示。

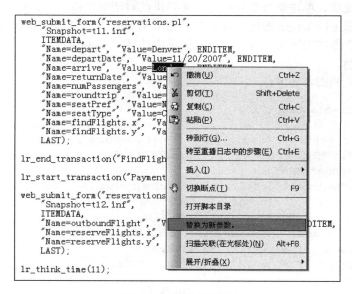

图 6-18　替换新参数

通过右击打开"选择或创建参数"对话框，如图 6-19 所示，选中录制时的常量"London"，在鼠标右击菜单中选择"替换为新参数"命令，并设置"参数名"为"CityName"，"参数类型"为"File"。

在参数属性对话框通过创建表的方式输入参数要绑定的值，如图 6-20 所示。

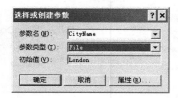

图 6-19　创建新参数

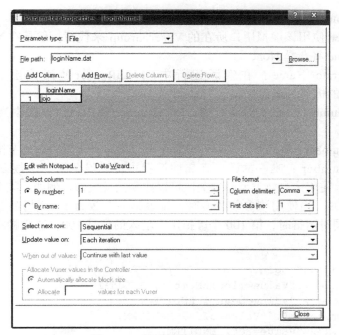

图 6-20　设置参数的相关属性

其中参数配置中的"选择下一行"和"更新值的时间"决定了虚拟用户对参数的取值方式和更新方式，如表 6-2 和 6-3 所示。

表 6-2　"选择下一行"参数说明

参　数	说　明
Sequential	按照顺序一行一行取值。保证每个 Vuser 取值的一致性，同时表中的值不够可循环读取
Random	随机取值
Unique	唯一值。保证每个 Vuser 取到的值不一致，表中的值不够会出错

表 6-3 "更新值的时间"参数说明

参　数	说　明
Each iteration	每次迭代时取下一个值
Each occurrence	每次出现值都更新
Once	在一个 Vuser 中，同一个参数始终取同一值

【实验 6-4】用户名的参数化

本实验对用户登录的用户名进行参数化，以模拟真实的登录过程。

（1）通过脚本录制找到用户登录部分的脚本，选择登录名"jojo"，右击，选择 Replace with a parameter 命令。

（2）在打开的对话框中输入参数名，建议取通俗易懂且有一定含义的名称，这里输入"loginName"，可供选择的参数类型如下：

- DateTime：很简单，在需要输入日期 / 时间的地方，可以用 DateTime 类型来替代。其属性设置也很简单，选择一种格式即可。当然也可以定制格式。

- Group Name：暂时不知道何处能用到，但设置比较简单。在实际运行中，LoadRunner 使用该虚拟用户所在的 Vuser Group 来代替。但是在 VuGen 中运行时，Group Name 将会是 None。
- Load Generator Name：在实际运行中，LoadRunner 使用该虚拟用户所在 Load Generator 的机器名来代替。
- Iteration Number：在实际运行中，LoadRunner 使用该测试脚本当前循环的次数来代替。
- Random Number：随机数。在属性设置中可以设置产生随机数的范围。
- Unique Number：唯一的数。在属性设置中可以设置第一个数以及递增的数的大小。提示：使用该参数类型必须关注可以接受的最大数。例如，某个文本框能接受的最大数为 99。当使用该参数类型时，设置第一个数为 1，递增的数为 1，但 100 个虚拟用户同时运行时，第 100 个虚拟用户输入的将是 100，这样脚本运行将会出错。

脚本如下：

```
web_submit_data("login.pl",
"Name=username", "Value={loginName}", ENDITEM,
"Name=password", "Value=bean", ENDITEM,
"Name=JSFormSubmit", "Value=off", ENDITEM,
"Name=login.x", "Value=30", ENDITEM,
"Name=login.y", "Value=13", ENDITEM,LAST);
```

（3）选中"loginName"，右击，选择 Parameter properties 命令，出现图 6-20 所示对话框。

（4）单击 Add Row 按钮，增加一行，输入"mike"，单击 Close 按钮关闭该对话框。

说明：因为"mike"这个用户名并不存在，因此需要添加该用户而后体验参数化的成功与否。

新建新用户的过程如下：打开页面 http://127.0.0.1:1080/mercuryWebTours/，单击图 6-21 所示的 sign up now 链接。

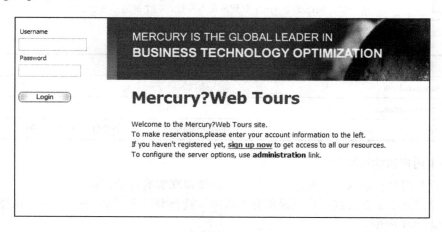

图 6-21　Mercury?Web Tours 页面

进入新用户注册页面，提示输入信息，注意：Username 为 bean，Password 为 bean。

（5）设置 Run-time Settings 对话框，将"Number of Iterations"设置为 2，如图 6-22 所示。

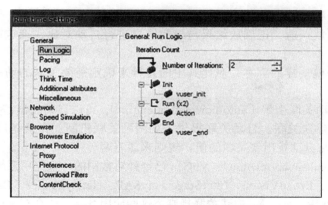

图 6-22　Run-time Settings 对话框

（6）运行脚本，查看结果。这段脚本一定要放在 action( ) 函数内。

6.3.4　关联

所谓关联（correlation）就是把脚本中某些静态的数据，转变成读取来自服务器动态提供的、每次都不一样的数据。通常，服务器在每个浏览器首次要求传递数据时，都会在数据中带唯一的辨识码，然后利用这个辨识码来识别跟它传递数据的是不是同一个浏览器。一般称这个辨识码为 Session ID。对于每个新的交易，服务器都会产生新的 Session ID 给浏览器。如果录制时的 Session ID 与回放时获得的 Session ID 不同，而 VuGen 还是用旧的 Session ID 向服务器要数据，服务器会发现这个 Session ID 是失效的或是它根本不认识这个 Session ID，也就不会传送正确的网页数据给 VuGen 了。

例如，用户 jojo 以 jojo/bean 的账号 / 口令登录某 Web 服务器，查询某产品的信息，由 Vugen 录制交易的全部通信包。Web 服务器返回给 jojo 一个动态的会话 ID: SessionID@12345，作为这次登录的会话标识。Vugen 会把所有的数据都记录下来。接着 jojo 根据 Web 服务器告诉它的 Session ID 去查询产品列表，交易可以正常执行下去。

当 Vugen 根据捕获的通信包生成 HTTP 脚本的时候，Session ID 是固定写在程序里面的。回放该脚本的时候，按照录制的脚本，jojo 以 jojo/bean 登录后，Web 服务器返回给 jojo 一个动态会话 ID: SessionID@23456，这个值已经不是录制时候产生的 SessionID @12345，脚本根据记录的 Session ID 值，执行查询交易。由于会话 ID 是有时效性的，用户退出系统后，其 Session ID 会失效，那么，服务器会给出一个 Session ID 失效的错误信息，从而导致脚本无法正常执行下去。

上述问题的通用解决方法是，在第一次从服务器得到 Session ID 的时候把其放在一个变量 <session_id> 里面，在后面脚本访问服务器的语句里面，把所有的 SessionID@12345 替换为变量 <session_id>，就可以解决此问题。

关联的方法大体上可以分为手工关联和自动关联。这两种方法各有所长：手工关联比较保险，但是需要自己去找关联函数的位置和需要关联的参数，然后一一替代；自动关联比较简单，找到关联参数的特征，运行的时候自动关联，但有时候自动关联不是很完整，可能有的参数找不全，在实际使用过程中需要注意。如果录制的脚本比较简单，需要关联的参数只有一个，自动关联还是可行的。

Vugen 提供自动关联的方法有 3 种：

- 在录制之前设定辨别规则，录制完毕，产生脚本的时候根据规则识别出需要关联的

　　动态内容，从而产生正确的脚本。

- 录制完毕回放一遍，把回放结果与录制结果进行自动对比，确定动态信息，进行自动关联。
- 录制两个一模一样的脚本，对比其中的差异来确定需要关联的动态信息，然后进行关联。

VuGen 内建自动关联引擎（auto-correlation engine），可以自动找出需要关联的值，并且自动使用关联函数建立关联。自动关联提供下列两种关联机制。在录制过程中 VuGen 会根据制定的规则，实时自动找出要关联的值。规则来源有两种：

- 内建关联（built-in correlation）：VuGen 已经针对常用的一些应用系统，如 AribaBuyer、BlueMartini、BroadVision、InterStage、mySAP、NetDynamics、Oracle、PeopleSoft、Siebel、SilverJRunner 等，内建关联规则，这些应用系统可能会有一种以上的关联规则。可以在 Tools → Recording Options → Internet Protocol → Correlation 中启用关联规则，当录制这些应用系统的脚本时，VuGen 会在脚本中自动建立关联。提示：选中 Enable correlation during recording 复选框，以启用自动关联，如图 6-23 所示。可以在此处查看每个关联规则的定义，通过 New Applicaton 与 New Rule 可以自定义关联规则。
- Correlation Studio：有别于内建关联，Correlation Studio 在执行脚本后才会建立关联，也就是说当录制完脚本后，脚本至少要被执行过一次，Correlation Studio 才会起作用。Correlation Studio 会尝试找出录制时与执行时服务器响应内容的差异部分，进而找出需要关联的数据，并建立关联。

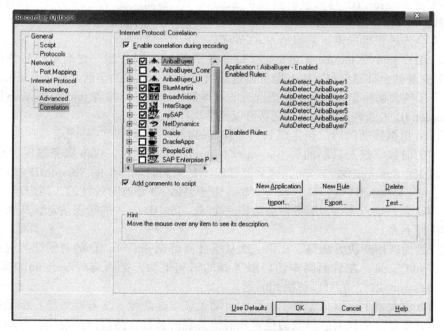

图 6-23　Recording Options 的 Correlation 设置

Correlation Studio 的应用过程如下：
（1）录制普通脚本，适当修改脚本，增强脚本的可执行性。
（2）选择 Vuser → Scan Script for Correlations。
（3）提示脚本至少须被执行过一次，Correlation Studio 才会作用，执行脚本一次。

（4）一般在屏幕的下部分出现图 6-24 所示关联结果。

图 6-24 关联结果

（5）选择 Correlation 后，关联函数脚本如下：

```
[WCSPARAM WCSParam_Diff1 43101534.804212232fccczQzptQVzzzzHDVDDzpVHiQf]Parameter
{WCSParam_Diff1} created by Correlation Studio
web_reg_save_param("WCSParam_Diff1",
"LB=userSession value=", "RB=>", "Ord=1",
"RelFrameId=1", "Search=Body","IgnoreRedirections=Yes",LAST);
```

6.3.5　内容检查

在 LoadRunner 中只要检测到服务器有响应就认为操作正确执行了，而不管反馈的信息正确与否。因此为了检查 Web 服务器返回的网页结果是否正确，VuGen 支持在脚本中插入 Text/Image（文本 / 图像）检查点，这些检查点验证网页上是否存在指定的 Text 或者 Image，还可以测试在比较大的压力测试环境中，被测的网站功能是否保持正确。

VuGen 在测试 Web 时，有两种视图方式：Tree View 和 Script View。在插入 Text/Image 检查点时，用 Tree View 视图会比较方便。在视图之间切换，可以通过菜单或者工具栏的方式实现。

【实验 6-5】添加检查点

本实验在录制脚本中添加文本或图像检查点。

添加 Text/Image 检查点，可以在录制过程中，也可以在录制完成后进行。添加内容检查点的方式是：增强→内容检查，并在树形视图模式下选择要插入检查点的步骤，右击，选择"在之前插入"命令，如图 6-25 所示。

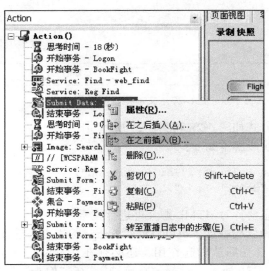

图 6-25　设置内容检查点

有两种方式：
- Web 检查→文本检查方式；
- 服务→ web_reg_find 方式。

文本检查方式如图 6-26 和图 6-27 所示。文本检查生成脚本：

```
web_find("web_find","What=Welcome",LAST);
```

主要针对 HTML 页面显示的内容进行搜索。

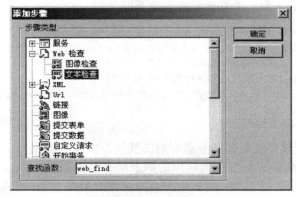

图 6-26　文本检查

图 6-27　文本检查属性设置

web_reg_find 检查方式如图 6-28 和图 6-29 所示。

web_reg_find 方式生成脚本如下：

```
web_reg_find("Text=Welcome","Fail=NotFound",
"SaveCount=num","Search=Body",LAST);
```

web_reg_find 方式主要针对 HTML 源文件进行搜索。

一般推荐使用后者设置检查点。也可以针对 Image 检查点，设置方法与上述类似。

设置检查点后要使其在回放时起作用，还必须在"Vuser →运行时设置→ Internet 协议"中进行设置，如图 6-30 所示。选择"首选项"，在"检查"区域中选中"启用图像和文本检查"复选框。

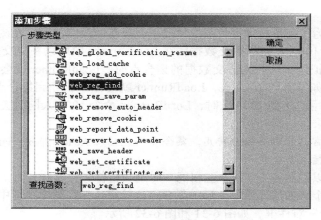

图 6-28   web_reg_find 方式

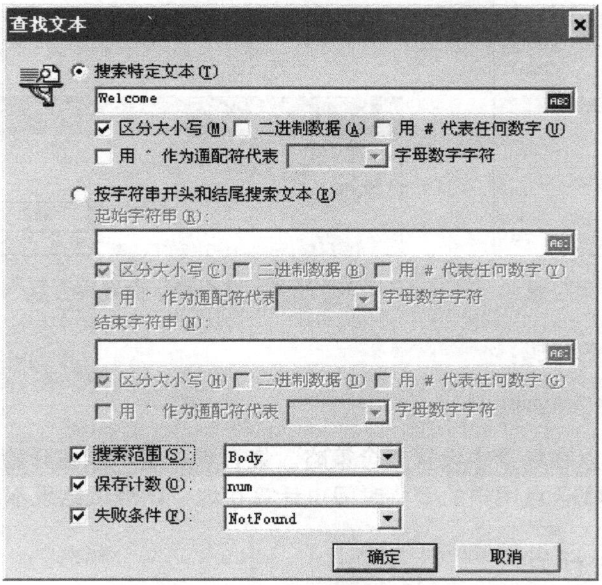

图 6-29   web_reg_find 方式查找文本

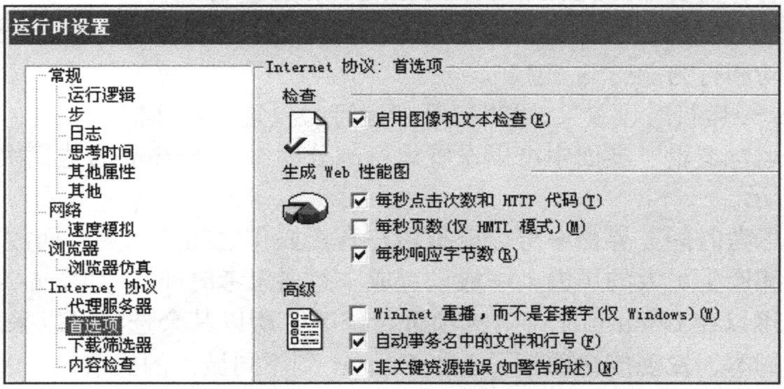

图 6-30   启用图像和文本检查

6.3.6 集合点

插入集合点是为了衡量在加重负载的情况下服务器的性能情况。在测试计划中，可能会要求系统能够承受 1000 人同时提交数据，在 LoadRunner 中可以在提交数据操作前面加入集合点，这样当虚拟用户运行到提交数据的集合点时，LoadRunner 就会检查同时有多少用户运行到集合点，如果不到 1000 人，LoadRunner 就会命令已经到集合点的用户在此等待，当在集合点等待的用户达到 1000 人时，LoadRunner 命令 1000 人同时去提交数据，从而达到测试计划中的需求。

> 注意：集合点常与和事务结合使用。集合点只能插入 Action 部分，vuser_init 和 vuser_end 中不能插入集合点。

利用集合点可以控制各个 Vuser 能在同一时刻执行任务，实现实际应用的并发现象。集合点一般设置在某个事务的开始前。添加集合点比较简单，在脚本视图中，选择"菜单→集合点"，打开"集合"对话框，如图 6-31 和图 6-32 所示。

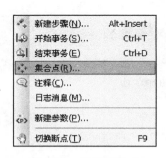

图 6-31 设置集合点

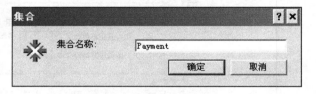

图 6-32 设置集合点名称

在脚本中产生如下代码：

```
lr_rendezvous("Payment");
```

加入集合点后可以在场景中设置集合策略。集合点一定不能在开始事务之后插入，否则计算响应时间时，把集合点用户的等待时间也计算在内，则测试结果不准确。

6.3.7 设置运行时行为

运行时设置定义了脚本的运行方式，通过配置运行时设置，可以模拟各种用户活动。当完善了测试脚本后，需要对 VuGen 的 Run-time Settings 进行配置。

下面对经常需要设置的几个标签页进行说明。通过 LoadRunner 运行时设置可以模拟各种实际用户的活动和行为。

选择"Vuser →运行时设置"，可以打开"运行时设置"对话框。

在"常规→运行逻辑"界面中可以设置运行部分的操作 Action 的迭代次数，如设置为 3 次，如图 6-33 所示。

在常规→"思考时间"界面中可以模拟用户真实操作之间的间隔。回放和测试的时候为了加快访问速度和产生更大的压力，一般设置成"忽略思考时间"，如图 6-34 所示。

运行设置也可以在 Controller 中对选项进行修改，所以其余选项可以采用默认值。设置完成，回放一次脚本，发现成功预订了 3 张 Danver 到不同城市的机票。

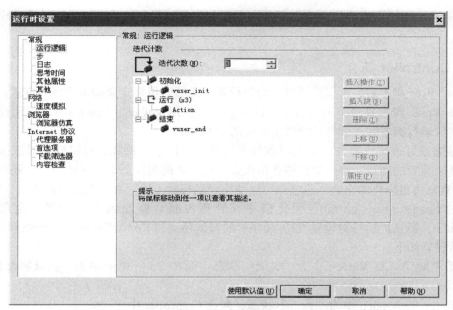

图 6-33　设置迭代次数为 3

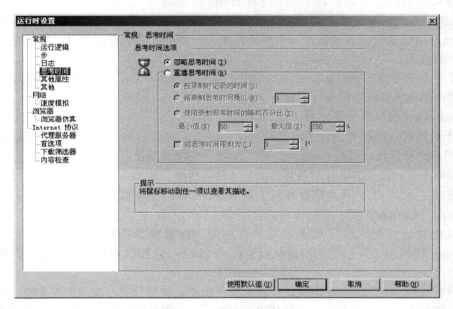

图 6-34　设置思考时间

6.4　场景设计

　　测试用于模拟真实情况。为此，需要能够在应用程序上生成较重负载并计划应用负载的时间（因为用户不会正好在同一时间登录或注销），还需要模拟各种不同的用户活动和行为。例如，某些用户可能使用 Netscape（而不是 Internet Explorer）来查看应用程序的性能，并且可能使用了不同的网络连接（如调制解调器、DSL 或电缆），可以在场景中创建并保存这些设置。Controller 可以提供所有需要的有助于创建并运行测试的工具，以准确地模拟工作环境。

6.4.1 Controller 简介

录制 Vuser 脚本后，可以配置其运行时设置。运行时设置定义脚本运行的方式。这些设置存储在 Vuser 脚本目录下的文件 default.cfg 中。使用 VuGen、Controller、优化控制台或管理控制台运行脚本时，会将运行时设置应用于 Vuser。

通过配置运行时设置，可以模拟各种不同的用户活动。例如，可以模拟对服务器的输出立即做出响应的用户，也可以模拟在每次做出响应之前先停下来思考的用户，还可以指定 Vuser 应重复每组操作的次数。这些都可以使用"运行时设置"对话框进行设置。

通过 LoadRunner Controller 优化模块或管理控制台修改运行时设置。注意：对于 LoadRunner，默认的运行时设置支持 VuGen 的调试环境和 Controller 的负载测试环境。

默认设置如下：

- 思考时间：在 VuGen 中为"关闭"状态，而在 Controller 中为"按录制参数回放"状态。
- 日志：在 VuGen 中为"标准"状态，而在 Controller 中为"关闭"状态。
- 下载非 HTML 资源：在 VuGen 和 Controller 中均为"已启用"状态。

LoadRunner Controller 是创建并运行测试的工具，能准确模拟真实的工作环境。使用 LoadRunner 测试系统，必须创建一个场景包含关于测试会话信息的文件。场景是一种模拟实际用户的方式。

场景包含有关如何模拟实际用户的信息：虚拟用户组、Vuser 将运行的测试脚本以及用于运行这些脚本的负载生成器计算机。

LoadRunner 的场景主要分为：

- *手动场景*：该项要完全手动设置场景，还可以设置为每一个脚本分配要运行的虚拟用户的百分比，可在 Controller 的"场景"菜单下设置。

面向目标的场景：如果测试计划是要达到某个性能指标，例如，每秒多少点击，每秒多少事务，能到达多少 VU，某个事务在某个范围 VU（500 ~ 1000）内的反应时间等，那就应使用面向目标的场景。

负载测试运行时，还可以通过联机监控器，查看场景执行期间生成的数据。使用 LoadRunner 联机图，可以指定场景执行期间 Controller 监控的计算机，并可以查看监控器收集的数据。

影响事务响应时间的主要因素之一是资源使用率。在场景执行期间监控资源，就可以确定特定计算机上出现瓶颈的原因。使用 LoadRunner 的服务器资源监控器，可以跟踪场景执行期间使用的资源。LoadRunner 将在测试执行期间实时显示选择的资源监控器，以便及时发现资源的使用情况。

6.4.2 场景设置

【实验 6-6】设置手动场景

本实验完成设置手动场景，便于学习本例中采用 LoadRunner 提供的示例脚本。

（1）启动 LoadRunner Controller，选择"手动场景"类型。选择 LoadRunner 安装目录

\Tutorial\basic_script，将其添加到"场景中的脚本"中，如图 6-35 所示。

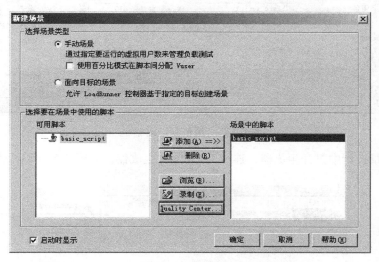

图 6-35　新建场景

（2）单击"确定"按钮后进入场景控制器，可以对测试场景进行各种设置，如图 6-36 所示。

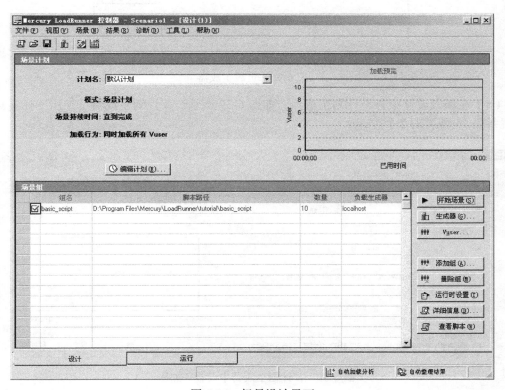

图 6-36　场景设计界面

（3）单击"详细信息"按钮，打开"组信息"对话框，可以设置修改 Vuser 的数目（试用版为 10），如图 6-37 所示。

图 6-37　"组信息"对话框

（4）在场景设计中打开生成器，连接 Localhost 生成器，如图 6-38 所示。

图 6-38　负载生成器

（5）在场景设计中打开计划生成器，如图 6-39 所示。在计划生成器"加压"标签页中设置每隔 15 秒启动 2 个 Vuser。

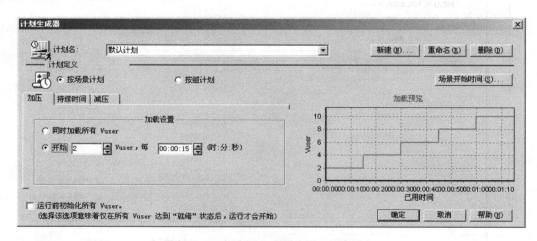

图 6-39　在计划生成器中设置"加压"

（6）在计划生成器"持续时间"标签页中设置在加压完成后运行 3 分钟，如图 6-40 所示。

图 6-40　在计划生成器中设置"持续时间"

（7）在计划生成器"减压"标签页中设置每 20 秒停止 5 个 Vuser，如图 6-41 所示。

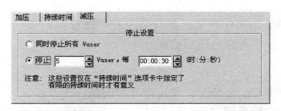

图 6-41　在计划生成器中设置"减压"

（8）查看"加载预览"，并选中"运行前初始化所有 Vuser。"复选框，使测试结果更接近真实，如图 6-42 和图 6-43 所示。

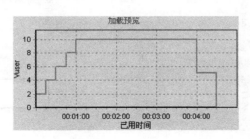

图 6-42　加载预览

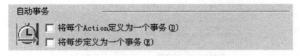

图 6-43　设置"运行前初始化所有 Vuser"

为了使测试期间的 Vuser 行为更接近真实用户的实际操作，还可以打开"运行时设置"对话框，对"运行逻辑""步""思考时间""速度模拟""浏览器模拟"等进行相应设置，可以模拟各种用户的活动和行为。建议在"运行设置→常规→自动事务"中取消勾选"将每个 Action 定义为一个事务"复选框，如图 6-44 所示。

图 6-44　取消勾选"将每个 Action 定义为一个事务"复选框

可以适当增加迭代次数，增加每个 Vuser 重复操作的次数，提高测试的负载，如图 6-45 所示。

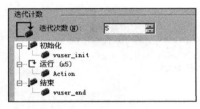

图 6-45　增加迭代次数

6.4.3　运行场景

为了了解测试期间应用程序的实时执行情况和可能存在的瓶颈，通过 LoadRunner 提供的相关监控器可以监视相应资源的使用情况。

【实验 6-7】运行场景

本实验完成场景的实时运行情况，发现存在的问题。

（1）在控制器窗口中切换到"运行"视图，将"可用图→系统资源图→ Windows 资源"拖至右边监视区域，如图 6-46 所示。

图 6-46　添加"Windows 资源"监视

（2）右击" Window 资源"，选择"添加度量"命令，打开" Windows 资源"对话框，设置"监控的服务器计算机"为 localhost，"平台"为 WINXP（根据实验环境设置），如图 6-47 所示，确定以后就可以将" Windows 资源"监控器激活。

图 6-47　监控 localhost 的 Window 资源

（3）单击"开始场景"按钮进行负载测试，同时监看整个场景的运行情况（图6-48和图6-49），双击某个图可以放大查看单个度量。

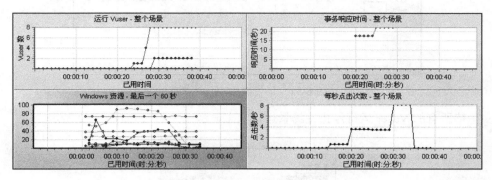

图 6-48　运行场景时整个场景的监控

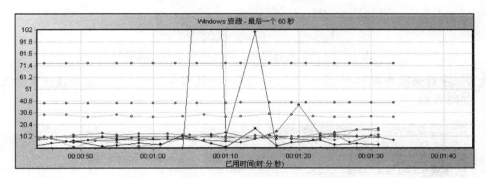

图 6-49　放大查看"Windows 资源"

也可以通过控制器上的 Vuser 对话框，查看 10 个 Vuser 的运行状况，再通过单击"详细信息"按钮可以查看每个 Vuser 的信息，如图 6-50 所示。

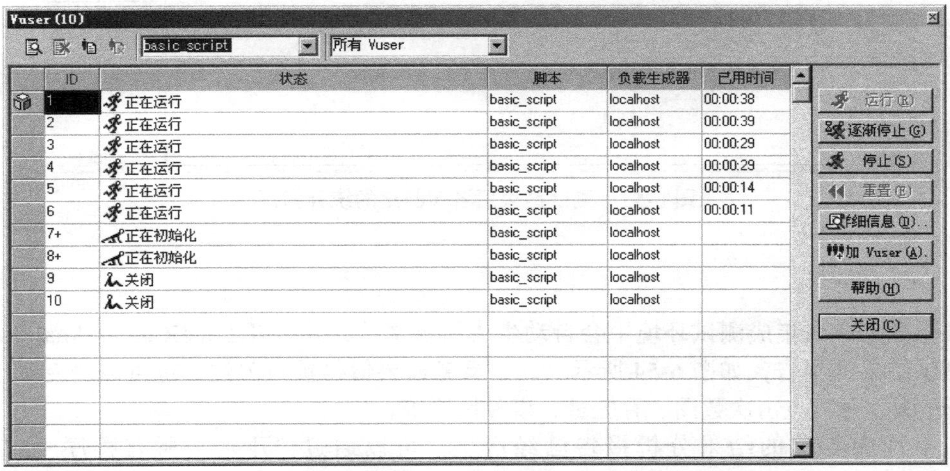

ID	状态	脚本	负载生成器	已用时间
1	正在运行	basic_script	localhost	00:00:38
2	正在运行	basic_script	localhost	00:00:39
3	正在运行	basic_script	localhost	00:00:29
4	正在运行	basic_script	localhost	00:00:29
5	正在运行	basic_script	localhost	00:00:14
6	正在运行	basic_script	localhost	00:00:11
7+	正在初始化	basic_script	localhost	
8+	正在初始化	basic_script	localhost	
9	关闭	basic_script	localhost	
10	关闭	basic_script	localhost	

图 6-50　查看所有 Vuser 的运行状况

如果在脚本中设置了集合点，则在场景组 Vuser 状态中可查看到 Vuser 运行的状态信息，如图 6-51 所示。

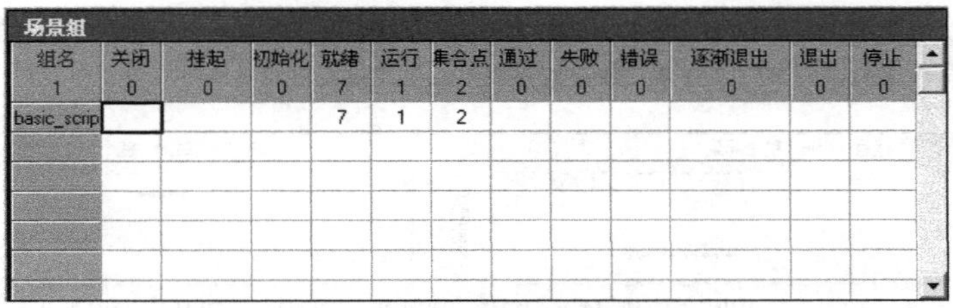

图 6-51　场景组中 Vuser 状态

（4）待所有的 Vuser 运行停止，场景运行状态显示"关闭"，如图 6-52 所示。

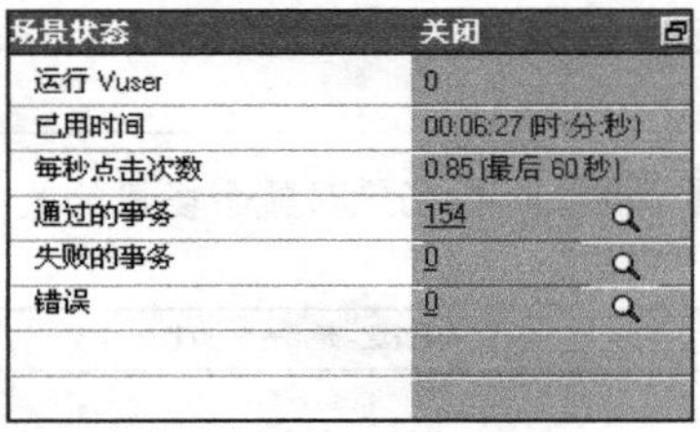

图 6-52　测试运行结束，场景状态显示"关闭"

在 Vuser 对话框查看每个 Vuser 的运行状态（如执行任务的次数、成功迭代次数及已用时间），如图 6-53 所示。

图 6-53　测试结束后各 Vuser 的统计情况

6.4.4　结果分析

当测试完毕在集成测试环境中会自动生成结果文件，并打开 LoadRunner Analysis 窗口显示测试结果的报告，如图 6-54 所示。其中事务概要值得重点关注，也可以研究其他如运行 Vuser 图、每秒点击次数图、吞吐量、事务摘要等。

如果性能测试的结果分析报告已经产生，可以通过"开始→所有程序→ Mercuty LoadRunner → LoadRunner → Analysis Load Tests"命令打开 Analysis，再通过 File → Open 打开已存在的结果文件。

在确认测试结果有效之后，就可以对测试数据进行深入的分析和挖掘，由表及里、层层深入，既要从表面现象中获取信息，更要从请求发出到获得应答的过程中探究被测系统的方方面面。

图 6-54　测试的结果分析报告

LoadRunner 的通用性能分析流程如下：

（1）从分析概要事务的执行情况入手。概要主要用于判定事务的响应时间与执行情况是否合理。如果发现问题，则需要做进一步分析。通常情况下，如果事务执行情况失败或响应时间过长等，都需要做深入分析。下面是查看分析概要时的一些原则。

- 用户是否全部运行，最大运行并发用户数（maximum running Vusers）是否与场景设计的最大运行并发用户数一致。如果不是，则需要打开与虚拟用户相关的分析图，进一步分析虚拟用户不能正常运行的详细原因。
- 用户是否可以接受 90% 事务最大响应时间。如果事务响应时间过长，则要打开与事务相关的各类分析图，深入地分析事务的执行情况。
- 查看事务是否全部通过。如果有事务失败，则需要深入分析原因。很多时候，事务不能正常执行意味着系统出现了瓶颈。
- 如果一切正常，则本次测试没有必要进行深入分析，可以进行加大压力测试。
- 如果事务失败过多，则应该降低压力继续进行测试，使结果分析更容易进行。

上面这些原则都是分析概要的一些常见方法，应该灵活使用并不断地进行总结与完善。

（2）查看负载生成器和服务器的系统资源情况。查看分析概要后，接下来要查看负载生成器和待测服务器的系统资源使用情况：查看 CPU 的利用率和内存使用情况，尤其要注意查看是否存在内存泄露问题。这样做是由于很多时候系统出现瓶颈的直接表现是 CPU 利用率过高或内存不足。应保证负载生成器在整个测试过程中，其 CPU、内存、带宽没有出现瓶颈，否则测试结果无效。对于待测试服务器，则重点分析测试过程中 CPU 和内存是否出现了瓶颈：对于 CPU，需要查看其利用率是否经常达到 100% 或平均利用率一直高居 95% 以上；对于内存，需要查看其是否够用以及测试过程是否存在溢出现象（对于一些中间件服务器要查看其分配的内存是否够用）。

（3）查看虚拟用户与事务的详细执行情况。

- 如果出现了大于 3 个用户的业务操作失败，或出现了服务器死机的情况，则说明在当前环境下，系统承受不了当前并发用户的负载压力，那么最大并发用户数是前一个没有出现这种现象的并发用户数。根据各服务器的资源情况和业务操作响应时间进一步分析原因所在。
- 业务操作响应时间：对在方案执行期间响应时间过长的事务进行细分，并分析每个页面组件的性能。查看过长的事务响应时间是由哪些页面组件引起的？问题是否与网络或服务器有关？如果服务器耗时过长，则可使用相应的"服务器"图确定有问题的服务器，并查明该服务器性能下降的原因。如果网络耗时过长，可使用"网络监视器"图确定导致性能瓶颈的网络问题。

对于一个和 Web 相关的测试结果，Analysis 主要提供了 6 大类分析图。

- 虚拟用户图（Vuser 图）：主要包括"运行状态的 Vuser 图"（running Vusers）、"概要图"（Vuser summary）、"集合点图"（rendezous）3 类。主要借助其查看场景与会话的虚拟用户行为。
- 事务图：事务综述图、平均事务响应时间图、每秒通过事务数图、事务性能摘要图、事务响应时间与负载分析图、事务响应时间（百分比）图、事务响应时间分布图等。
- Web 资源图：点击率、吞吐率、每秒 HTTP 响应数、从 Web 服务器返回的 HTTP 状态码、每秒下载的页面数、每秒服务重试次数、每秒连接数等测试结果数据。
- 网页细分图：页面分解总图、页面组件细分图、页面组件分解图、下载时间细分图、页面下载时间细分图、第一次缓冲时间细分图、已下载组件大小图。
- 系统资源图：网络资源图、服务器资源图。
- Error 图：错误统计图、每秒错误数等。

有时候还可以把两个图放在一起，进行两个图的关联，以查看一个图的数据对另一个图的数据所产生的影响。例如，将正在运行的 Vuser 图和平均事务响应时间图相关联，以查看大量的 Vuser 对平均事务响应时间产生的影响。操作步骤如下：

（1）右击"运行状态的 Vuser 图"，选择"合并图"，如图 6-55 所示。

（2）在"合并图"对话框的"选择要合并的图"下拉列表中，选择"平均事务响应时间"，并设置"选择合并类型"为"关联"，如图 6-56 所示。

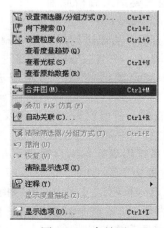

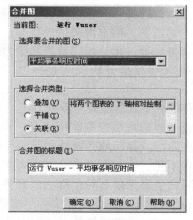

图 6-55　合并图　　　　　　　　　图 6-56　设置合并图的属性

（3）单击"确定"按钮后得到"运行 Vuser- 平均事务响应时间"图，如图 6-57 所示。

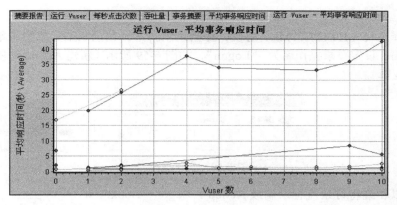

图 6-57 "运行 Vuser- 平均事务响应时间"图

通过"运行 Vuser- 平均事务响应时间"图，可以研究随着 Vuser 数量的增加，各个事务的平均响应时间的变化情况。

（4）保存当前的结果分析的会话文件，也可以直接生成 Word 形式的报告文档，如图 6-58 所示。

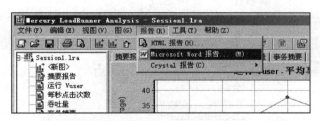

图 6-58 生成 Word 形式的报告

【实验 6-8】测试网上订票系统

本实验完成一个完整的网上订票系统的测试。利用 WebTours 录制订票业务，包含登录（Login）、订头等舱（BookFirst）及付费（PayFirst）、经济舱（BookCoach）及付费（PayCoach）、登出（Vuser_end）等操作。要求编写测试案例，并进行负载测试。

步骤

（1）录制上述订票业务流程并将上述操作定义成事务。

（2）模拟两位用户（jojo/bean、joe/young）订购机票，并参数化出发城市和目的地城市。

（3）模拟每个用户迭代 5 次，每次登录订 2 张头等舱或 3 张经济舱，概率分别为 20%、80%。

（4）在登录成功页校验用户名。

（5）在用信用卡付费前设置集合点。

（6）在 LoadRunner Controller 加载脚本，设置手动场景，按 10 个并发用户，每 10 秒启动 2 个用户，持续 5 分钟，按每 10 秒停止 5 个减压，设置最大网络带宽，思考时间为 0。

（7）设置实时监控器，监视本机的系统资源。

（8）用 LoadRunner Analysis 打开测试结果，合并运行状态的 Vuser 图和事务响应时间图。

（9）生成 Word 形式测试报告。

测试过程

（1）选择 Web（HTTP/HTML）协议，开始录制脚本，在录制工具条栏中单击 图标创建新的 Action，设定登录操作名为"Logon"，如图 6-59 所示（新建 Action 是便于下面设置复杂的运行逻辑）。

图 6-59　新建操作

（2）可以相继将订票流程录制成 Action：Logon、BookFirst、PayFirst、BookCoach、PayCoach、Logout 操作（可以将空的 Action 操作删除），在脚本视图中就会产生图 6-60 所示的操作。

（3）保存 Custom 脚本文件并及时回放，关联扫描，设置在 vuser_init 中关于 userSession 的关联。

（4）在"增强→事务"中将上述操作设置成事务。

（5）在脚本录制向导"参数化"中直接通过"参数列表"访问参数，新建参数 UserName 和 PassWord，如图 6-61 所示。

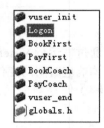

图 6-60　脚本中的 Action

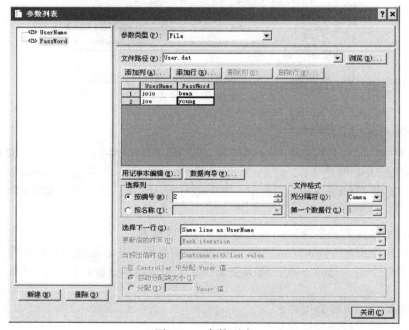

图 6-61　参数列表

设置文件为 User.dat 并添加列 PassWord，添加数据 jojo/bean、joe/young；设置参数 UserName 绑定第一列，设置"选择下一行"为 Sequential，"更新值的时间"为 Each iteration；设置参数 PassWord 绑定第二列，"选择下一行"为 Same line as UserName。这样用户和密码就相对应地绑定了。

（6）在脚本 Logon 操作中找到 username 的 Value、password 的 Value，并替换成参数 UserName 和 PassWord，修改如图 6-62 所示。

```
web_submit_data("login.pl",
    "Action=http://127.0.0.1:1080/mercuryWebTours/login.pl",
    "Method=POST",
    "RecContentType=text/html",
    "Referer=http://127.0.0.1:1080/mercuryWebTours/nav.pl?in=home",
    "Snapshot=t2.inf",
    "Mode=HTML",
    ITEMDATA,
    "Name=userSession", "Value={WCSParam_Diff1}", ENDITEM,
    "Name=username", "Value={UserName}", ENDITEM,
    "Name=password", "Value={PassWord}", ENDITEM,
    "Name=JSFormSubmit", "Value=off", ENDITEM,
    "Name=login.x", "Value=66", ENDITEM,
    "Name=login.y", "Value=6", ENDITEM,
    LAST);
```

图 6-62 参数化用户和密码后的脚本

（7）参数化所有的出发城市和到达城市并回放，进行相关的关联，最终使脚本能成功回放。

（8）在 Logon Action 树视图中设置登录用户名的文本检查（web_reg_find），如图 6-63 所示。

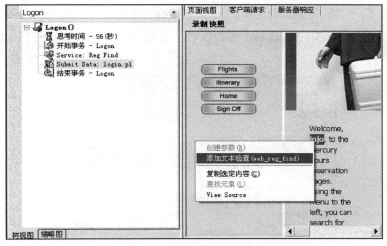

图 6-63 设置登录用户名的文本检查

（9）在弹出的"查找文本"对话框中设置"搜索特定文本"为 {UserName}，如图 6-64 所示。

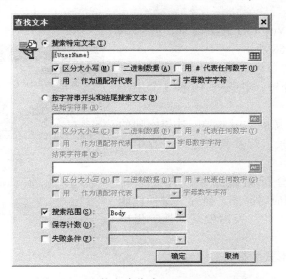

图 6-64 查找文本绑定"{UserName}"

（10）在用信用卡付费前设置集合点。

（11）修改运行时设置，设置迭代次数5，在相应的位置插入块和子块，并在子块中分别插入订购经济舱和头等舱的操作，如图6-65所示。

（12）修改Block0的"运行逻辑"为Random，如图6-66所示。

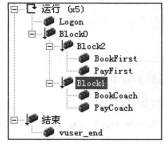

图6-65　插入块的运行逻辑　　　　图6-66　设置Block0的"运行逻辑"

（13）可以设置Block1和Block2迭代次数，设置x3、x2的随机百分比为80%、20%，如图6-67所示。

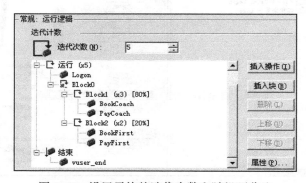

图6-67　设置子块的迭代次数和随机百分比

（14）在运行时设置中忽略思考时间，使用最大网络宽带，取消将每个Action作为事务。

（15）创建10个Vuser的手动场景，并加载Custom脚本，如图6-68所示。

（16）编辑测试计划设置按每10秒启动2个Vuser加压，持续5分钟，并按每10秒5个用户减压。

（17）添加本地资源的实时监控，连接本地的负载生成器、运行场景，观察测试运行过程中出现的异常情况。

（18）测试完毕分析测试结果，合并运行Vuser图和平均事务响应时间图，研究关键性能指标在测试过程中的变化，及时发现问题，提出相应的测试改进方法。

（19）输出Word形式的报告。

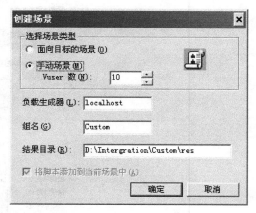

图6-68　创建手动场景

6.5   实验安排说明

本章安排了 8 个实验：
- 【实验 6-1】录制航班订票过程脚本
- 【实验 6-2】确认订票流程
- 【实验 6-3】插入事务
- 【实验 6-4】用户名的参数化
- 【实验 6-5】添加检查点
- 【实验 6-6】设置手动场景
- 【实验 6-7】运行场景
- 【实验 6-8】测试网上订票系统

前 7 个实验为分步实验，是整个性能测试的一部分工作，便于学习基本概念和确认实验过程的正确性。第 8 个实验是一个较为完整的测试过程。

6.6   小结

LoadRunner 是一种性能的负载测试工具。通过模拟成千上万的用户进行并发负载及实时的性能检测来查找、发现问题，并能对整个企业架构进行测试。通过使用 LoadRunner 自动化性能测试工具，能够最大限度地缩短测试时间，优化性能和加速应用系统的发布周期。

LoadRunner 控制器是创建并运行测试的工具，它能准确模拟真实的工作环境。使用 LoadRunner 测试系统，必须创建一个场景，包含关于测试会话信息的文件。场景是一种模拟实际用户的方式。场景包含有关如何模拟实际用户的信息：虚拟用户组将运行的测试脚本以及用于运行这些脚本的负载生成器计算机。

本章介绍了 LoadRunner 的基本操作，包括录制脚本、回放脚本、场景设计。

6.7   习题

1. 运用 VuGen 录制、回放脚本（进行必要的录制和回放设置）。
2. 对录制脚本进行修改（事务、参数化、内容检查、集合点）。
3. 将实验 6-8 中座位的类型参数化，并将运行时迭代次数设置为 4 次，回放脚本并进行相关的修改，最后能成功回放，并记录相关信息。
4. 掌握利用 LoadRunner 自带的 Basic_Script 脚本进行负载设置以及负载运行和资源的监控，并生成测试报告的步骤和操作。
5. 修改 Vuser 用户数、运行时设置、编辑计划等，再比较两次的测试结果。
6. 利用实验 6-6 中所录制编辑的脚本进行负载测试，并记录相关信息。
7. 对测试用例进行多次不同负载压力的测试。

## 第 7 章

单元测试工具

7.1 JUnit 简介

单元测试是开发者编写一小段代码，检验被测代码的某个明确功能是否正确。通常，单元测试用于判断某个特定条件或者场景下某个特定函数的行为。执行单元测试，是为了证明某段代码的行为确实和开发者所期望的一致。

JUnit 是一个优秀的 Java 单元测试框架，由两位世界级软件大师 Erich Gamma 和 Kent Beck 共同开发完成。JUnit 是一个开源的 Java 单元测试框架，是 XUnit 测试架构的一种实现。

在设计 JUnit 单元测试框架时，设定了 3 个总体目标：

- 简化测试文档的编写，这种简化包括测试框架的学习和实际测试单元的编写。
- 使测试单元保持持久性。
- 可以利用既有的测试来编写相关的测试。

JUnit 使用以模式产生架构的方式来设计系统。其思想是从零开始应用设计模式，然后一个接一个，直至最终获得合适的系统架构。

JUnit 的核心包括 3 个部分：

- TestCase（测试用例）：扩展了 JUnit 的 TestCase 类，它以 testXXX( ) 方法的形式包含一个或多个测试。
- TestSuite（测试集合）：一个 TestSuite 把多组相关测试归入一组测试中。
- TestRunner（测试运行器）：执行 TestSuite 的程序。

当需要更多的 TestCase 时，可以创建更多的 TestCase 对象。当需要一次执行多个 TestCase 对象时，可以创建一个 TestSuite 对象，但是为了执行 TestSuite 对象，需要使用 TestRunner 对象。

7.2 JUnit 设计模式

7.2.1 命令模式

JUnit 是一个测试框架，测试人员只需开发测试用例，然后把这些测试用例（TestCase）组成一个或者多个请求，发送到 JUnit，然后由 JUnit 执行，最后报告详细的测试结果。其中包括执行时间、错误方法、错误位置等。这样，测试用例的开发人员就不需要知道 JUnit 内部的细节，只要符合它定义的请求格式即可。

从 JUnit 的角度考虑，它并不需要知道请求 TestCase 的具体操作信息，仅把它当作一种命令来执行，然后把执行测试结果发给测试人员。这样就使 JUnit 框架和 TestCase 的开发人员相互独立，使得请求的一方不必知道接收请求一方的详细信息，更不必知道是怎样被接收以及怎样被执行的，从而实现系统的松耦合。

命令（command）模式能够较好地满足需求，其意图是将一个请求封装成一个对象，从而使用户可用不同的请求对客户进行参数化，对请求进行排队或记录请求日志。命令模式告诉我们可以为一个操作生成一个对象并给出它的一个执行方法。

为了实现命令模式，首先定义一个接口 Test，其中 Run 是命令模式的执行方法。然后使用默认适配器模式为这个接口提供默认实现的抽象类 TestCase，这样开发人员就可以从这个默认实现进行继承，而不必从 Test 接口直接实现。

Test 接口有一个 countTestCases 方法，用来统计这次测试有多少个 TestCase，另外一个方法就是命令模式的执行方法，这里命名为 run，参数 TestResult 用来统计测试结果。Test 接口定义如下：

```
public interface Test {
    public abstract int countTestCases();
    public abstract void run(TestResult result);
}
```

TestCase 是实现该接口的抽象类，它增加了一个测试名称属性，因为每一个 TestCase 在创建时都要有一个名称，如果一个测试失败了，便可识别出哪个测试失败了。TestCase 类定义如下：

```
public abstract class TestCase extends Assert implements Test {
    private String fName;
    public void run(TestResult result) {
        result.run(this);
    }
}
```

这样，测试人员编写测试用例时，只需继承 TestCase 来完成 run 方法即可，然后 JUnit 获得测试用例的请求，执行它的 run 方法，把测试结果记录在 TestResult 之中。

使用命令模式给系统的架构带来了下面的作用：

- 命令模式将实现请求一方（TestCase 开发）和调用一方（JUnit）的解耦。
- 命令模式使新的 TestCase 很容易加入，无需改变已有的类，只需继承 TestCase 类即可，这样方便了测试人员。
- 命令模式可以将多个 TestCase 组合成一个复合命令，用户看到的 TestSuite 就是它的复合命令。
- 命令模式容易把请求的 TestCase 组合成请求队列，这样使 JUnit 框架容易决定是否执行请求，一旦发现测试用例失败或者错误可以立刻停止运行并报告。

7.2.2　组合模式

通过使用命令模式，JUnit 能够方便地在运行一个单独的测试用例之后产生测试结果。可是在实际的测试过程中，需要把多个测试用例进行组合使其成为一个复合的测试用例，从而当作一个请求发送给 JUnit。JUnit 必须考虑测试请求的类型是单个的 Test-Case 还是复合的 TestCase，甚至要区分到底有多少个 TestCase。因此，JUnit 框架要完成下面的代码：

```
if(isSingleTestCase(objectRequest)){
```

```
        (TestCase)objectRequest.run()
    }else if(isCompositeTestCase(objectRequest)){
        ...

    }
```

　　如果是单个的 TestCase，执行 run 方法获得单个测试结果；如果是复合的 TestCase，就要执行不同的操作，然后用复杂的算法进行分解，之后再运行每一个 TestCase，最后获得测试结果。另外，还要考虑如果中间测试出现错误应该怎么办。

　　实际上，大多数情况下，测试人员认为这两者是一样的。两者的区别会使测试用例的编写变得更加复杂，难以维护和扩展。怎样设计 JUnit 才可以实现不需要区分单个 TestCase 和复合 TestCase，而把它们统一成相同的请求？

　　当 JUnit 不必区分其运行的是一个或多个测试用例时，解决这个问题的模式就是组合（composite）模式。其意图是将对象组合成树形结构以表示部分 – 整体的层次结构。组合模式使得用户对单个对象和复合对象的使用具有一致性。部分 – 整体的层次结构是解决问题的关键，可以把单个 TestCase 看作部分，而把复合 TestCase 看作整体（称为 TestSuite）。这样使用该模式便可以恰到好处地解决这个难题。

　　组合模式引入以下对象：

- Component 对象：这是一个抽象角色，它给参加组合的对象定义一个接口。这个角色给出共有的接口和默认行为。例如，Test 接口定义了 run 方法。
- Composite 对象：实现共有接口并维护一个测试用例的集合。例如，复合测试用例 TestSuite。
- Leaf 对象：代表参加组合的对象，它没有下级子对象，仅定义参加组合的原始对象的行为，其实就是单一的测试用例 TestCase，它仅实现 Test 接口的方法。

　　组合模式根据所实现的接口类型分为安全式和透明式。JUnit 中使用了安全式的结构，这样在 TestCase 中不需要管理子对象的方法。

　　组合模式告诉我们要引入一个 Component 抽象类，为 Leaf 对象和 Composite 对象定义公共的接口。在 Java 中使用组合模式时，优先考虑使用接口而非抽象类，因此引入一个 Test 接口。当然，Leaf 对象就是 TestCase。

　　下面给出组合模式的源码，将其取名为 TestSuite 类。TestSuite 的 fTests 属性（Vector 类型）中保存了其子测试用例，提供 addTest 方法来实现增加子对象 TestCase，并且提供 testCount 和 tests 等方法来操作子对象。最后通过 run 方法实现对其子对象进行委托，并提供了 addTestSuite 方法实现递归，构造成树形。

```
public class TestSuite implements Test {
    private Vector fTests= new Vector(10);
    public void addTest(Test test) {
        fTests.addElement(test);
    }
    public Enumeration tests() {
        return fTests.elements();
    }
    public void run(TestResult result) {
        for (Enumeration e= tests(); e.hasMoreElements(); ) {
            Test test= (Test)e.nextElement();
            runTest(test, result);
        }
```

```
    }
    public void addTestSuite(Class testClass) {
        addTest(new TestSuite(testClass));
    }
}
```

组合模式的实现结构如图 7-1 所示。

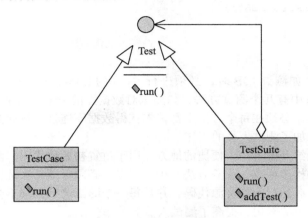

图 7-1　组合模式的实现结构

注意：上面的代码是对 Test 接口进行实现的。由于 TestCase 和 TestSuite 两者都符合 Test 接口，可以通过 addTestSuite 递归地将 TestSuite 再组合成 TestSuite，这样将构成树形结构。所有开发者都能够创建自己的 TestSuite。测试人员可创建一个组合了这些测试用例的 TestSuite 来运行所有的 TestCase。

```
public static TestSuite() {
    TestSuite suite1 = new TestSuite("我的测试TestSuit1");
    TestSuite suite2 = new TestSuite("我的测试TestSuit2");
    suite1.addTestSuite(untitled6.Testmath.class);
    suite2.addTestSuite(untitled6.Testmulti.class);
    suite1.addTest(suite2);
    return suite1;
}
```

使用组合模式，给系统的架构带来的效果如下：
- 简化了 JUnit 的代码。JUnit 可以统一处理组合结构 TestSuite 和单个对象 TestCase，使 JUnit 开发变得简单容易，因为不需要区分部分和整体，从而不需要写 if-else 选择语句。
- 定义了 TestCase 对象和 TestSuite 的类层次结构，基本对象 TestCase 可以被组合成更复杂的组合对象 TestSuite，而这些组合对象又可以被组合，不断地递归下去。在程序中，任何使用基本对象的地方都可使用组合对象，简化了系统的维护和开发。
- 更容易增加新类型的 TestCase。

7.2.3　模板方法模式

在实际的测试中，为了测试业务逻辑，必须构造一些参数或者一些资源，最后必须释放这些系统资源。例如，当测试数据库应用时，必须创建数据库连接（connection），然后执行操作，最后必须释放数据库的连接等。代码如下：

```
public void testUpdate(){
    DriverManager.registerDriver(new oracle.jdbc.OracleDriver());
    String url = "jdbc:oracle:thin:@localhost:1521:ORA91";
    Connection conn = DriverManager.getConnection (url, "hr", "hr");
    ResultSet rset = stmt.executeQuery ("select FIRST_NAME, LAST_NAME
        from EMPLOYEES");
    ...
    conn.close ();
}
```

　　这种情况很多，如测试 EJB 时，必须进行 JNDI 的 LookUp 操作，获得 Home 接口等。如果在一个 TestCase 中有几个测试方法，如测试对数据库的 Insert、Update、Delete、Select 等操作，那么这些操作必须在每个方法中都首先获得数据库连接，然后测试业务逻辑，最后释放连接，这样就增加了测试人员的工作。

　　要解决的问题是给开发者一个便捷的地方，用于放置初始化代码、测试代码和释放资源代码，类似于对象的构造函数、业务方法、析构函数。必须保证每次运行测试代码之前，都运行初始化代码，最后运行释放资源代码，并且每一个测试的结果都不会影响其他的测试结果。这样就达到了代码的复用，提高了测试人员的效率。

　　模板方法（template method）模式较好地解决这个问题。其意图是定义一个操作中算法的骨架，并将一些步骤延迟到子类中。模板方法使得子类不改变一个算法的结构即可重新定义该算法的某些特定步骤。这样，可以使测试者分别考虑如何编写初始化和释放资源代码，以及如何编写测试代码。不管怎样，这种执行的次序对于所有测试均保持相同。

　　模板方法的静态结构涉及两个角色，有如下功能：

- AbstractClass 定义多个抽象操作，以便让子类实现。一个具体的模板方法给出了一个顶级逻辑骨架，而逻辑的组成步骤在相应的抽象操作中，推迟到子类中实现。模板方法也有可能调用一些具体的方法。
- ConcreteClass 实现父类的抽象操作方法，它们是模板方法的组成步骤。每一个 AbstractClass 可能有多个 ConcreteClass 与之对应，而每一个 ConcreteClass 分别实现抽象操作，从而使得顶级逻辑的实现各不相同。

可以把 TestCase 分成几个方法，包括定义抽象操作的方法和具体的模板方法。例如：

```
public abstract class TestCase extends Assert implements Test {
    //定义抽象操作的方法，以便让子类实现
    protected void setUp() throws Exception {
    }
    protected void runTest() throws Throwable {
    }
    protected void tearDown() throws Exception {
    }
    //具体的模板方法，定义逻辑骨架
    public void runBare() throws Throwable {
        setUp();
        runTest();
        tearDown();
    }
}
```

setUp 方法让测试人员实现初始化测试信息，如数据库的连接、EJB Home 接口的 JNDI 等。tearDown 方法实现测试完成后的资源释放等清除操作。runTest 方法是开发人员实现的测试业务逻辑。runBare 方法是模板方法，实现测试的逻辑骨架，而测试逻辑的组成步骤 setUp、runTest、tearDown 推迟到具体的子类实现，如一个具体的测试类。

```
public class TestHelloWorldTestClientJUnit1 extends TestCase {
    public void setUp() throws Exception {
        initialize();                  //初始化JNDI信息
        create();                      //获得EJB的Home接口和远程接口
    }
    public void testGetMessage() throws RemoteException {
        assertNotNull(ERROR_NULL_REMOTE, helloWorld);
        this.assertEquals("Hello World",helloWorld.getMessage(""));
                                       //测试业务逻辑
    }
    public void tearDown() throws Exception {
        helloWorldHome = null;         //释放EJB的Home接口
        helloWorld = null;             //释放EJB的远程接口
    }
}
```

子类实现了 setUp、tearDown 方法和一个测试方法 testGetMessage。类的关系图如图 7-2 所示。

使用模板方法模式，给系统的架构带来的效果如下：

- 在各个测试用例中的公共行为（初始化信息和释放资源等）被提取出来，可以避免代码的重复，简化了测试人员的工作。
- 在 TestCase 中实现一个算法的不变部分，并且将可变的行为留给子类来实现，增强了系统的灵活性。JUnit 框架仅负责算法的轮廓和骨架，而测试的开发人员则负责给出这个算法的各个逻辑步骤。

7.2.4 适配器模式

命令模式依赖于一个单独的像 execute() 这样的方法（在 TestCase 中称为 run()）来对其进行调用，这样允许我们通过相同的接口来调用一个命令的不同实现。

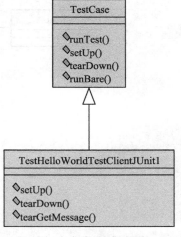

图 7-2　类的关系图

如果实现一个测试用例，就必须实现继承 TestCase，然后实现 run 方法，实际是 testRun，测试人员使所有的测试用例都继承相同的类，这样会产生大量的子类，使系统的测试、维护相当困难，并且 setUp 和 tearDown 仅为这个 testRun 服务，其他的测试也必须完成相应的代码，从而增加了开发人员的工作量。

为了避免类的急剧扩散，试想一个给定的测试用例类可以实现许多不同的方法，每一个方法都有一个描述性的名称，如 testGetMessage 或 testSetMessage。这样的测试用例并不符合简单的命令接口，因此又会带来另外一个问题，即从测试调用者的角度来看所有测试方法（JUnit 框架）都是相同的。怎样解决接口不匹配的问题？

适配器（adapter）模式将一个类的接口转换成客户希望的另外一个接口，把具有一定规则的描述性方法（如 testGetMessage），转化为 JUnit 框架所期望的命令（TestCase 的 run），从而方便框架执行测试。适配器又分为类适配器和对象适配器。类适配器是静态的实现，在这里不适用，这里使用对象适配器。

对象适配器模式的结构涉及 3 个对象：

- Target：系统所期望的目标接口。
- Adaptee：现有需要适配的接口。
- Adapter：适配器对象（把源接口转化成目标接口）。

在实现对象的适配时，首先在 TestCase 中定义测试方法的命名规则，格式必须是 public void testXXXXX()。解析方法的名称时，如果符合规则认为是测试方法，然后使用适配器模式把这些方法适配成命令模式的 runTest 方法。在实现时使用了 Java 的反射技术，这样便可容易地实现动态适配。代码如下：

```
protected void runTest() throws Throwable {
    Method runMethod= getClass().getMethod(fName, null);
    runMethod.invoke(this, new Class[0]);
}
```

使用名称获得对象的方法，如 testGetMessage，然后动态调用，适配成 runTest 方法。在这里，目标接口 Target 和适配器 Adapter 变成了同一个类 TestCase，而测试用例作为 Adaptee。其结构图如图 7-3 所示。

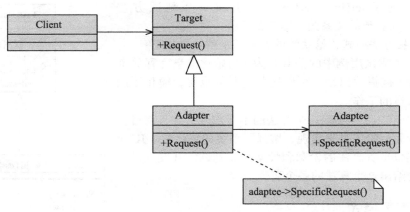

图 7-3　适配器结构

使用适配器模式，给系统的架构带来的效果如下：

- 简化了测试用例的开发，通过按照方法命名的规范来开发测试用例，不需要进行大量的类继承，提高了代码的复用率，减轻了测试人员的工作量。
- 使用 Adapter 可以重新定义 Adaptee 的部分行为，如增强异常处理等。

7.2.5　观察者模式

只有当测试失败时，测试才是有意义的，尤其是当我们没有预期到它们会失败的时候。更有甚者，测试能够以我们所预期的方式失败。JUnit 区分了失败和错误。失败的可能性是可预期的，且使用断言来进行检查，而错误则是不可预期的，如 ArrayIndexOut-OfBoundsException。因此，必须报告测试的进行状况，或者打印到控制台，或者以文件形式输出，或者输出到 GUI 界面，或者同时输出到多种介质。例如，JUnit 提供了 Text、AWT 和 Swing 三种运行方式，且需要提供方便的扩展接口，这样就存在对象间的依赖关系。当测试进行时的状态发生改变时（TestCase 的执行有错误或者失败等），所有依赖这些状态的对象必须自动更新，但是 JUnit 不希望为了维护一致性而使各个类紧密耦合，因为这样会降低它们的重用性。

观察者（observer）模式是行为模式，又称为发布－订阅（publish/subscribe）模式、模型－视图（model/view）模式、源－监听器（source/listener）模式。观察者模式定义对象间的一对多的依赖关系，当一个对象的状态发生改变时，所有依赖于它的对象都得到通知并自动更新。在 JUnit 测试用例时，测试信息一旦发生改变，如发生错误或者失败、结束测试等，各种输出就要相应地更新，如文本输出要在控制台打印信息，GUI 则在图形中标记错误信息等。

观察者模式的对象如下：

- Subject 对象：提供注册和删除观察者对象的方法，可以保存多个观察者。
- ConcreteSubject 对象：当它的状态发生改变时，向它的各个观察者发出通知。
- Observer 对象：为那些在目标发生改变时需要获得通知的对象定义一个更新接口。
- ConcreteObserver 对象：实现更新接口。

首先定义观察者的是 TestListener，它是一个接口，定义了几个方法，说明它监听的方法。测试开始，发生失败、发生错误、测试结束等监听事件的时间点由具体的类来实现。TestListener 接口的代码如下：

```
public interface TestListener {
    public void addError(Test test, Throwable t);
    public void addFailure(Test test, AssertionFailedError t);
    public void startTest(Test test);
    public void endTest(Test test);
}
```

JUnit 有 3 种方式来实现 TestListener，即 TextUI、AWTUI、SwingUI，且很容易让开发人员进行扩展。在 TextUI 方式下，它由一个类 ResultPrinter 实现：

```
public class ResultPrinter implements TestListener {
    PrintStream fWriter;
    public PrintStream getWriter() {
        return fWriter;
    }
    public void startTest(Test test) {
        getWriter().print(".");
    }
    public void addError(Test test, Throwable t) {
        getWriter().print("E");
    }
    public void addFailure(Test test, AssertionFailedError t) {
        getWriter().print("F");
    }
    public void endTest(Test test) {
    }
}
```

JUnit 使用 TestResult 来收集测试的结果，它使用 Collecting Parameter（收集参数）设计模式。它实际是 ConcreteSubject。在 JUnit 中，Subject 和 ConcreteSubject 是同一个类，实

现如下：

```java
public class TestResult extends Object {
    //使用Vector来保存事件的监听者
    protected Vector fListeners = new Vector();
    // 注册TestListener
    public synchronized void addListener(TestListener listener) {
        fListeners.addElement(listener);
    }
    //注销TestListener
    public synchronized void removeListener(TestListener listener) {
        fListeners.removeElement(listener);
    }
    //通知启动测试结果
    public void startTest(Test test) {
        for (Enumeration e= cloneListeners().elements(); e.hasMoreElements(); ) {
            ((TestListener)e.nextElement()).startTest(test);
        }
    }
    //添加错误到错误列表中
    public synchronized void addError(Test test, Throwable t) {
        for (Enumeration e= cloneListeners().elements(); e.hasMoreElements(); ) {
            ((TestListener)e.nextElement()).addError(test, t);
        }
    }
        //以下省略了addFailure和endTest代码
}
```

它们的类图关系如图 7-4 所示。使用观察者模式，给系统的架构带来了以下效果：

- Subject 和 Observer 之间抽象耦合。一个 TestResult 所知道的仅仅是它有一系列的观察者，每个观察者都实现 TestListener 接口。TestResult 不必知道观察者属于哪一个具体的实现类，这样 TestResult 和观察者之间的耦合是抽象的和最小的。

- 支持广播通信。被观察者的 TestResult 会向所有登记过的观察者如 Result-Printer 发出通知。这样不像通常的请求，通知的发送不需指定接收者，目标对象并不关心到底有多少对象对自己感兴趣，它唯一的职责是通知它的观察者。

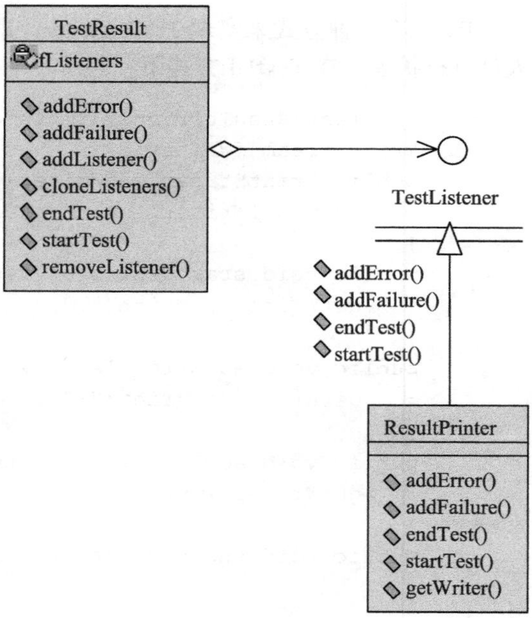

图 7-4 观察者模式的类图

7.2.6 装饰模式

TestCase 是一个极其重要的类，定义了测试步骤和测试的处理。但是作为一个框架，应该提供很方便的方式进行扩展，进行二次开发。应允许不同的开发人员开发适合自己的

TestCase，如希望 TestCase 具有多次反复执行、处理多线程、测试 Socket 等扩展功能。使用继承机制是增加功能的一种有效途径，例如，RepeatedTest 继承 TestCase 实现多次测试用例，测试人员然后继承 RepeatedTest 来实现。但是这种方法不够灵活，是静态的，因为每增加一种功能就必须继承，使子类数目呈爆炸式的增长，开发人员不能动态地控制功能增加的方式和时机。JUnit 必须采用一种合理、动态的方式进行扩展。

装饰（decorate）模式又称包装（wrapper）模式，其动态地给一个对象添加一些额外的职责，相比生成子类更为灵活，可以动态地为 TestCase 增加职责，或者可以动态地撤销和任意组合。

装饰模式的对象如下：

- Component 对象：给出抽象接口，以规范对象。
- ConcreteComponent 对象：定义一个将要接收附加责任的类。
- Decorator 对象：持有一个构件对象的实例，并且定义一个与抽象对象 Component 一致的接口。
- ConcreteDecorator 对象：负责给构件对象附加职责。

TestCase 是 ConcreteComponent 的具体构件对象。增加 Decorator 角色，开发 TestDecorator 类，首先要实现接口 Test，然后有一个私有的属性 fTest，接口的实现 run 委托给 fTest 的 run，该方法将由 ConcreteComponent 具体的装饰类来实现，以增强功能。代码如下：

```java
public class TestDecorator extends Assert implements Test {
    //将要装饰的类，给它增加功能
    protected Test fTest;
    public TestDecorator(Test test) {
        fTest= test;
    }
    public void run(TestResult result) {
        fTest.run(result);
    }
}
```

虽然 Decorator 类不是一个抽象类，但是由于它的功能是一个抽象对象，因此称它为抽象装饰。下面是一个具体的装饰类 RepeatedTest，它可以多次执行一个 TestCase，从而增强了 TestCase 的职责。

```java
public class RepeatedTest extends TestDecorator {
    private int fTimesRepeat;
    public RepeatedTest(Test test, int repeat) {
        super(test);
        fTimesRepeat= repeat;
    }
    //为ConcreteComponent增加功能，可以执行多次
    public void run(TestResult result) {
        for (int i= 0; i < fTimesRepeat; i++) {
            if (result.shouldStop())
                break;
            super.run(result);                //委托父类完成
        }
    }
}
```

装饰模式的类图如图 7-5 所示。

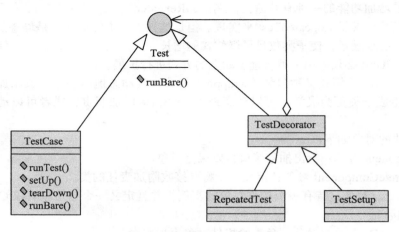

图 7-5　装饰模式的类图

可以动态地为 TestCase 增加功能，代码如下：

```
public static Test suite() {
    TestSuite suite = new TestSuite();
    suite.addTest(new TestSetup(new RepeatedTest(new Testmath("testAdd"),12)));
    return suite;
}
```

要动态地实现功能增加，首先使用一个具体的 TestCase，然后通过 RepeatedTest 为其增加功能，可以进行多次测试，然后通过 TestSetup 装饰类再次增加功能。

使用装饰模式，给系统的架构带来了以下效果：

- 实现了比静态继承更加灵活的方式，动态地增加功能。如果希望给 TestCase 增加功能，如多次测试，则不需要直接继承，而只需使用装饰类 RepeatedTest。

```
suite.addTest (new RepeatedTest(new Testmath("testAdd"),12));
```

  这样便为 TestCase 增加了功能。

- 避免在层次结构中的高层类有太多的特征。装饰模式提供了一种"即用即付"的方式来增加职责，它不使用类的多层次继承来实现功能的累积，而是从简单的 TestCase 组合出复杂的功能，如下增加了两种功能，而不用两层继承来实现：

```
suite.addTest(new TestSetup(new RepeatedTest(new Testmath("testAdd"),12)));
```

  这样开发人员不必为不需要的功能付出代价。

7.3　在 Eclipse 下为项目添加 JUnit4 库

添加 Eclipse 自带的 JUnit4

打开项目属性对话框，选择 Java Build Path，单击 Add Library 按钮，在弹出的 Add Library 对话框中选择 JUnit，单击 Finish 按钮，如图 7-6 所示。

添加 JUnit 其他方法

打开项目属性对话框，选择 Java Build Path，单击 Add External JARs 按钮，在弹出的 JAR Selection 对话框中选择 JUnit 地址后单击"打开"按钮，如图 7-7 所示。

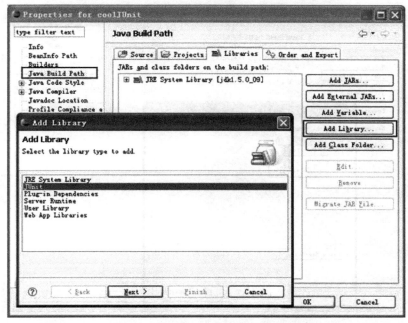

图 7-6　添加 Eclipse 自带的 JUnit4

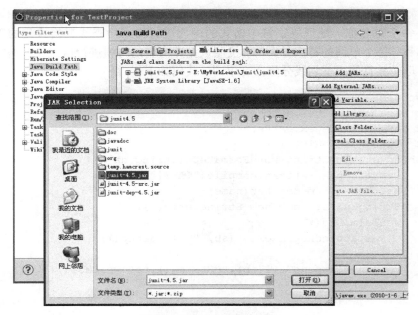

图 7-7　从外部添加 JUnit4

修改代码目录

接下来分别为单元测试代码和被测试代码创建单独的目录，单元测试代码和被测试代码使用一样的包、不同的目录。

打开项目属性对话框，选择 Java Build Path，单击 Add Folder 按钮，在弹出的 Source Folder Selection 对话框中添加一个新目录，并把它加入项目源代码目录中，单击 OK 按钮，如图 7-8 所示。

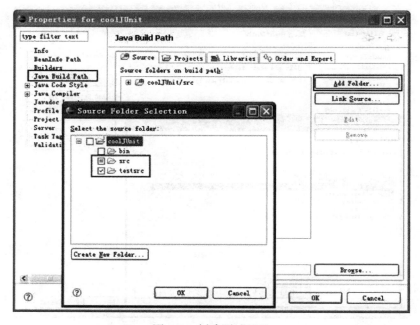

图 7-8　创建测试目录

执行

下面是一个对名称、地址等字符串格式的内容进行格式检查或者格式化的工具类，将 Java 对象名称（每个单词的首字母大写）按照数据库命名的习惯进行格式化，格式化后的数据为小写字母，并且使用下划线分隔命名单词。代码如下：

```java
package com.ai92.cooljunit;
import java.util.regex.Matcher;
import java.util.regex.Pattern;
public class WordDealUtil {
    public static String wordFormat4DB(String name){
        Pattern p = Pattern.compile("[A-Z]");
        Matcher m = p.matcher(name);
        StringBuffer sb = new StringBuffer();
        while(m.find()){
            m.appendReplacement(sb, "_"+m.group());
        }
        return m.appendTail(sb).toString().toLowerCase();
    }
}
```

单元测试代码如下：

```java
package com.ai92.cooljunit;
import static org.junit.Assert.assertEquals;
```

```
import org.junit.Test;
public class TestWordDealUtil {
    //测试wordFormat4DB正常运行的情况
        @Test public void wordFormat4DBNormal(){
        String target = "employeeInfo";
        String result = WordDealUtil.wordFormat4DB(target);
        assertEquals("employee_info", result);
    }
    //测试null时的处理情况
        @Test public void wordFormat4DBNull(){
        String target = null;
        String result = WordDealUtil.wordFormat4DB(target);
            assertNull(result);
    }
    //测试空字符串的处理情况
        @Test public void wordFormat4DBEmpty(){
            String target = "";
            String result = WordDealUtil.wordFormat4DB(target);
            assertEquals("", result);
    }
    //测试首字母大写时的情况
        @Test public void wordFormat4DBegin(){
            String target = "EmployeeInfo";
            String result = WordDealUtil.wordFormat4DB(target);
            assertEquals("employee_info", result);
    }
    //测试尾字母大写时的情况
        @Test public void wordFormat4DBEnd(){
            String target = "employeeInfoA";
            String result = WordDealUtil.wordFormat4DB(target);
            assertEquals("employee_info_a", result);
    }
    //测试多个相连字母大写时的情况
        @Test public void wordFormat4DBTogether(){
            String target = "employeeAInfo";
            String result = WordDealUtil.wordFormat4DB(target);
            assertEquals("employee_a_info", result);
    }
}
```

测试方法必须使用注解 org.junit.Test 修饰，还必须使用 public void 修饰，而且不能带有任何参数。右击测试类，选择 Run As JUnit Test 命令。运行结果如图 7-9 所示。

运行界面提示我们有两个测试情况未通过测试：

- 当首字母大写时得到的处理结果与预期的有偏差，造成测试失败。
- 当测试对 null 的处理结果时，直接抛出了异常测试错误。

JUnit 将测试失败的情况分为两种：failure 和 error。failure 一般由单元测试使用的断言方法判断失败引起，它表示在测试点发现了问题；而 error 则是由代码异常引起，这是测试目的之外的发现，它可能产生于测试代码本身的错误（测试代码也是代码，同样无法保证完全没有缺陷），也可能是被测试代码中的一个隐藏的缺陷。

测试套件

创建一个空类作为测试套件的入口。使用注解 org.junit.runner.RunWith 和 org.junit.runners.Suite.SuiteClasses 修饰空类。将 org.junit.runners.Suite 作为参数传入注解 RunWith，以提示 JUnit 为此类使用套件运行器执行。将需要放入此测试套件的测试类组成数组作为注解 SuiteClasses 的参数。保证这个空类使用 public 修饰，而且存在公开的不带有任何参数的构造函数。

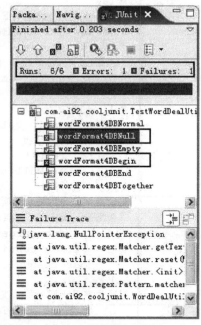

图 7-9　执行测试结果

```
package com.ai92.cooljunit;
import org.junit.runner.RunWith;
import org.junit.runners.Suite;
@RunWith(Suite.class)
@Suite.SuiteClasses({xx1.class, xx2.class})
    public class RunAllUtilTestsSuite {
}
```

7.4　JUnit4 单元测试框架

JUnit4 是 JUnit 框架有史以来的最大改进，其主要目标是利用 Java5 的 Annotation（元数据）特性简化测试用例的编写。Annotation 元数据是描述数据的数据，它在 Java 里面可以像 public、static 等关键字一样来修饰类名、方法名、变量名。修饰的作用是描述数据的作用，类似于 public 描述数据是公有的。我们先看一下在 JUnit 中是怎样写一个单元测试的。例如，对于下面的类：

```
public class AddOperation {
        public int add(int x,int y){
        return x+y;
    }
}
```

我们要测试 add 这个方法，编写的单元测试代码如下：

```
import junit.framework.TestCase;
import static org.junit.Assert.*;
public class AddOperationTest extends TestCase{
        public void setup( ) throws Exception {
    }
        public void tearDown( ) throws Exception {
    }
        public void testAdd( ) {
            System.out.println(\"add\");
            int x = 0;
            int y = 0;
            AddOperation instance = new AddOperation( );
            int expResult = 0;
            int result = instance.add(x, y);
            assertEquals(expResult, result);
        }
    }
```

可以看到上面的类使用了 JDK5 中的静态导入功能，这个相对来说很简单，只要在 import 关键字后面加上 static 关键字，就可以把后面的类的 static 变量和方法导入这个类中，调用的时候和调用自己的方法没有任何区别。

上面的单元测试代码要求比较严格，例如，单元测试类必须继承自 TestCase，要测试的方法必须以 test 开头。

上面的单元测试实例在 JUnit4 中不会这么复杂。代码如下：

```java
import junit.framework.TestCase;
import org.junit.After;
import org.junit.Before;
import org.junit.Test;
import static org.junit.Assert.*;
public class AddOperationTest extends TestCase{
    public AddOperationTest( ) {
}
    @Before
    public void setUp() throws Exception {
    }
    @After
    public void tearDown() throws Exception {
    }
    @Test
        public void add( ) {
            System.out.println(\"add\");
            int x = 0;
            int y = 0;
            AddOperation instance = new AddOperation();
            int expResult = 0;
            int result = instance.add(x, y);
            assertEquals(expResult, result);
        }
}
```

我们可以看到，采用 Annotation 的 JUnit 不要求必须继承 TestCase，而且测试方法也不必以 test 开头，只要以 @Test 元数据来描述即可。

7.5 Eclipse 单元测试

我们在编写大型程序的时候，需要写成千上万个方法或函数，每编写完一个函数之后，都应该对这个函数的方方面面进行测试，这样的测试称为单元测试。

7.5.1 Eclipse 单元测试的基本过程

采用传统的编程方式，进行单元测试是一件很麻烦的事情，程序员需要重新写另外一个程序，在该程序中调用需要测试的方法，并且仔细观察运行结果，查看是否有错。正因为如此麻烦，所以程序员不愿意编写单元测试程序。JUnit4 单元测试包简化了测试所要做的工作。本节介绍在 Eclipse 中使用 JUnit4 进行单元测试的方法。

【实验 7-1】计算器类的测试

（1）新建一个项目 JUnitTest，编写一个 Calculator 类，这是一个能够实现加、减、乘、除、平方、开方的计算器类，然后对这些功能进行单元测试。这个类并不是很完善，我们故意保留了一些错误用于演示如何发现这些错误。该类代码如下：

```java
package andycpp;
public class Calculator ...{
private static int result;                    // 静态变量，用于存储运行结果
    public void add(int n) ...{
        result = result + n;
    }
    public void substract(int n) ...{
        result = result - 1;
    }
    public void multiply(int n) ...{
    }                                          // 此方法尚未写好
    public void divide(int n) ...{
        result = result / n;
    }
    public void square(int n) ...{
        result = n * n;
    }
    public void squareRoot(int n) ...{
        for (; ;) ;                            // Bug:死循环
    }
    public void clear() ...{                   // 将结果清零
        result = 0;
    }
    public int getResult() ...{
        return result;
    }
}
```

（2）将 JUnit4 单元测试包引入这个项目。在该项目上右击，选择 Properties 命令。在弹出的属性对话框中，首先在左边选择 Java Build Path，然后在右边选择 Libraries，之后单击 Add Library 按钮。在新弹出的对话框中选择 JUnit4 并单击"确定"按钮，JUnit4 软件包就被包含进该项目中。

（3）生成 JUnit 测试框架。在 Eclipse 的 Package Explorer 中右击该类，选择 New → JUnit Test Case 命令，如图 7-10 所示。

在弹出的 New JUnit Test Case 对话框中，选中 New JUnit 4 test 单选按钮和 setUp() 复选框，如图 7-11 示。

单击 Next 按钮后，系统会自动列出这个类中包含的方法，选择要进行测试的方法。此例中，我们仅对加、减、乘、除 4 个方法进行测试，如图 7-12 所示。

系统会自动生成一个新类 CalculatorTest，里面包含一些空的测试用例，只需要将这些测试用例稍作修改即可使用。完整的 CalculatorTest 代码如下：

```java
package andycpp;
import static org.junit.Assert.*;
import org.junit.Before;
import org.junit.Ignore;
import org.junit.Test;
public class CalculatorTest ...{
    private static Calculator calculator = new Calculator();
```

```
@Before
public void setUp() throws Exception ...{
    calculator.clear();
}
@Test
public void testAdd() ...{
    calculator.add(2);
    calculator.add(3);
    assertEquals(5, calculator.getResult());
}
@Test
public void testSubstract() ...{
    calculator.add(10);
    calculator.substract(2);
    assertEquals(8, calculator.getResult());
}
@Ignore("Multiply() Not yet implemented")
@Test
public void testMultiply() ...{
}
@Test
public void testDivide() ...{
    calculator.add(8);
    calculator.divide(2);
    assertEquals(4, calculator.getResult());
}
}
```

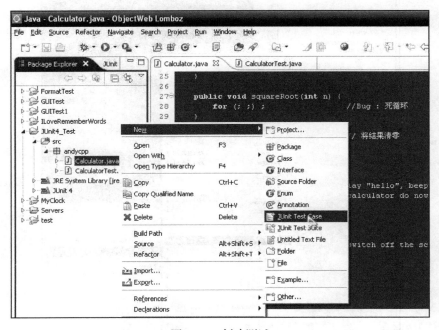

图 7-10　创建测试

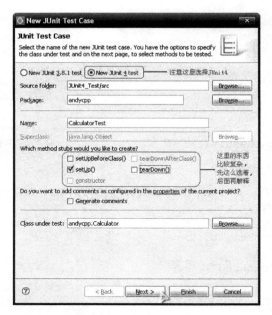

图 7-11　选择合适的选项

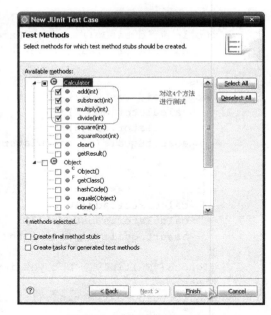

图 7-12　选择要测试的方法

（4）运行测试代码。按照上述代码修改完毕后，在 CalculatorTest 类上右击，选择 Run As → JUnit Test 命令来运行测试，如图 7-13 所示。运行结果如图 7-14 所示。

图 7-13　执行测试

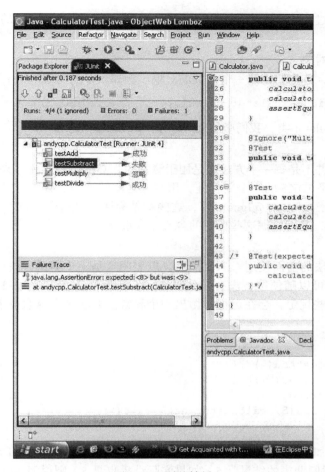

图 7-14　测试结果

进度条是红颜色表示发现错误，具体的测试结果在进度条上面有表示，共进行了 4 个测试，其中 1 个测试被忽略，1 个测试失败。

至此，我们已经完整体验了在 Eclipse 中使用 JUnit4 的方法。

7.5.2　JUnit4 测试原理

了解 JUnit4 测试框架中的每一个细节，才能更加熟练地应用它。下面介绍 JUnit4 的测试原理。

JUnit4 包

在测试类中用到了 JUnit4 框架，需引用相应的 JUnit4 测试框架测试包。最主要的一个包是 org.junit.*，其包含测试需要的绝大部分功能。

"import static org.junit.Assert.*；"包含了在测试时使用的一系列 assertEquals 方法。注意，它是一个静态（static）包含，是 JDK5 中新增添的一个功能。也就是说，assertEquals 是 Assert 类中的一系列静态方法，一般的使用方式是 Assert. assertEquals( )。使用了静态包含后，前面的类名就可以省略了，使用起来更加方便。

测试类的声明

我们的测试类是一个独立的类，没有任何父类。测试类也可以任意命名，没有任何局限性。因此，不能通过类的声明来判断它是不是一个测试类，它与普通类的区别在于内部的方法的声明。

创建一个待测试的对象

要测试哪个类，首先要创建一个该类的对象。例如，下面的代码：

```
private static Calculator calculator = new Calculator();
```

为了测试 Calculator 类，我们必须创建一个 calculator 对象。

测试方法的声明

在测试类中，并不是每一个方法都是用于测试的，必须使用"@"来明确表明哪些是测试方法。"@"也是 JDK5 的一个新特性，用在此处非常恰当。我们可以看到，在某些方法的前面有 @Before、@Test、@Ignore 等，这些就是标注，以一个"@"开头。这些标注都是 JUnit4 自定义的，熟练掌握这些标注的含义非常重要。

编写测试方法

首先，要在方法的前面使用 @Test 标注，以表明这是一个测试方法。对于方法的声明，有如下要求：名字可以随便取，没有任何限制，但是返回值必须为 void，而且不能有任何参数。如果违反这些规定，会在运行时抛出一个异常。方法的内容取决于需要测试的内容。例如：

```
@Test
public void testAdd( ) .{
    calculator.add(2);
    calculator.add(3);
    assertEquals(5, calculator.getResult());
}
```

我们想测试"加法"功能是否正确，就在测试方法中调用几次 add 函数，初始值为 0，先加 2，再加 3，我们期望的结果是 5。如果实际结果也是 5，则说明 add 方法是正确的，反之说明它是错的。

assertEquals(5, calculator.getResult()) 用来判断期望结果和实际结果是否一致，第一个参数是期望的结果，第二个参数是实际的结果，即通过计算得到的结果。这样写好之后，JUnit4 会自动进行测试并把测试结果反馈给用户。

忽略测试某些尚未完成的方法

如果你在编写程序前做了很好的规划，那么哪些方法实现什么功能都应该能够事先确定下来。因此，即使该方法尚未完成，它的具体功能也是确定的，这就意味着你可以为其编写测试用例。但是，如果你已经把该方法的测试用例写完，而该方法尚未完成，那么测试的时候一定会失败。这种失败和真正的失败是有区别的，因此 JUnit4 提供了一种方法来区别它们，那就是在这种测试函数的前面加上 @Ignore 标注，这个标注的含义是某些方法尚未完成，暂不参与此次测试。这样的话，测试结果就会提示有几个测试被忽略，而不是失败。一旦完成了相应函数，只需要把 @Ignore 标注删去，就可以进行正常的测试。

固定代码段

固定代码段（Fixture）是指在某些阶段必然被调用的代码。例如，对于上面的测试，只声明了一个 calculator 对象，它的初始值是 0，但是测试完加法操作后，它的值就不是 0 了。接下来测试减法操作，就必然要考虑上次加法操作的结果。这绝对是一个很糟糕的设计！我们非常希望每一个测试都是独立的，相互之间没有任何耦合度。因此，很有必要在执行每一个测试之前对 calculator 对象进行复原操作，以消除其他测试造成的影响。因此，在任何一个测试执行之前必须执行的代码就是一个 Fixture，并使用 @Before 来标注它，如前面例子所示：

```
@Before
public void setUp() throws Exception ...{
    calculator.clear();
}
```

这里不再需要 @Test 标注，因为它不是一个 Test，而是一个 Fixture。同理，在任何测试执行之后需要进行的收尾工作也是一个 Fixture，使用 @After 来标注。

7.6   JUnit 高级功能

7.6.1   高级 Fixture

前面介绍了两个 Fixture 标注，分别是 @Before 和 @After，下面来看看它们是否适合完成如下功能。

有一个类负责对大文件（超过 500MB）进行读写，它的每一个方法均对文件进行操作。换句话说，在调用每一个方法之前，我们都要打开一个大文件并读入文件内容，这绝对是一个非常耗费时间的操作。如果使用 @Before 和 @After，那么每次测试都要读取一次文件，效率极其低下。这里我们所希望的是在所有测试一开始读一次文件，所有测试结束之后释放文件，而不是每次测试都读文件。

JUnit 考虑到了这个问题，它给出了 @BeforeClass 和 @AfterClass 两个 Fixture 来实现这个功能。

从名字上就可以看出，用这两个 Fixture 标注的函数，只在测试用例初始化时执行 @BeforeClass 方法，当所有测试执行完毕之后，执行 @AfterClass 方法进行收尾工作。在这里要注意，每个测试类只能有一个方法被标注为 @BeforeClass 或 @AfterClass，并且该方法必须是 public 和 static 的。

7.6.2   限时测试

首先看一下下面的例子：

```
public void squareRoot(int n) ...{
    for (; ;) ;
}
```

这个求平方根的函数有错误，存在死循环。

如果测试的时候遇到死循环，会导致程序无法终止或耗费完系统资源而死机。因此，那些逻辑很复杂、循环嵌套层次比较多的程序很有可能出现死循环，因此一定要采取一些预防措施。限时测试是一个很好的解决方案。我们给这些测试函数设定一个执行时间，超过了这个时间，它们就会被系统强行终止，并且系统还会提示该函数结束的原因是超时，这样就可以发现这些缺陷了。

要实现这一功能，只需要给 @Test 标注加一个参数即可，代码如下：

```
@Test(timeout = 1000)
```

```
public void squareRoot() ...{
    calculator.squareRoot(4);
    assertEquals(2, calculator.getResult());
}
```

timeout 参数表明了要设定的时间，单位为 ms（毫秒），因此 1000 就代表 1s。

7.6.3 测试异常

我们经常会编写一些需要抛出异常的函数，那么，如果觉得一个函数应该抛出异常，但是它没抛出，算不算缺陷呢？这当然是缺陷，JUnit 可以帮助我们找到这种缺陷。

例如，计算器类有除法功能，如果除数是 0，那么必然要抛出除 0 异常。因此，很有必要对这些进行测试。代码如下：

```
@Test(expected = ArithmeticException.class)
public void divideByZero( ) ..{
    calculator.divide(0);
}
```

如上述代码所示，需要使用 @Test 标注 expected 属性，将要检验的异常传递给它，这样 JUnit 框架就能自动检测是否抛出了指定的异常。

7.6.4 Runner

实际上，JUnit 框架通过 Runner（运行器）来运行测试代码。在 JUnit 中有多个 Runner，它们负责调用测试代码，每一个 Runner 都有各自的特殊功能，根据需要选择不同的 Runner 来运行测试代码。

一般情况下，JUnit 中有一个默认 Runner，如果用户没有指定，那么系统自动使用默认 Runner 来运行代码。下面两段代码的含义是完全一样的：

```
import org.junit.internal.runners.TestClassRunner;
import org.junit.runner.RunWith;
```

使用了系统默认的 TestClassRunner，与下面的代码完全一样：

```
public class CalculatorTest ...{...}
@RunWith(TestClassRunner.class)
public class CalculatorTest ...{...}
```

从上述例子可以看出，要想指定一个 Runner，需要使用 @RunWith 标注，并且把所指定的 Runner 作为参数传递给它。另外，需要注意的是，@RunWith 是用来修饰类的，而不是用来修饰函数的。只要对一个类指定了 Runner，这个类中的所有函数就都被这个 Runner 来调用。

最后，不要忘了包含相应的包。

7.6.5 参数化测试

有一类函数的参数有许多特殊值，或者说参数分为很多个区域。例如，一个对考试分数进行评价的函数，返回值分别为优秀、良好、一般、及格、不及格，因此在编写测试代码的时候，至少要写 5 个测试程序，把这 5 种情况均包含进去，这确实是一件很麻烦的事情。

例如，测试计算一个数的平方的函数，暂且分 3 类：正数、0、负数。测试代码如下：

```
import org.junit.AfterClass;
import org.junit.Before;
import org.junit.BeforeClass;
import org.junit.Test;
import static org.junit.Assert.*;
public class AdvancedTest ...{
    private static Calculator calculator = new Calculator();
    @Before
    public void clearCalculator() ...{
        calculator.clear();
    }
    @Test
    public void square1( ) ...{
        calculator.square(2);
        assertEquals(4, calculator.getResult());
    }
    @Test
    public void square2 () ...{
        calculator.square(0);
        assertEquals(0, calculator.getResult());
    }
    @Test
    public void square3( ) ...{
        calculator.square(-3);
        assertEquals(9, calculator.getResult());
    }
}
```

为了简化类似的测试，JUnit4 提出了参数化测试的概念，只写一个测试函数，即可把这若干种情况作为参数传递进去，一次性完成测试。代码如下：

```
import static org.junit.Assert.assertEquals;
import org.junit.Test;
import org.junit.runner.RunWith;
import org.junit.runners.Parameterized;
import org.junit.runners.Parameterized.Parameters;
import java.util.Arrays;
import java.util.Collection;
@RunWith(Parameterized.class)
public class SquareTest ...{
    private static Calculator calculator = new Calculator();
    private int param;
    private int result;
    @Parameters
    public static Collection data( ) ...{
        return Arrays.asList(new Object[][]...{
            {2, 4},
            {0, 0},
            {-3, 9},
```

```
            });
    }
//下面构造函数, 对参数进行初始化
    public SquareTest(int param, int result) ...{
        this.param = param;
        this.result = result;
    }
    @Test
    public void square( ) ...{
        calculator.square(param);
        assertEquals(result, calculator.getResult( ));
    }
}
```

　　第一步, 要为这种测试专门生成一个新的类, 而不能与其他测试共用同一个类, 此例中我们定义了一个 SquareTest 类。然后, 要为这个类指定一个 Runner, 而不能使用默认的 Runner, 因为特殊的功能要用特殊的 Runner。@RunWith(Parameterized.class) 这条语句就为这个类指定了一个 ParameterizedRunner。

　　第二步, 定义一个待测试的类, 并且定义两个变量, 一个用于存放参数, 另一个用于存放期待的结果。

　　第三步, 定义测试数据的集合, 也就是上述的 data( ) 方法。该方法可以任意命名, 但是必须使用 @Parameters 标注进行修饰。这个方法的数据是一个二维数组, 数据两两一组, 每组中的两个数据, 一个是参数, 另一个是预期的结果。例如, 第一组 {2, 4}, 2 是参数, 4 是预期的结果。这两个数据的顺序无所谓, 谁前谁后都可以。

　　第四步, 构造函数, 其功能是对先前定义的两个参数进行初始化。注意, 参数的顺序要和上面的数据集合的顺序保持一致。如果前面的顺序是 { 参数, 期待的结果 }, 那么构造函数的顺序也要是构造函数 (参数, 期待的结果), 反之亦然。

　　第五步, 编写一个简单的测试用例。

7.6.6　打包测试

　　在一个项目中, 只写一个测试类是不可能的, 可能会写出很多个测试类。这些测试类必须一个一个地执行, 比较麻烦。鉴于此, JUnit4 提供了打包测试的功能, 即将所有需要运行的测试类集中起来, 一次性地运行完毕, 大大地方便了测试工作。具体代码如下:

```
import org.junit.runner.RunWith;
import org.junit.runners.Suite;
@RunWith(Suite.class)
@Suite.SuiteClasses(...{
    CalculatorTest.class,
    SquareTest.class
    })
public class AllCalculatorTests ...{}
```

　　这个功能也需要使用一个特殊的 Runner, 因此需要向 @RunWith 标注传递一个参数 Suite.class。同时, 还需要另外一个标注 @Suite.SuiteClasses 来表明这个类是一个打包测试类。把需要打包的类作为参数传递给该标注就可以了。有了这两个标注之后, 就可以完整地表达所有的含义。

7.7　实验安排说明

本章安排了一个 JUnit4 单元测试的实验：

● 【实验 7-1】计算器类的测试

本实验主要完成使用 JUnit4 在 Eclipse 环境下进行单元测试的基本过程，要求学生结合其他的原理理解 JUnit4 的框架和组成元素，以及单元测试代码的编写。

7.8　小结

JUnit4 是一个基于 Java 的单元测试工具，可以提高单元测试的效率，非常适合驱动测试的开发过程。本章介绍了 JUnit4 的基本框架和在 Eclipse 环境下的基本使用过程，对 JUnit4 的组成元素和功能进行了深入分析。

7.9　习题

1. JUnit4 的基本框架是什么？
2. JUnit4 的基本要素有哪些？
3. 简述 JUnit4 的基本测试过程。
4. 如何在 Eclipse 中导入 JUnit4？

CHAPTER 8

第 8 章

代码测试工具

8.1 引言

自动化测试工具 Rational PurifyPlus 包括 3 种独立的测试工具：PureCoverage、Purify、Quantify。

PureCoverage 是一个面向 VC、VB 或者 Java 开发的检测代码覆盖程度的测试组件，可以自动检测测试完整性和那些无法达到的部分。使用 PureCoverage，可以在每一个测试阶段自动生成详尽的测试覆盖程度报告。

Purify 是一个面向 VC、VB 或者 Java 开发的检测内存错误和内存泄漏的测试组件，以确保整个应用程序的质量和可靠性。在查找典型的 Visual C/C++ 程序中的传统内存访问错误，以及 Java 代码中与垃圾内存收集相关的错误方面，Purify 具有较强能力。

Quantify 是一个面向 VC、VB 或者 Java 开发的检测代码性能瓶颈的测试组件，可以自动检测出影响程序段执行速度的程序性能瓶颈，提供参数分析表等直观表格，帮助分析影响程序执行速度的关键部分。

8.1.1 PureCoverage 工具的特性

功能描述

PureCoverage 提供的代码覆盖测试功能包括：

- 即时代码测试百分比显示；
- 未测试、测试不完整的函数、过程或者方法的状态表示；
- 在源代码中定位未测试的特定代码行；
- 为执行效率最大化定制数据采集；
- 为所需要的焦点细节定制显示方式；
- 从一个程序的多个执行合成数据覆盖度；
- 和其他团队成员共享覆盖数据或者产生报表；
- 在开发环境当中使用 PureCoverage 集成检测代码覆盖程度。

PureCoverage 的 Coverage Browser 视图针对一个可执行文件的每次运行显示覆盖统计信息，按模块或文件给出相应级别，完成测试的即时摘要视图，如图 8-1 所示。

图 8-1 显示了 Calls（所调用函数的总数）、Functions Missed（未被调用的函数的数目）、Functions Hit（已调用的函数的数目）、% Functions Hit（已执行函数的百分比）、Lines Missed（未执行的代码行数）、Lines Hit（已执行的代码行数）、% Lines Hit（已执行的代码行百分比）。

单击相应选项，可以进一步查看各个摘要数据所包含的函数和代码行。

参数设置

选择 Settings → Default Settings 命令，打开默认设置对话框。

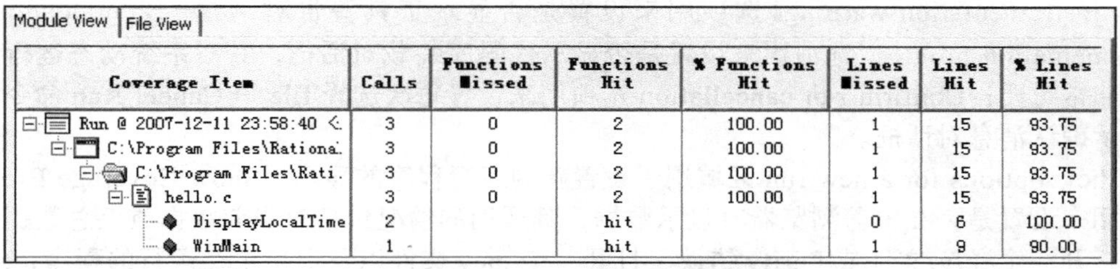

Module View	File View							
Coverage Item	**Calls**	**Functions Missed**	**Functions Hit**	**% Functions Hit**	**Lines Missed**	**Lines Hit**	**% Lines Hit**
Run @ 2007-12-11 23:58:40	3	0	2	100.00	1	15	93.75
C:\Program Files\Rational.	3	0	2	100.00	1	15	93.75
C:\Program Files\Rati.	3	0	2	100.00	1	15	93.75
hello.c	3	0	2	100.00	1	15	93.75
DisplayLocalTime	2		hit		0	6	100.00
WinMain	1		hit		1	9	90.00

图 8-1　Coverage Browser 视图

在 PowerCov 标签页（图 8-2）中，可设置 Default Coverage Level（默认的覆盖层次）为 Line（行覆盖），还是 Function（函数覆盖）。

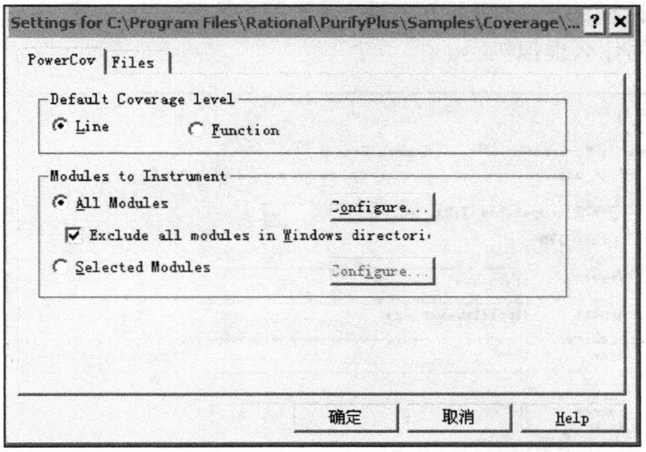

图 8-2　PowerCov 标签页

选择 Settings → Preferences 命令，打开 Preferences 对话框。

在 Preferences 对话框的 Runs 标签页（图 8-3）中，Instrumenting and running 区域用于设置各种工具的显示。Show instrumentation progress 选项用来设置是否显示工具对话框；

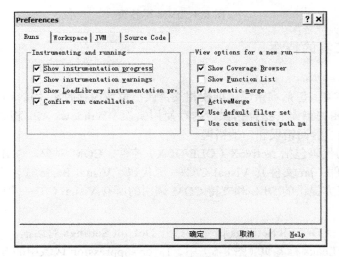

图 8-3　Runs 标签页

Show instrumentation warnings 选项用来设置是否显示工具警告对话框；Show loadlibrary instrumentation progress 选项用来设置是否显示代码库装载对话框，其对系统动态运行情况分析非常重要；Confirm run cancellation 选项用来设置每次选择 file → Cancel Run 命令时是否显示确认消息对话框。

　　View options for a new run 区域用于设置新的运行程序的显示。Show Coverage Browser 选项用来设置是否在覆盖浏览器时显示数据，其适用的情况包括对当前数据或汇总数据做快照、打开一个 .cfy 文件或 Purify 错误、打开一个 .pcy 文件以及退出正在运行的程序；Show Function List 选项用来设置是否在函数列表窗口中显示数据，适用情况同上；Automatic merge 选项用来设置运行一个程序时是否在 Navigator 窗口创建一个自动汇总入口，或在接下来的运行时是否自动更新汇总数据；Use default filter set 选项用来设置是否使用默认的过滤器；Use case sensitive path navigator 选项用来设置是否使用用例敏感性路径导航。

　　Preferences 对话框的 JVM 标签页（图 8-4）用来在测试 Java 程序时、设置个性化 Java 虚拟机时，表明使用什么虚拟机。

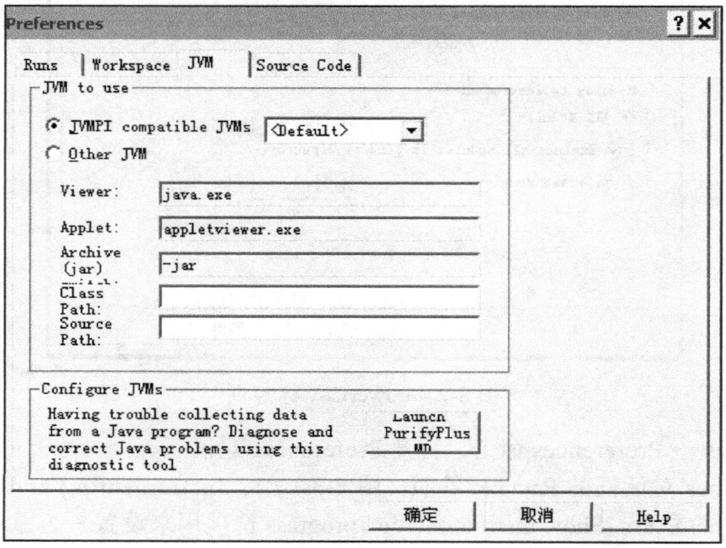

图 8-4　JVM 标签页

8.1.2　Purify 工具的特性

功能描述

　　可检查的错误类型包括堆错误、堆栈相关错误、垃圾内存收集（Java 代码中相关的内存管理问题）COM 相关错误、指针错误、内存使用错误、Windows API 相关错误及 Windows API 函数参数错误、返回错误和句柄错误。

　　可检测错误的代码包括 ActiveX（OLE/OCX）控件、COM 对象、ODBC 构件、Java 构件（applet、类文件、jar 文件）、Visual C/C++ 源代码、Visual Basic 应用程序内嵌的 Visual C/C++ 构件、第三方提供的 DLL 和支持 COM 调用的所有 Visual C/C++ 构件。

参数设置

　　选择 Settings → Default Settings 命令，打开 Default Settings 对话框。

　　在 Errors and Leaks 标签页（图 8-5）中，Error suppression 区域中的 Show first message only 选项用来在相同的错误第一次出现时显示信息。Show UMC messages 选项用来显示

UMC 信息。Report at exit 区域中包括 Memory leaks（内存泄漏）、Memory in use（内存使用情况）、Handles in use（句柄使用）选项。Call stack 区域中的 Show maximum call stack detail 选项用来设置最大调用堆栈数。在 Deferred free queue 区域可设置 Length（长度）值和 Threshold（门限）值。Red zone length 选项用来设置亏损区长度。

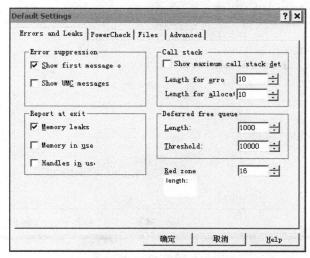

图 8-5　Errors and Leaks 标签页

Default Settings 对话框中的 PowerCheck 标签如图 8-6 所示。Default error level（默认错误层次）区域用来设置模块大小和处理是否包含调试信息。Default coverage level 区域用来设置默认的覆盖标准为 Line（代码行）、Function（函数），还是 Exclude all modules in Windows directory（排除所有 Windows 目录下的模块）。也可以详细配置模块项和 Java 类。

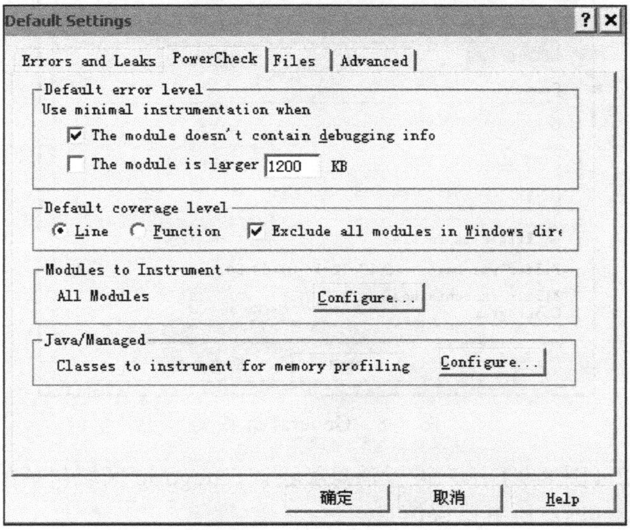

图 8-6　PowerCheck 标签页

Default Settings 对话框中的 Advanced 标签页如图 8-7 所示。Memory leak settings 区域用来设置内存泄漏项，可设置 Leak scan interval（泄漏扫描间隔）。Enable late detect scans 选项用来设置能够察觉的新近扫描，可设置 Late detect scan（新近扫描堆间隔）和 Late detact scan interval（新近扫描间隔）。

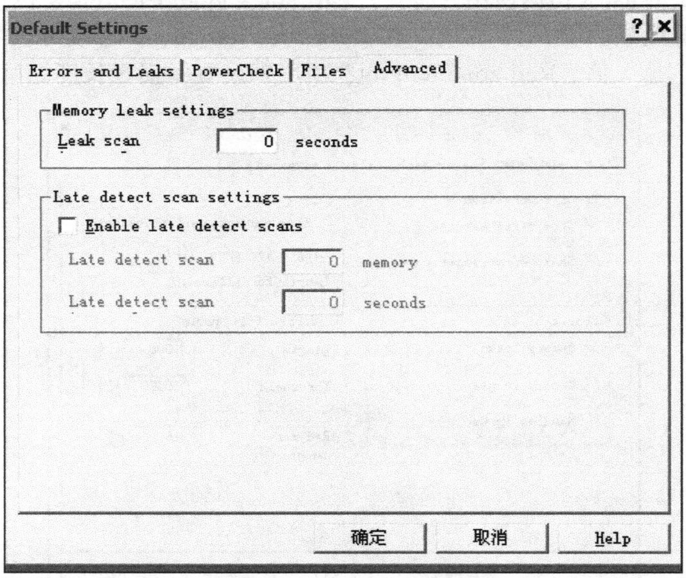

图 8-7　Advanced 标签页

　　选择 View → Create Filter 命令，打开 New Filter 属性对话框。General 标签页（图 8-8）用来设置过滤器的名称、说明和启用过滤器。

图 8-8　General 标签页

Messages 标签页（图 8-9）用来设置消息类型。Categorie 区域包括如下选项：

- All error messages：所有错误信息。
- All informational messages：所有报告的信息。
- All warning messages：所有警告的信息。
- Allocations & deallocation：存储单元分配。
- DLL messages：动态链接库信息。

- Invalid handle：无效，非法的句柄。
- Invalid pointer：无效，非法的指针。
- Memory leaks：内存泄漏。
- Parameter error：参数错误。
- Stack error：堆错误。
- Unhandled exception：未曾用到的。
- Uninitialized memory read（UMR）：未初始化内存阅读。

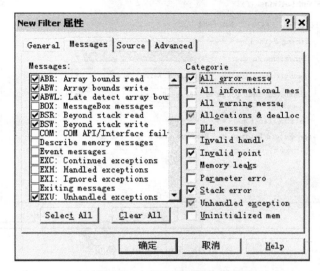

图 8-9　Messages 标签页

可直接在 Messages 区域选择需要的信息，也可在 Categorie 区域按种类选择所需要的信息。Source 标签页用来设置源文件和模块文件，可以设置 The messages this filter affects function（这个过滤器所影响的函数）消息，也可以选择下列选项：

- Match if function is top function in call：如果函数是顶层调用函数则匹配。
- Match if function occurs anywhere in call：如果函数在任何地方被调用则匹配。
- Match if function's offset from the top in the call：如果函数的误差来自顶层调用则匹配。

8.1.3　Quantify 工具的特性

功能描述

- 对当前的开发环境的影响达到了最小化。
- 提供了树形关系调用图，及时反映影响性能的关键数据。
- 功能列表详细，显示了大量与性能有关的数据。
- 精确记录了源程序执行的指令数，正确反映了时间数据，在调用函数中正确传递这些记录，使关键路径一目了然。
- 可以控制所收集到的数据，通过过滤器显示重要的程序执行过程。

参数设置

选择 Settings → Default Settings 命令，打开 Default Settings 对话框。PowerTune 标签页用来设置测试层次和模块选项。Run Time 标签页（图 8-10）用来设置定时方法和数据收集。

Timing method 区域用来设置定时方法，包括如下选项：
- Functions in user：用户函数时间，可以选择公用时间、过滤时间、实际时间，也可选择忽略该时间。
- Functions in system：系统函数时间，具体选项以及功能和用户函数时间相同。
- Functions that Block or：可设置共用时间、过滤时间、用户时间和过滤时间、用户时间、忽略时间。

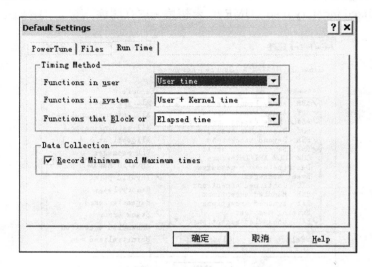

图 8-10 Run Time 标签页

Data Collection 区域用来设置数据收集，选择后系统将记录函数运行最大时间和最小时间。

选择 Settings → Preferences 命令，打开 Preferences 对话框。Runs 标签页的 Instrumenting and running 区域用来设置显示信息。这些信息的含义与图 8-3 中 Instrumenting and running 区域相同。View options for a new run 区域用来设置运行选项：
- Show Call Graph：运行后能显示调用图表。
- Show Function List：运行后能显示函数列表框。

8.2   PurifyPlus 单元测试

【实验 8-1】PureCoverage 单元测试

PureCoverage 单元测试的过程如下：

（1）启动 PureCoverage。进入 PureCoverage 主界面。

（2）测试被测程序。选择 File → Run 命令，打开 Run Program 对话框，如图 8-11 所示。

（3）选择测试程序的路径和文件。选择测试程序 hello.exe 后单击 Run 按钮，运行程序。在打开的对话框中单击"是"按钮，产生测试结果，如图 8-12 所示。

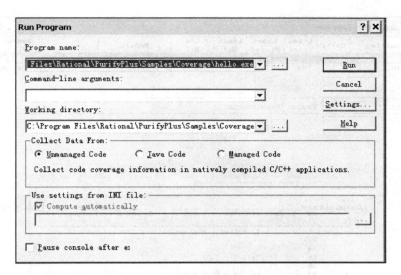

图 8-11　Run Program 对话框

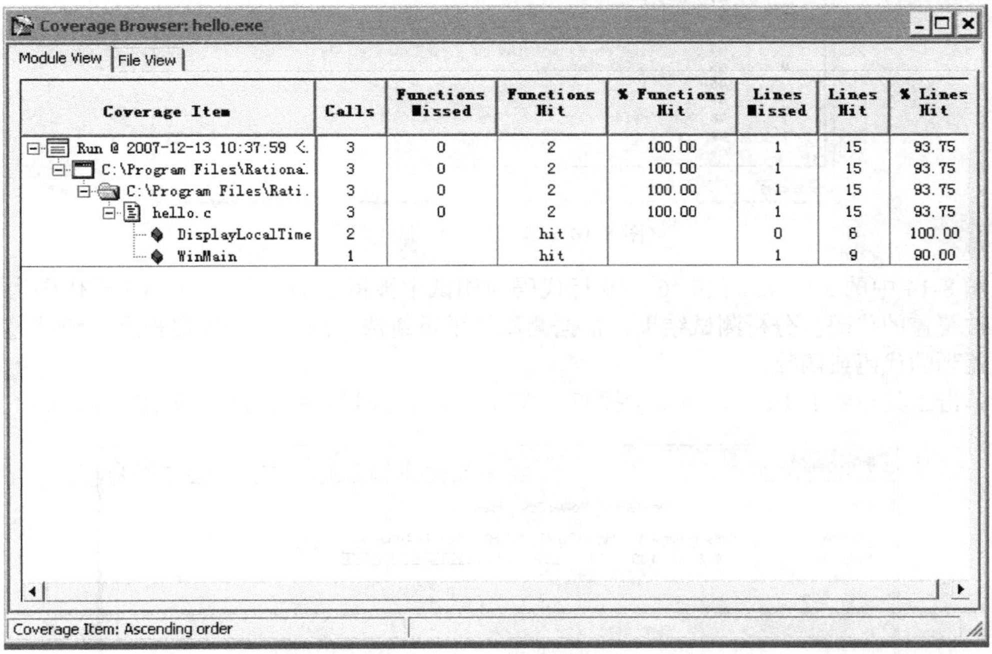

Coverage Browser: hello.exe

Coverage Item	Calls	Functions Missed	Functions Hit	% Functions Hit	Lines Missed	Lines Hit	% Lines Hit
Run @ 2007-12-13 10:37:59	3	0	2	100.00	1	15	93.75
C:\Program Files\Rationa.	3	0	2	100.00	1	15	93.75
C:\Program Files\Rati.	3	0	2	100.00	1	15	93.75
hello.c	3	0	2	100.00	1	15	93.75
DisplayLocalTime	2		hit		0	6	100.00
WinMain	1		hit		1	9	90.00

Coverage Item: Ascending order

图 8-12　测试结果

从 Coverage Browser 窗口中可见，被测程序中的两个函数 DisplayLocalTime 和 WinMain 均被覆盖。

（4）查看结果。单击工具栏中的 Function List 按钮▦，可以查看被测程序中的函数列表，如图 8-13 所示。

单击工具栏中的 Annotated Source 按钮▨，可以查看被测程序中的源代码，如图 8-14 所示。

Function	Calls	Lines Total	Lines Missed	Lines Hit	% Lines Hit	Module	Source File
DisplayLocalTime	2	6	0	6	100.00	C:\Program Fi...	C:\Program Files\Rational
WinMain	1	10	1	9	90.00	C:\Program Fi...	C:\Program Files\Rational

Function: 2/1   Function: DisplayLocalTime

图 8-13　Function List 窗口

```
C:\Program Files\Rational\PurifyPlus\Samples\Coverage\hello.c in hello.exe

Functions  WinMain                    Color:

Line      Line
Coverage  Number                                          Source
          30    WinMain(HINSTANCE hInstance, HINSTANCE hPrevInstance, LP
   1      31    {
          32        int i, RetVal = MessageBox(NULL,"Do you want to see
   1      33                            MB_YESNO | MB_ICONQUESTIO
          34
   1      35        if (RetVal == IDYES)
          36        {
   3      37            for (i = 0; i < 2; i++)
          38            {
   2      39                DisplayLocalTime(i);
   2      40            }
          41        }
   1      42        else
          43        {
          44            /* do nothing */
   0      45            return 0;
          46        }
          47
   1      48        return 1;
   1      49    }

Line: 31 of 49          Function: WinMain
```

图 8-14　测试程序的源代码

图 8-14 中的 30～42 行和 46～49 行代码为测试中被覆盖的代码，43～45 行代码为测试中未被覆盖的代码。分析测试结果，根据测试结果重新选择测试用例来覆盖上一测试过程中未覆盖到的代码或函数。

单击工具栏中的 Run Summary 按钮，查看程序运行时的系统信息，如图 8-15 所示。

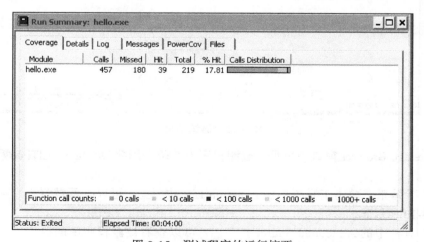

图 8-15　测试程序的运行摘要

测试完毕后，关闭 Coverage Browser 窗口，出现提示窗口，可以选择是否保存。若保存，则将在被测程序的目录下生成一个 .cfy 的文件，里面保存了 Coverage Browser 窗口的数据，以便进行数据共享。不论是否保存，在被测程序目录下都会生成一个 .log 文件，形成测试日志。

【实验 8-2】Purify 单元测试

Purify 单元测试的过程如下：

（1）启动 Purify。进入 Purify 主界面。

（2）测试被测程序。选择 File → Run 命令后，打开 Run Program 对话框，如图 8-16 所示。选择测试程序的路径，选择测试程序 hello.exe 后单击 Run 按钮，运行程序。

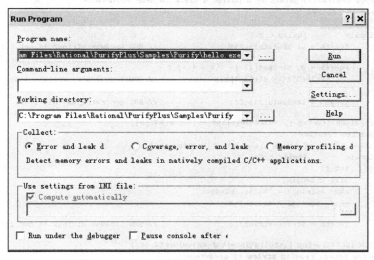

图 8-16　Purify 中的 Run Program 对话框

（3）运行程序。在 Data Browser 窗口中出现运行后的结果数据，如图 8-17 所示。

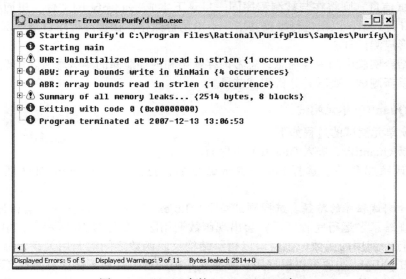

图 8-17　Purify 中的 Data Browser 窗口

通过 Data Browser 窗口，可以看到在程序运行期间内存的泄漏情况。❶表示信息，内存块已经被分配并且初始化。●表示错误，内存块没有被分配和初始化。⚠表示警告，内存块已经被分配并且没有初始化。在本次测试中，第 3 行标注未初始化内存阅读，第 4 行标注数组越界导致内存不可写，第 5 行标注数组越界导致内存不可读。

（4）查看结果。可以通过双击 Data Browser 窗口中的任何一个错误或提示信息前面的"＋"号，查看该错误的详细信息。如果被测程序包含源代码，则在该错误的详细信息中列出错误并解释所造成的错误。本次测试中，单击 ABW 前的"＋"号，如图 8-18 所示。

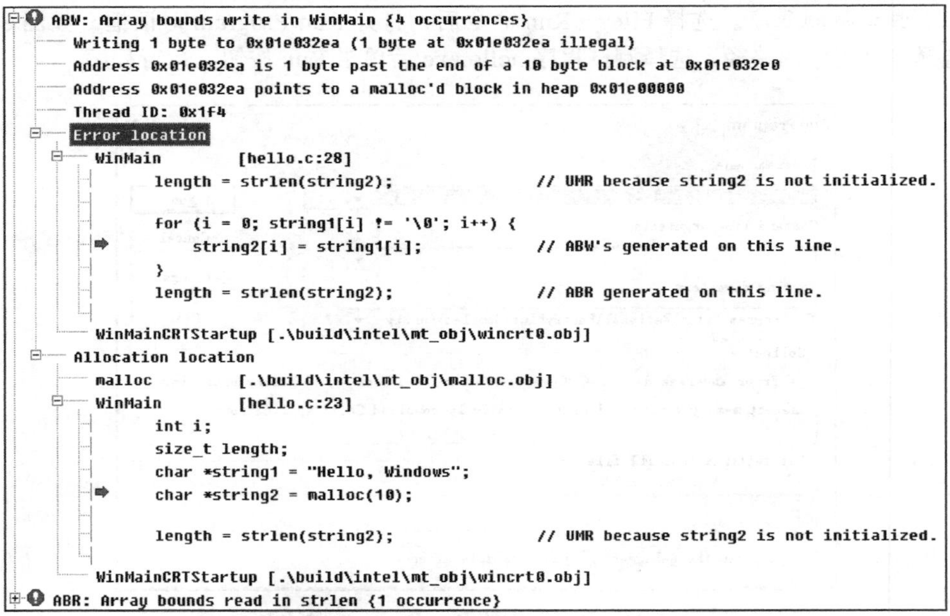

```
● ABW: Array bounds write in WinMain {4 occurrences}
   Writing 1 byte to 0x01e032ea (1 byte at 0x01e032ea illegal)
   Address 0x01e032ea is 1 byte past the end of a 10 byte block at 0x01e032e0
   Address 0x01e032ea points to a malloc'd block in heap 0x01e00000
   Thread ID: 0x1F4
 Error location
   WinMain          [hello.c:28]
          length = strlen(string2);            // UMR because string2 is not initialized.

          for (i = 0; string1[i] != '\0'; i++) {
   ➡          string2[i] = string1[i];          // ABW's generated on this line.
          }
          length = strlen(string2);            // ABR generated on this line.

   WinMainCRTStartup [.\build\intel\mt_obj\wincrt0.obj]
 Allocation location
   malloc            [.\build\intel\mt_obj\malloc.obj]
   WinMain           [hello.c:23]
          int i;
          size_t length;
          char *string1 = "Hello, Windows";
   ➡      char *string2 = malloc(10);

          length = strlen(string2);            // UMR because string2 is not initialized.

   WinMainCRTStartup [.\build\intel\mt_obj\wincrt0.obj]
● ABR: Array bounds read in strlen {1 occurrence}
```

图 8-18　展开 ABW

保存测试信息，则将在与被测程序同一目录下生成一个 .pfy 的文件，里面保存了 Data Browser 窗口的数据，以便进行数据共享。不论是否保存，在被测程序目录下都会生成一个文本文件，形成测试日志。

最后，结合实验中的内存信息，思考内存错误和内存泄漏的测试意义。修改实验中的测试源程序，重新测试，查看并分析测试结果。

【实验 8-3】Quantify 单元测试

Quantify 单元测试的过程如下：

（1）启动 Quantify。进入 Quantify 主界面。

（2）测试被测程序。选择 File → Run 命令后，打开 Run Program 对话框，如图 8-19 所示。

（3）选择测试程序的路径。选择测试程序 hello.exe 后单击 Run 按钮，运行程序。

（4）检查结果。运行完程序后，会出现函数调用图，如图 8-20 所示。其中的英文文本为在程序运行中调用的函数，该窗口以树形结构反映函数之间的调用关系，绿色粗线条为关键路径。Highlight 选项可以根据用户需要显示的内容，在树形图上标示出不同的路径。

单击工具栏中的 Function List 按钮，可以查看被测程序中的函数列表，如图 8-21 所示。该列表详细地描述了程序执行过程中所涉及的函数及执行成功后所有有关性能的参数指标，用于帮助分析程序性能。

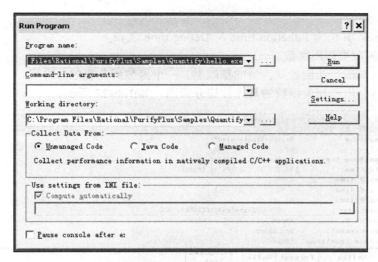

图 8-19　Quantify 中的 Run Program 对话框

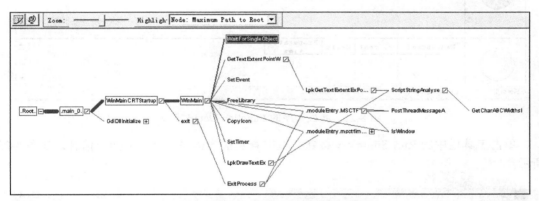

图 8-20　Quantify 中的函数调用图

Function	Calls	Function time	F+D time	F time (% of Focus)	F+D time (% of Focus)	Avg F time
WaitForSingleObject	61	42,313.78	42,313.78	32.58	32.58	693.67
ExitProcess	1	32,309.95	33,614.54	24.88	25.88	#######
GetCharABCWidthsI	3	13,074.97	13,074.97	10.07	10.07	#######
SetEvent	24	8,374.37	8,374.37	6.45	6.45	348.93
FreeLibrary	3	6,416.87	6,422.09	4.94	4.94	#######
IsWindow	27	2,950.51	2,950.51	2.27	2.27	109.28
SetTimer	3	2,938.34	2,938.34	2.26	2.26	979.45
CopyIcon	1	2,815.07	2,956.68	2.17	2.28	#######
ScriptStringAnalyse	84	922.50	16,473.03	0.71	12.68	10.98
PostThreadMessageA	24	900.20	900.20	0.69	0.69	37.51
GetTextExtentExPo...	69	761.33	761.33	0.59	0.59	11.03
IntersectClipRect	13	652.79	652.79	0.50	0.50	50.21
GdiRealizationInfo	63	630.35	660.78	0.49	0.51	10.01
GetModuleHandleW	6	627.48	627.48	0.48	0.48	104.58
DeleteObject	37	529.63	544.63	0.41	0.42	14.31
ReleaseMutex	62	452.95	452.95	0.35	0.35	7.31
GetDC	5	437.21	437.21	0.34	0.34	87.44
GdiDllInitialize	1	433.63	1,916.75	0.33	1.48	433.63
ExtTextOutW	19	379.19	391.24	0.29	0.30	19.96
GetLocaleInfoW	9	375.40	375.40	0.29	0.29	41.71

Visible: 313/313　WaitForSingleObject

图 8-21　测试程序的 Function List 窗口

其中：
- F+D time：其值为 Function time 与 Debug time 之和。
- Calls：函数被调用次数。
- Function time：在设置默认值的基础上，一个函数所花费的总时间。

双击每一行会出现相关函数的具体性能分析图，如图 8-22 所示。

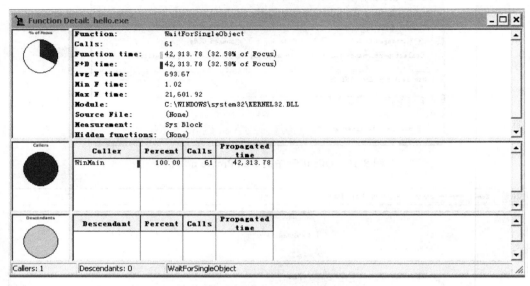

图 8-22　测试程序的 Function Detail 窗口

单击工具栏中的 Run Summary 按钮，可以查看被测程序运行中的摘要信息，如图 8-23 所示。

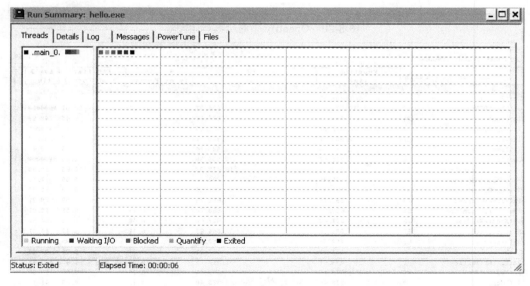

图 8-23　测试程序的 Run Summary 窗口

从此图可以监控程序运行过程中每个线程的状态：

Running：运行中。

Waiting I/O：等待输入。

Blocked：已锁定。

Quantify：量化。

Exited：已退出。

最后，结合实验运行过程和产生的性能数据，思考并体会性能测试的应用场景和意义。尝试测试 Windows 自带的计算器程序，查看并分析测试结果。

8.3 PurifyPlus 高级测试

8.3.1 PurifyPlus 的高级特性

PureCoverage 提供了以下强有力的特性，可以最大化地利用收集到的覆盖数据：

- 方便地集成到相关的软件开发环境和测试环境中。
- 收集精确粒度的数据。
- 利用选择机制，可以从收集的数据中定制测试程序的相关数据子集。

Purify 提供了以下强有力的特性，可以最大化地利用收集到的内存错误和泄露数据：

- 方便地集成到相关的开发环境和测试环境中。
- 聚焦关键数据：利用可定制的过滤器突出显示用户关注的数据。
- 即时的错误分析及代码修正功能。
- 相关程序数据的比较分析。
- 提供便于集成的 API 函数。

Quantify 提供了以下强有力的特性，可以最大化地利用收集到的性能数据：

- 方便地集成到相关的开发环境和测试环境中。
- 针对具体的模块构建和展示性能数据。
- 交互式的控制数据录制。
- 共享关键属性的相关函数展示。
- 聚焦关键数据。
- 收集精确粒度的数据。

8.3.2 精确粒度数据的采集

PureCoverage 中的精确粒度数据的采集。运用 PowerCov 选项，可以精确地定制代码覆盖的程度。可以选择 Line 或者 Function 作为默认的整个测试程序的覆盖层次。可以通过单击 Configure 按钮，打开详细配置对话框，自定义指定模块的代码覆盖层次。

Purify 中的精确粒度数据的采集。Purify 通过 PowerCheck 选项，提供了代码行级（Line-level）和函数级（Function-level）的代码覆盖层次。

Quantify 中的精确粒度数据的采集。如图 8-24 所示，默认的度量级别分为以下几种：

- Line-（行级）：度量每行代码在运行中执行的次数；
- Function-（函数级）：度量每个函数在运行中执行的次数，忽略函数中的每行代码；
- Time-（时间级）：通过计时器，测算函数的开始时间和结束时间，收集函数的执行时间。

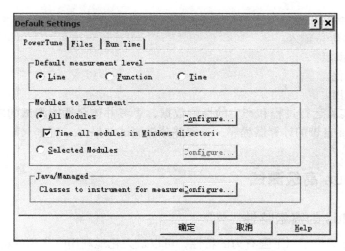

图 8-24　Quantify 中的 PowerTune 选项

8.3.3　可定制过滤器的生成

PureCoverage 中的可定制过滤器的生成。如图 8-25 所示，过滤器管理器中提供了基于模块、文件和函数的过滤器设置。

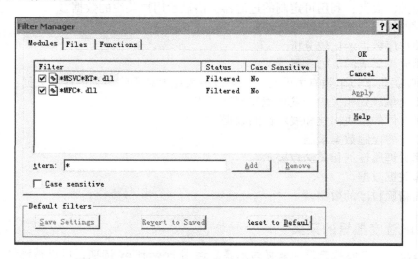

图 8-25　PureCoverage 中的 Filter Manager 对话框

Purify 中的可定制过滤器的生成。Purify 中的可定制过滤器的生成十分灵活，可以为 3 类数据生成不同的过滤器。其中的 Coverage data 与 PureCoverage 中的过滤器类似。选择默认的 Error data 构成过滤器。基于 Error data 的过滤器可以生成个体过滤器、组过滤器和全局过滤器。

Quantify 中的可定制过滤器的生成。Quantify 中的可定制过滤器的生成与 PureCoverage 中类似。

8.3.4　采集数据的合并与比较

PurifyPlus 工具集中的 3 个测试工具都具有对采集数据的比较（Diff △|）和合并（Merge Σ|）

功能。

通过 Diff 功能，可以实现对同一测试程序多次运行数据的对比，也可以将修改程序前后的数据进行对比。

通过 Merge 功能，可以将多次不同输入产生的测试数据合并在一起，在覆盖测试中可以全面展示代码覆盖的情况。

8.4 PurifyPlus 的高级功能

【实验 8-4】采集精确粒度数据

本实验使用 PureCoverage 进行不同粒度的代码覆盖数据的采集，掌握对测试结果的查看及分析方法。测试过程如下：

（1）启动 PureCoverage，进入 PureCoverage 主界面。

（2）选择 Settings → Default Settings 命令，打开 Defaulf Settings 对话框，在默认覆盖层次中，选择 Function 级别，如图 8-26 所示。

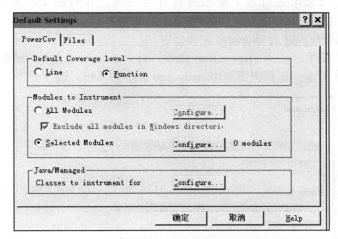

图 8-26 Default Settings 对话框

（3）选择测试程序的路径。选择测试程序 hello.exe 后单击 Run 按钮，运行程序。在测试程序对话框中单击"是"按钮。

（4）查看结果。产生的测试结果如图 8-27 所示。

Coverage Item	Calls	Functions Missed	Functions Hit	% Functions Hit	Lines Missed	Lines Hit	% Lines Hit
Run @ 2007-12-17 13:40:55 <.	3	0	2	100.00			
C:\Program Files\Rationa.	3	0	2	100.00			
C:\Program Files\Rati.	3	0	2	100.00			
hello.c	3	0	2	100.00			
DisplayLocalTime	2		hit				
WinMain	1		hit				

图 8-27 测试程序的 Coverage Browser 窗口

结合 PureCoverage 的测试实例，思考代码覆盖和函数覆盖的测试含义。修改测试程序执行路径，查看并分析覆盖结果。

【实验 8-5】生成 Purify 可定制过滤器

本实验使用 Purify 进行可定制过滤器的生成，掌握对测试结果的查看及分析方法。Purify 测试过程如下：

（1）启动 Purify，进入 Purify 主界面。

（2）测试被测程序。选择 File → Run 命令，打开 Run Program 对话框。测试程序的路径，选择测试程序 hello.exe 后单击 Run 按钮，运行程序。

（3）查看结果。运行完程序后，会出现运行后的结果数据。

通过此窗口，可以看到在程序运行期间有两类内存出错，分别为 ABW、ABR。选择 View → Filter Manager 命令，打开 Filter Manager 对话框。选择 Filter → New Filter 命令，在打开的对话框的 General 标签页中设置过滤器的名字为"Error-Filter"，在 Messages 标签页中选中 ALL error messages 复选框，生成过滤器。单击"确定"按钮，生成过滤结果。

【实验 8-6】采集数据的合并与比较

本实验使用 Quantify 进行采集数据的合并与比较，并对测试结果进行查看及分析。Quantify 测试过程如下：

（1）启动 Quantify，进入 Quantify 主界面。

（2）测试被测程序。选择 File → Run 命令，打开 Run Program 对话框。选择测试程序的路径，如图 8-28 所示，选择测试程序 hello.exe 后单击 Run，运行程序。

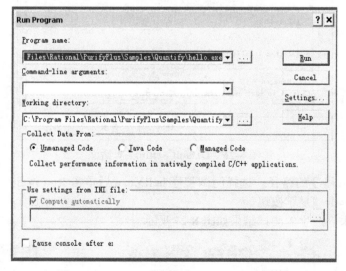

图 8-28　Quantify 中的 Run Program 对话框

（3）查看结果。运行完程序后，选择 File → Run Again 命令，再次运行程序。然后单击工具栏中的 Σ 按钮，合并两次调用图，结果如图 8-29 所示。

8.5　实验安排说明

本章安排了 6 个实验：

● 【实验 8-1】PureCoverage 单元测试

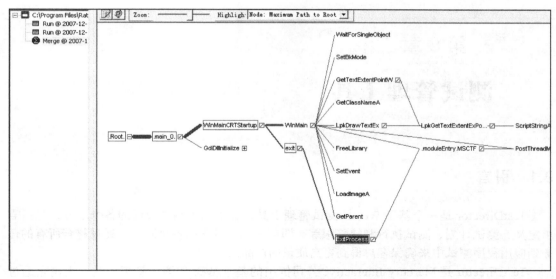

图 8-29　合并后的函数调用图

- 【实验 8-2 】 Purify 单元测试
- 【实验 8-3 】 Quantify 单元测试
- 【实验 8-4 】采集精确粒度数据
- 【实验 8-5 】生成可定制过滤器
- 【实验 8-6 】采集数据的合并与比较

其中实验 8-1～实验8-3 分别完成 3 个工具的基本单元测试功能，实验 8-4～实验 8-6 完成单元测试的高级功能，可以根据课时选做。

8.6　小结

Rational PurifyPlus 包括 3 种独立的测试工具：PureCoverage、Purify、Quantify。它们分别可以测试检测代码覆盖程度和完整性、查找内存错误和内存泄露以确保整个应用程序的质量和可靠性、检测代码性能瓶颈和影响程序段执行速度的程序性能瓶颈。

8.7　习题

1. 请说明内存错误和内存泄漏的测试意义。
2. 体会性能测试的应用场景和意义。
3. 思考代码覆盖测试的意义。
4. 请说明代码覆盖和函数覆盖的区别。
5. 过滤器的作用和运用场景是什么？
6. 性能测试比较与合并的应用场景和意义是什么？
7. 请选择一个程序分别进行不同工具的单元测试。

CHAPTER 9

第 9 章

测试管理工具

9.1 引言

TestDirector 是一个基于 Web 的测试管理工具，它集成了测试管理的各个部分，包括需求定义、测试计划、测试执行和缺陷跟踪，即整个测试过程的各个阶段。通过整合所有的任务到应用程序测试中来确保客户得到更高质量的产品。

TestDirector 是 Mercury Interactive 公司推出的基于 Web 的测试管理工具，无论是通过 Internet 还是通过 Intranet，用户都可以以基于 Web 的方式来访问 TestDirector。TestDirector 能够让用户系统地控制整个测试过程，并创建整个测试工作流的框架和基础，使整个测试管理过程变得更为简单和有组织。

TestDirector 能够帮助用户维护一个测试工程数据库，并且能够覆盖用户的应用程序功能性的各个方面。在用户的工程中的每一个测试点都对应着一个指定的测试需求。

TestDirector 还为用户提供了直观和有效的方式来计划和执行测试集、收集测试结果并分析数据。TestDirector 还专门提供了一个完善的缺陷跟踪系统，它能够让用户跟踪缺陷从产生到最终解决的全过程。TestDirector 通过与用户的邮件系统相关联，缺陷跟踪的相关信息就可以被整个应用开发组、QA、客户支持、负责信息系统的人员所共享。

TestDirector 提供了与第三方的测试工具（如 WinRunner、LoadRunner）、需求和配置管理工具、建模工具的整合功能。TestDirector 能够与这些测试工具很好地无缝连接，并为用户提供全套解决方案，以实现全部自动化的应用测试。

9.2 测试管理过程

TestDirector 的测试管理包括如下 4 个阶段。

定义需求（specify requirements）

定义需求分析应用程序并确定测试需求。在定义需求阶段，其过程一般包括以下几个方面：

- 定义测试范围（define testing scope）：检查应用程序文档，并确定测试范围、测试目的、目标和策略。
- 创建需求（create requirements）：创建需求树（requirements tree），并确定它涵盖的所有的测试需求。
- 描述需求（detail requirements）：为需求树中的每一个需求主题建立了一个详细的目录，并描述每一个需求，给它分配一个优先级，如有必要，还可以加上附件。
- 分析需求（analyze requirements）：产生报告和图表来帮助分析测试需求，并检查需求以确保它们在测试范围内。

计划测试（plan tests）

计划测试基于测试需求，建立相应的测试计划。在计划测试阶段，其过程包括下面几个方面：

- 定义测试策略（define testing strategy）：检查应用程序、系统环境和测试资源，并确认测试目标。
- 定义测试主题（define test subject）：将应用程序基于模块和功能进行划分，并对应到各个测试单元或主题，构建测试计划树（test plan tree）。
- 定义测试（define tests）：定义每个模块的测试类型，并为每一个测试添加基本的说明。
- 创建需求覆盖（create requirements coverage）：将每一个测试与测试需求进行连接。
- 设计测试步骤（design test steps）：对于每一个测试，先决定其要进行的测试类型（手动测试和自动测试），若准备进行手动测试，需要为其在测试计划树上添加相应的测试步骤（test steps）。测试步骤描述测试的详细操作、检查点和每个测试的预期结果。
- 自动测试（automate tests）：对于要进行自动测试的部分，应该利用 MI、自己或第三方的测试工具来创建测试脚本。
- 分析测试计划（analyze test plan）：产生报告和图表来帮助分析测试计划数据，并检查所有测试以确保它们满足用户的测试目标。

执行测试（execute tests）

执行测试创建测试集（test set）并执行测试。在执行测试阶段，其过程包括以下几个方面：

- 创建测试集（create test sets）：在用户的工程中定义不同的测试组来达到各种不同的测试目标。例如，在一个应用程序中测试一个新的应用版本或一个特殊的功能，并确定每个测试集都包括了哪些测试。
- 确定进度表（schedule runs）：为测试执行制定时间表，并为测试员分配任务。
- 运行测试（run tests）：自动或手动执行每一个测试集。
- 分析测试结果（analyze test results）：查看测试结果并确保应用程序缺陷已经被发现。生成的报告和图表可以帮助用户分析这些结果。

跟踪缺陷（track defects）

跟踪缺陷报告程序中产生的缺陷并跟踪缺陷修复的全过程。在跟踪缺陷阶段，一般包括以下几个过程：

- 添加缺陷（add defects）：报告程序测试中发现的新缺陷。在测试过程中的任何阶段，质量保证人员、开发者、项目经理和最终用户都能添加缺陷。
- 检查新缺陷（review new defects）：检查新缺陷，并确定哪些缺陷应该被修复。
- 修复打开的缺陷（repair open defects）：修复那些用户决定要修复的缺陷。
- 测试新构建（test new build）：测试应用程序的新构建，重复上面的过程，直到缺陷被修复。
- 分析缺陷数据（analyze defect data）：产生报告和图表来帮助用户分析缺陷修复过程，并帮助用户决定什么时候发布该产品。

在开始使用 TestDirector 之前，我们需要了解有关 TestDirector 的一些概念。

项目数据库。当用户创建一个 TestDirector 工程后，用户需要存储和管理 TestDirector 自身产生和连接的数据库。每一个工程都支持通过数据库来存储工程信息。

TestDirector 是一个知识库，存储着需求、测试、测试集、测试个案（Test Run）、工程文档和定制信息。为了应用程序测试工程能够正常工作，TestDirector 需要持续不断地访问这些数据。

可以使用下面的数据库应用软件来存储和管理 TestDirector 信息：

- Microsoft Access；
- Sybase（TestDirector Enterprise Edition only）；
- Microsoft SQL（TestDirector Enterprise Edition only）；
- Oracle（TestDirector Enterprise Edition only）。

用户权限（user privileges）。TestDirector 允许用户管理用户访问工程的权限，它会创建一个有权用户的列表，并为一个组或者一个用户分配一个口令。用户可以控制每个用户对项目进行的添加和修改。

在 TestDirector 中，用户所拥有的权利是由该用户所在的用户组决定的。TestDirector 允许用户为工程中指定的目录创建包含特权和许可机制的规则，一些有用的信息可能在 TestDirector 的用户组中被用到。

导出 Word 文档。TestDirector 提供直接从测试需求树和测试计划树中导出 Microsoft Word 格式的测试文档和需求的功能。若需要使用 Microsoft Word 文档导出功能，必须首先下载和安装 Microsoft Word 插件。

下载 Microsoft Word 插件的步骤如下：

- 在 TestDirector 的 Window 选项中，单击 Add-ins Page 链接，TestDirector 的 Add-ins 页被打开。
- 单击 More TestDirector Add-ins 链接，更多的 TestDirector Add-ins 页被打开。
- 在 Microsoft Add-ins 内，单击 Microsoft Word 链接，Microsoft Word 的 Add-ins 页被打开。
- 单击 Microsoft Word Add-in Readme 链接，依据指示运行 Microsoft Add-in。
- 单击 Download Add-in 链接，开始安装 Microsoft Word Add-in。

导出 Excel 文档。TestDirector 提供了直接从工程中导出 Microsoft Excel 格式的测试文档、需求或缺陷报告的功能。若需要使用 Microsoft Excel 文档导出功能，必须首先下载和安装 Microsoft Excel 插件。

下载 Microsoft Excel 插件的步骤如下：

（1）在 TestDirector 的 Window 选项中，单击 Add-ins Page 链接，TestDirector 的 Add-ins 页被打开。

（2）单击 More TestDirector Add-ins 链接，更多的 TestDirector Add-ins 页被打开。

（3）在 Microsoft Add-ins 内，单击 Microsoft Excel 链接，Microsoft Excel 的 Add-ins 页被打开。

（4）单击 Microsoft Excel Add-in Readme 链接，依据指示运行 Microsoft Add-in。

（5）单击 Download Add-in 链接，开始安装 Microsoft Excel Add-in。

9.3 TestDirector 的基本使用方法

TestDirector 的基本使用包括启动 TestDirector、TestDirector 窗口操作、修改密码与用户属性和清除历史记录等。

启动 TestDirector

我们可以通过用户的工作站上 Web 浏览器启动 TestDirector。启动 TestDirector 的步骤如下：

（1）打开 Web 浏览器并输入 TestDirector 所在的 URL（http://[Server name]/[virtual Directory name]/default.htm），进入 TestDirector 的首页。

（2）单击 TestDirector 链接。当第一次运行 TestDirector 时，软件将会被下载到用户的计算机上，随后 TestDirector 会自动进行版本检查，若发现存在新的版本，它将会帮用户下载新的版本。一旦 TestDirector 进行完版本检查和更新（假如需要的话），将进入 TestDirector 的登录页面。

（3）在域列表中选择用户想进入的域。用户选择名为 DEFAULT 的默认域。若不知道具体应该选择哪个域，可与管理员联系。注意，DEFAULT 域在 TestDirector 的标准版中才有效。

（4）在工程列表中选择一个工程。假如工程列表是空的，可查阅 TestDirector 的知识库（http://support.mercuryinteractive.com）并搜索关键字"empty project list"。若 TestDirector 的示例工程已经被安装在 TestDirector 的服务端，用户可以选择名为"TestDirector_Demo"的工程（确信在 Domain 列表中已经选择了 DEFAULT 域）。此工程会介绍 TestDirector，包括需求、测试、测试集、Test Runs 以及缺陷。

（5）在 User ID 文本框中，选择或输入用户名称。若不清楚用户名，可与系统管理员联系。注意，User ID 列表信息是与客户端本身所在的机器有关的，故第一次登录 TestDirector 时，应该输入用户名。

（6）在 Password 文本框中，输入管理员指派的用户密码（若用户是第一次以 Admin 的身份登录，不需要输入密码，此时密码为空）。

（7）单击 Login 按钮。TestDirector 会打开在用户上一次运行 TestDirector 任务时所用过的那些模块（需求、测试计划、测试实验室和缺陷）。

（8）单击右上角的 Logout 按钮，可退出和返回到 TestDirector 登录窗口。

TestDirector 窗口操作

当打开一个工程时，在 TestDirector 的主窗口中会打开用户上次工作时使用过的模块。在标题栏，TestDirector 会显示工程名称和用户名。

TestDirector 包含如下几个模块：

- 需求（requirements）：定义测试需求，包括定义用户正在测试的内容、需求的主题和条目并分析这些需求。
- 测试计划（test plan）：开发一个测试计划，包括定义测试目标和策略、将测试计划分为不同的类别、对测试进行定义和开发、定义哪些需要自动化测试、将测试与需求进行连接和分析测试计划。
- 测试实验室（test lab）：运行测试并分析测试结果。
- 缺陷（defects）：增加新缺陷，确定缺陷修复属性，修复打开的缺陷和分析缺陷数据。

用户可以在两个模块间利用快捷键进行切换。用 Ctrl + Shift + 1 快捷键可访问需求模块，用 Ctrl + Shift + 2 快捷键可访问测试计划模块，如此类推。

修改密码与用户属性

修改密码的步骤如下：

（1）在窗口右上角单击 Tools 按钮并选择 Change Password 菜单项，或者在工程定制窗口中单击 Change Password 链接，可打开修改密码对话框。

（2）在 Old Password 文本框中输入用户的旧密码。在 New Password 文本框中输入用户的新密码。在 Retype New Password 文本框中重新输入新密码。

（3）单击 OK 按钮，关闭修改密码对话框。

TestDirector 提供了修改用户属性信息的功能，用户属性信息包括全名、E-mail 地址、电话号码和描述信息。注意，E-mail 地址信息是非常重要的，因为能够直接通过用户的邮箱，让用户接收到缺陷、需求和测试集的信息。修改用户属性的步骤如下：

（1）在窗口右上角单击 Tools 按钮并选择 Change User Properties 菜单项，或者在工程定制窗口单击 Change User Properties 链接，可打开用户属性对话框，如图 9-1 所示。

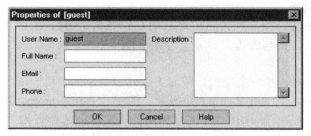

图 9-1　用户属性对话框

（2）编辑用户的属性：Full Name、EMail、Phone、Description。

（3）单击 OK 按钮，保存修改。

清除历史记录

在自定义 TestDirector 工程时，可以要求 TestDirector 来保存系统中的日志信息，以及在需求、测试和缺陷实体中的用户字段。产生的历史记录数据会被显示在需求、测试计划和缺陷模块的历史记录属性页上面。

一旦不想存储历史数据，TestDirector 允许将这些历史数据从 TestDirector 工程中删除。用户能够清除所有的历史记录，或指定实体或域的历史记录。另外，用户能够让 TestDirector 仅删除直到某一天（包括这一天）的历史记录。TestDirector 所清除的历史记录显示在各自模块的 History 属性页。

注意：默认状态下，只有具有管理员权限的用户才能清除历史记录。用户权限是能够被定制的。

清除历史记录步骤如下：

（1）在窗口右上角单击 Tools 按钮并选择 Clear History 菜单项，打开 Clear History 对话框，如图 9-2 所示。

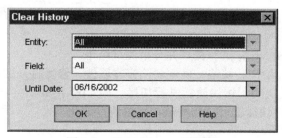

图 9-2　Clear History 对话框

（2）在 Entity 下拉列表框中，选择用户准备删除历史记录所属的实体。若要准备删除需求、测试和缺陷实体的历史记录，可选择 All 选项。

（3）在 Field 下拉列表框中，选择要准备删除的历史记录所在的字段，若想删除历史记录的所有字段，可选择 All 选项。

（4）在 Until Date 下拉列表框中，选择一个日期。TestDirector 可删除直到所选择日期的历史记录（包括所选择日期当天）。

（5）单击 OK 按钮。

9.4　建立测试项目

进行测试之前，首先需要管理员建立待测项目。

9.4.1　创建项目

创建项目的目的是建立测试项目的数据和组建相关的测试人员。

【实验 9-1】创建测试项目

创建测试项目的步骤如下：

（1）单击桌面的图标，如果弹出的界面图片没有显示，可以在该图标的属性中将 ULR 改为 http:// 本机的 IP /TDBIN/default.htm，如 http://10.138.195.48/TDBIN/default.htm。

（2）单击 Site Administrator 链接，进入站点管理的登录界面。

（3）单击 Login 按钮，进入站点管理的主界面。

（4）在主界面左侧可以看见已有两个项目（TestDirecotr_Application、TestDirector_Demo），单击工具栏上的创建按钮，打开项目新建对话框。

（5）默认项目名称是以 " TD_" 为前导字符的，可以更改该项，如 TD_KM，当然可任意输入，但要保证唯一。选择数据类型，如 MS-SQL。单击 Next 按钮。

（6）输入本地数据库的用户名和密码（若本地服务器的名称不是 TDSQLSERVER，则需要在 SQL serever 的客户端网络使用工具建立别名 TDSQLSERVER），DB Admini User、DB Admin Password 是要连接的服务器的管理员用户和管理员密码，单击 Next 按钮。

（7）单击 Create 按钮新建一个项目。

（8）如果项目是要从已存在的项目复制，那么在新建对话框中单击 Copy 按钮，如图 9-3 所示。

图 9-3　复制项目

（9）在 From Project 下拉列表框中选择要复制的项目，选择要复制哪些类型的数据，单击 Copy 按钮创建。

（10）创建完项目测试数据库是否正常连接。在工具栏中选择 DB servers 选项→输入数据库的用户名和密码后单击"确定"按钮。连接成功则提示 ping 成功，不成功则提示未指定的错误。

9.4.2 定制项目

【实验 9-2】定制测试项目

本实验完成项目的模块定制、用户加入及权限设定。步骤如下：

（1）单击桌面的图标，如果弹出的界面图片没有显示，可以在该图标的属性中将 URL 改为 http:// 本机的 IP /TDBIN/default.htm，如 http://10.138.195.48/TDBIN/default.htm。

（2）单击 TestDirector 链接，进入登录项目界面，如图 9-4 所示。

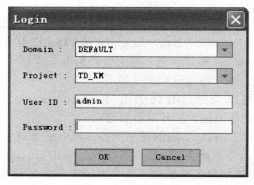

图 9-4 登录项目界面

（3）单击 OK 按钮，进入配置项目字段界面，如图 9-5 所示。

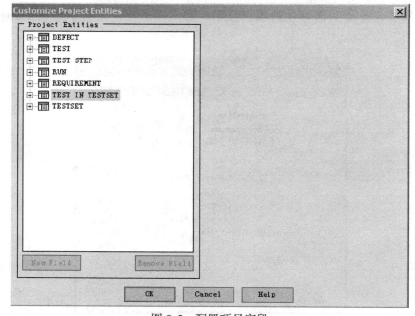

图 9-5 配置项目字段

（4）在 Project 下拉列表框中选择 TD_KM，即上面创建的项目，输入用户名 admin，密码为空（这是默认的系统管理员身份），单击 OK 按钮确认进入项目定制界面。

（5）单击导航菜单 change password 链接，进入修改密码界面，在这个界面可以更改管理员的密码。

（6）配置项目字段。单击 Customize Project Entities 链接，打开 Customize Project Entities 对话框，如图 9-5 所示。这里有 7 个表，每个表中的字段分为系统字段（system fields）和用户定段（user fields）。

（7）选择 DEFECT → User Fields 节点，单击 New Field 按钮，如图 9-6 所示。

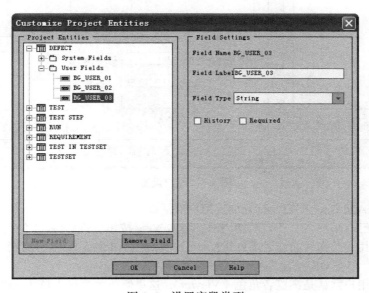

图 9-6　设置字段类型

（8）输入字段名称和数据类型，并选择显示模式，完成后单击 OK 按钮返回。

（9）定制项目的模块分类。单击 Customize Project Lists 链接进入定制列表框界面，如图 9-7 所示。

（10）在 Lists 下拉列表框中选择 All Projects，单击 New List 按钮，打开增加项目模块条目对话框。

（11）输入条目名称，如"KM 协作"，然后单击 OK 按钮返回。

（12）选择我们增加的"KM 协作"，单击 New Sub-Item 按钮，打开增加条目对话框。

（13）输入条目名称，如"文件协作"，单击 OK 按钮返回。

（14）重复以上操作完成项目各模块的加入。完成后单击 OK 按钮返回定制主界面。

（15）增加用户。单击 Setup Users 按钮打开用户设置对话框，如图 9-8 所示。在这里可以增加、删除用户，并且为用户定制权限。系统默认 5 种角色：浏览者、开发者、项目管理

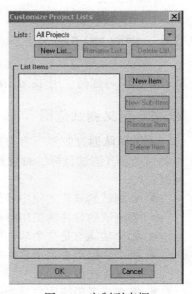

图 9-7　定制列表框

者、测试人员、TD 系统管理员。

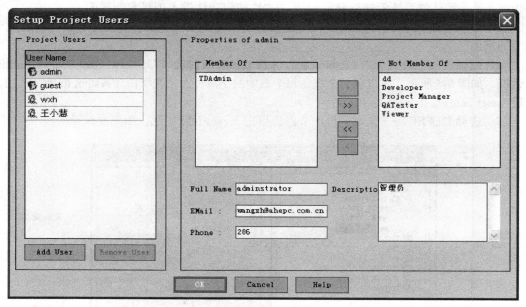

图 9-8　用户设置

（16）单击 Add User 按钮，打开加入用户对话框。

（17）选择已有用户名，若要新增用户，单击 New 按钮。

（18）输入用户信息（如全名（Full Name）、地址（Address）、电子邮箱（EMail）、联系电话（Phone）），单击 OK 按钮返回。

（19）这时用户默认是浏览者角色（Viewer），这里修改为测试人员（QATester）（这里有所属成员（member of）选项和非成员（not member of）选项。

（20）重复步骤（18）～（20）加入参与的成员，然后单击 OK 按钮返回定制主面。

9.5　定义测试需求

下面学习如何使用 TestDirecotr 来定义测试需求。

9.5.1　定义测试范围

测试团队通过收集所有有用的文档（包括市场和业务需求文档、系统需求文档）来确定测试范围（测试目标、对象及策略）。在确定测试范围的时候，首先应该弄清楚以下几个问题：

- 要测试的软件的使用目的及方向是什么？
- 要测试的软件的使用特性是什么？
- 哪个功能点是这个软件中相对重要的？
- 哪个功能点在这个软件中存在高风险？
- 测试优先级是什么？
- 客户或者最终用户是否同意测试优先级？

● 质量目标是什么？

9.5.2 建立需求大纲

【实验 9-3】建立项目需求大纲

本实验完成建立项目需求大纲和测试计划，步骤如下：

建立需求树

单击工具栏中的█按钮，在需求树上就会增加一行，然后修改标题即可。单击工具栏中的█按钮，就会在需求树上添加一个子项。单击工具栏中的█按钮，就可以添加一个附件。单击工具栏中的█按钮，可打开测试覆盖对话框。测试覆盖起到了把需求同测试进行关联在一起的作用。

在需求树上查询

单击工具栏中的█按钮，打开查询对话框。在 Find in Field 下拉列表框中选择要查询的字段。然后在 Value to Find 文本框中输入要在项目树上查找的关键字，单击 Find 按钮即可查询。选中要查看的结果，单击 Goto 按钮，焦点就会移动到想查看的需求节点了。

在需求树上查看

单击工具栏中的█按钮，可以缩放需求树。单击工具栏中的█·按钮，可以进行需求树的刷新。单击工具栏中的█、█按钮，可以收缩和展开需求树。在需求树上右击，选择 Associated Defects 命令，在打开的对话框中会显示与这个需求相对应的错误。

修改需求树

在项目树上右击，选择 Rename 命令，就可以修改项目树上的节点名称了。在项目树上右击，选择 Copy 命令，然后再右击，选择 Paste → Paste 命令，就可以粘贴一个需求节点了；如果选择 Paste → Paste as Child 命令，则会粘贴为一个子节点。在项目树上右击，选择 Cut 命令，然后再右击，选择 Paste → Paste 命令，就可以粘贴一个需求节点了；如果选择 Paste → Paste as Child 命令，则会粘贴为一个子节点。

删除需求

在项目树上右击，选择 Delete 命令，可以删除需求节点。

从需求上建立测试

转换需求到测试。使用转换到测试向导，转换需求到测试计划树中指定主题的测试。

转换所有需求：选择 Tools → Convert to Test → Convert All 命令。

转换指定的需求：在需求树中选择所要转换的需求，并选择 Tools → Convert to Tests → Convert Selected 命令。

打开的 Step 1 of 3：Choose an automatic conversion method 对话框如图 9-9 所示。

选择一种自动转换方法：

（1）选中 Convert lowest child requirements to design steps 单选按钮，将所有最低级别的子需求转换为设计步骤，将高一级别的子需求转换为测试，将所有更高级别的子需求转换为主题。

（2）选中 Convert lowest child requirements to tests 单选按钮，将所有最低级别的子需求转换为测试，将所有高级别的子需求转换为主题。

（3）选中 Convert all requirements to subjects 单选按钮，将所有选择的需求转换为主题。

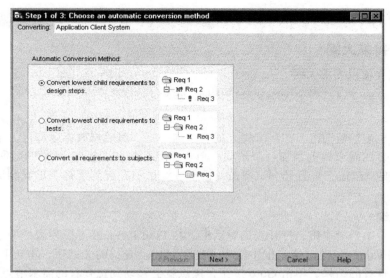

图 9-9　Step 1 of 3：Choose an automatic conversion method 对话框

　　单击 Next 按钮开始转换需求。若想取消转换并返回到步骤 1，单击进度条上的 Stop 按钮。当转换过程完成，转换结果将被显示在 Step 2 of 3：Manual changes to the automatic conversion 对话框中，如图 9-10 所示。

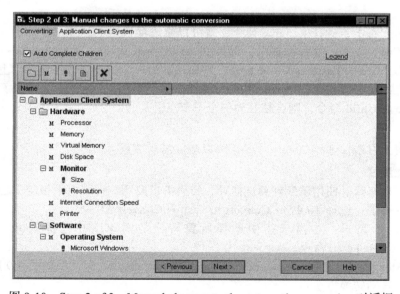

图 9-10　Step 2 of 3：Manual changes to the automatic conversion 对话框

注意：假如仅仅只转换单个需求，向导将会跳过此对话框。

　　查看向导图例，单击 Legend 链接。对于每一个转换项，可以进行如下操作：

　　（1）选择一个项，并单击 Exclude 按钮，或右击该项，选择 Exclude 命令，将此项从测试计划树中删除。

　　（2）选择一个项，并单击 Subject 按钮，或右击该项，选择 Subject 命令，将选择的项改变为一个主题。子项将变为主题或测试。注意，主题名称必须唯一。

　　（3）选择一个项，并单击 Test 按钮，或右击该项，选择 Test 命令，将选择的项改变为一个测试。子项将被转换为测试步骤。注意，测试名称必须唯一。

（4）选择一个项，并单击 Step 按钮，或右击该项，选择 Step 命令，将所选择的项改变为测试步骤。子项将被转换为步骤的描述。

（5）选择一个项，并单击 Desc 按钮，或右击该项，选择 Desc 命令，将所选择的项改变为步骤描述。子项将被转换为缩进的描述文本。

做修改时，若不希望使用向导，将默认选中的 Auto Complete Children 选项取消。假如此项被选中，在改变父级别时，如从主题改变为测试，向导会自动转换所有子项的级别，如从测试到测试步骤。

单击 Next 按钮，打开 Step 3 of 3：Choose the destination subject path 对话框，如图 9-11 所示。

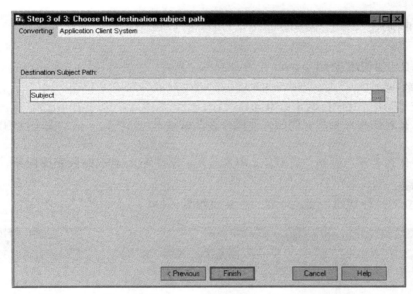

图 9-11   Step 3 of 3：Choose the destination subject path 对话框

在 Destination Subject Path 区域中，单击 Browse 按钮，打开 Select a Destination Subject 对话框。在此对话框中显示的测试计划树中选择一个主题，或者输入一个主题名称。默认情况下，TestDirector 将这些测试放置到测试计划模块的临时测试文件夹。

单击 Finish 按钮。在进度条上单击 Stop 按钮停止转换过程，并返回到 Step 3 of 3：Choose the destination subject path 对话框。

单击信息提示对话框中的 OK 按钮，关闭转换到测试的对话框，或者查看生成的错误信息。

从需求产生测试。使用产生测试对话框，转换需求到测试计划树中指定主题的测试，并添加到测试实验室模块指定的测试集中。在需求树中，右击一个需求，选择 Generate Test 命令，打开 Generate Test 对话框，如图 9-12 所示。

对于 Subject 选项，从测试计划树中选择一个主题或输入一个新的主题名。默认情况下，TestDirector 放置此测试在测试计划模块的临时测试文件夹。在 Test

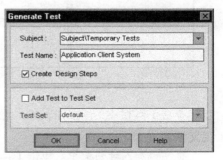

图 9-12   Generate Test 对话框

Name 文本框中，为新测试输入一个名字。默认情况下，TestDirector 将使用需求名称作为测试名。假如用户不希望 TestDirector 去创建测试步骤，取消选中 Create Design Steps 复选框。假如此选项是被选中的，TestDirector 将为每个子需求添加一个步骤到测试。选中 Add Test to Test Set 复选框，要求 TestDirector 在测试实验室模块中增加测试到测试集。在 Test Set 列表中，选择一个测试集或输入一个新的测试集名称。单击 OK 按钮。

生成标准需求报表

选择 Analysis → Reports → Stadard requirement report 命令，可以生成标准需求报表。

生成概要报表

选择 Analysis → Grahps → Summary 命令，可以生成概要图表。

9.6　计划测试

下面介绍如何使用 TestDirecotr 来管理测试计划。

定义测试策略

定义测试策略的时候有两个基本问题：

- 将怎么测试应用程序？例如，使用什么测试技术（如压力测试、安全性测试、确认测试等）。
- 需要什么资源？例如，需要什么资源（人、硬件等），什么时候完成任务。

定义测试主题

首先建立测试计划树，测试计划的主界面如图 9-13。

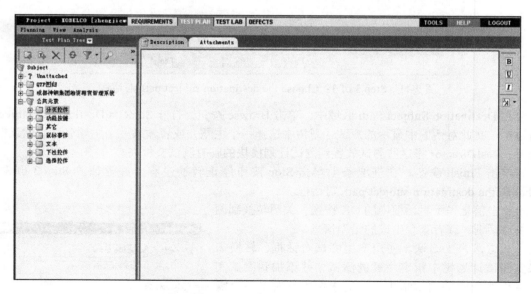

图 9-13　测试计划的主界面

单击工具栏中的 按钮，输入想添加的测试计划名称，单击 OK 按钮即可添加成功。

定义测试

将测试加入计划树中。单击工具栏中的 按钮，在 Test Type 下拉列表框中输入测试名称，单击 OK 按钮，即可添加成功。测试类型有以下几种：Manual（手工测试）、WR Automated

（WinRunner 自动测试）、QuickTest Test（QTP 自动测试）、VAPI Test（Visual API 测试）。

标签页有 Details（描述信息）、Design steps（测试步骤）、Test script（测试脚本，自动测试时才有效）、Attachments（附件）、Reqs Coverage（需求覆盖）。

查看测试计划树。单击工具栏中的⊟、⊞按钮可以展开和收缩测试计划树测试图标。单击工具栏中的🔲按钮，可以刷新测试计划树；单击工具栏中的▽按钮，可以过滤或者分类测试计划树上的数据。

将缺陷关联到测试上。TestDirector 能够将测试计划树中的测试与特定的缺陷进行关联。例如，当为特定已知的缺陷创建一个新的测试的时候。通过创建一个关联，能够基于缺陷的状态来决定这个测试是否应当被运行。注意，任何被该测试覆盖的需求也会与该缺陷进行关联。

（1）在测试计划树上选择一个测试，并选择 View → Associated Defected 命令，或右击这个测试，选择 Associated Defected 命令，打开 Associated Defects（关联缺陷）对话框，如图 9-14 所示。

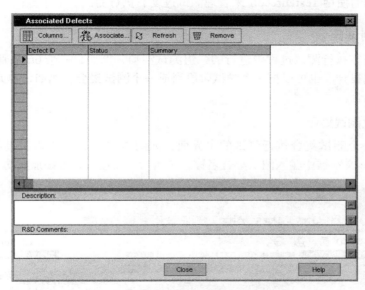

图 9-14　Associated Defects 对话框

（2）单击 Associate 按钮增加关联的缺陷。在打开的关联缺陷对话框中输入 Defect ID 或单击 Select 按钮，从有效的缺陷列表中选择。单击 OK 按钮，则缺陷被添加到列表中。

（3）单击 Refresh 更新关联缺陷列表。单击 Columns 自定义缺陷字段的显示和顺序。

（4）选择缺陷并单击 Remove 按钮，并单击 Yes 按钮确认，将关联的缺陷从列表中移除。单击 Close 按钮。

查找测试

（1）对于树中限制搜索的特定文件夹，先选中此文件夹，然后在工具栏中单击 Find Folder/Test 按钮🔍，打开 Find Folder/Test 对话框。在 Find In 文本框中显示文件夹名称。

（2）在 Value to Find 文本框中，输入准备搜索的文件夹或测试的名称（或部分名称）。注意，名称是不分大小写的。

（3）选中 Include Tests 复选框，要求 TestDirector 对文件夹和测试均进行搜索。

（4）单击 Find 按钮。

TestDirector 将会用给定的值定位这个文件夹或测试。假如搜索是成功的，将打开搜索结果对话框，并显示可能匹配的列表。从列表中选择一个结果，并单击 Go To 按钮，则会在测试计划树中高亮显示此文件夹或测试。假如搜索不成功，将打开相应的信息提示对话框。

注意：也可以使用查找对话框在测试网格中搜索测试。首先选择一个想要搜索的字段，来代替搜索的文件夹，然后输入想要搜索的值。另外，也可以决定搜索是否区分大小写、是否精确匹配、是否使用通配符。

修改测试计划树

在测试计划树上右击，选择 Rename 命令，可以修改项目树上的节点名称。在工具栏中单击 × 按钮，可以删除一个测试节点。

9.7 执行测试

本节介绍如何使用 TestDirecotr 来管理测试进度、执行测试的工作流程。

9.7.1 建立测试集合

测试集合是在执行测试过程中进行的一组测试活动，例如，一个 build 版本的测试就可以作为一个测试集合。也可以把一个测试阶段当成一个测试集合，例如，单元测试阶段可以作为一个测试集合。

【实验 9-4】建立测试集合

（1）添加一个测试集合执行测试的主界面，如图 9-15 所示。单击工具栏中的 按钮，在 Test Set Name 文本框中输入测试集合名称，单击 OK 按钮，即可添加成功。

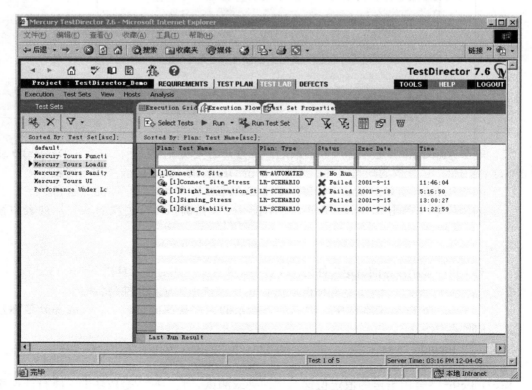

图 9-15　执行测试的主界面

（2）将测试加入测试集合中。单击工具栏中的 Select Tests 按钮打开测试树，在测试树上右击，选择 Add To Test Set 命令，即可将测试加入测试集合中。

（3）管理一个测试集合。在执行测试树上右击，选择 Test Set Details 命令，打开图 9-16 所示的设置测试集合的属性对话框。在该对话框可以设置测试集合的属性，如测试集合的状态（status）。

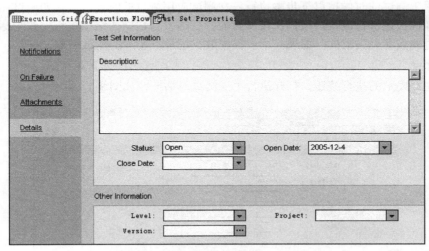

图 9-16　设置测试集合的属性对话框

9.7.2　测试执行表

建立测试集合后，测试负责人应该安排测试的执行表，执行表包括测试人、测试主机名称、测试执行日期、测试执行时间。

选择执行测试的主界面上的 Execute Flow 标签页，可以设置自动测试的执行表，如图 9-17 所示。

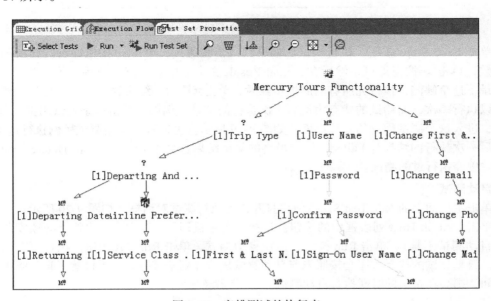

图 9-17　安排测试的执行表

9.7.3 执行测试过程

在没有执行测试之前，它处于 No Run 的状态，等到执行测试以后，它的状态会根据测试结果而发生变化。

【实验 9-5】执行测试

执行手工测试的时候按以下步骤执行：在测试应用测试的时候，要按照测试用例中的测试步骤的详细描述进行测试。根据比较实际的测试结果与预期的结果是否一致来标记每一个步骤是通过的或者是失败的。如果一个步骤失败，记录下实际的测试结果。

执行手工测试

单击主界面上的执行按钮，打开执行手工测试对话框，如图 9-18 所示。

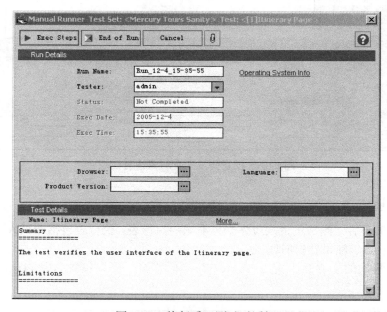

图 9-18　执行手工测试对话框

单击 Exec Steps 按钮，执行测试。如果测试步骤通过，单击 ✓ 按钮即可。如果测试步骤失败，单击 ✗ 按钮即可，然后在 Actual Result 文本框中输入测试结果，单击 ☷ 按钮，可以记录下这个缺陷；执行完所有的测试步骤后，单击 ▣ 按钮，结束这个测试。另外，测试用例可以执行多次，而测试的状态为最后一次执行的结果。例如，单击一条测试用例，单击 ▣ 按钮，进入这个测试用例的属性界面，如图 9-19 所示。可以看到这条测试用例执行过 4 次，而最后一次执行的结果为 Failed，所以最终的显示结果也会为 Failed。单击 Delete 按钮，可以删除曾经执行过的测试。

执行自动测试

单击主界面上的 Run Test Set 按钮，打开自动执行测试对话框，如图 9-20 所示。

单击 Run on Host 列表框中的按钮。选择一台主机即可（注意这台主机上必须安装了相应的自动测试工具）。单击 Run 按钮，执行自动测试。单击 Run All 按钮，执行所有的自动测试，自动测试的执行次序会按照先前自动测试执行计划来进行。如果设置了自动测试的执行时间，则会在指定的时间执行自动测试。

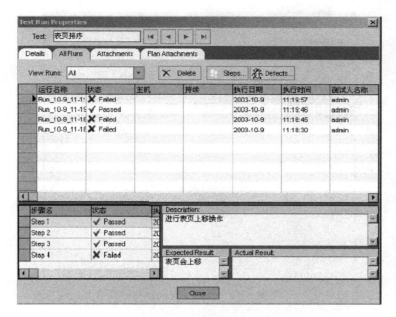

图 9-19　测试用例的属性界面

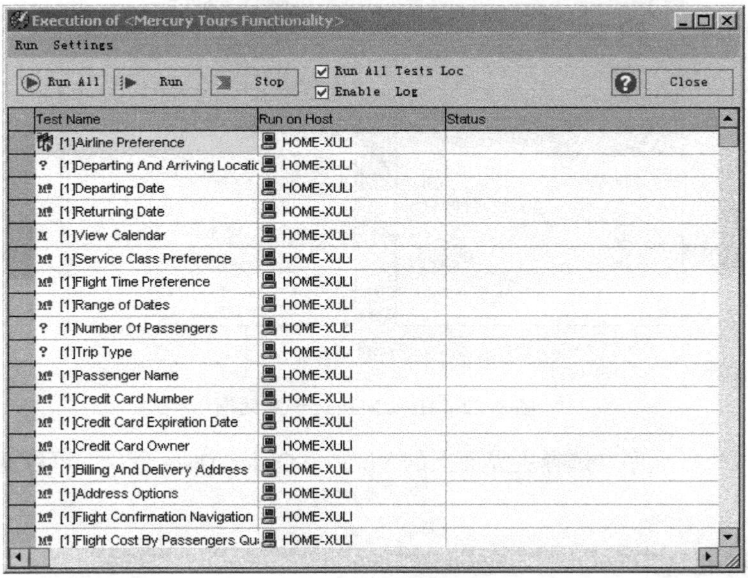

图 9-20　自动执行测试对话框

　　单击 Stop 按钮，可以停止正在执行的自动测试。在执行完自动测试以后，系统会给出一个自动测试的结果。或者选择 Run → View Execution Log 命令查看自动测试的测试结果，如图 9-21 所示。

　　要设置远程主机，选择主界面上的 Hosts → Host Manager 命令，打开 Host Manager 对话框，如图 9-22 所示。单击 Add 按钮，可以收集到局域网中的主机。

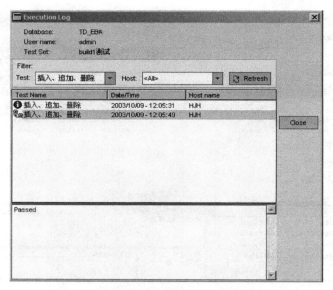

图 9-21   自动测试的结果

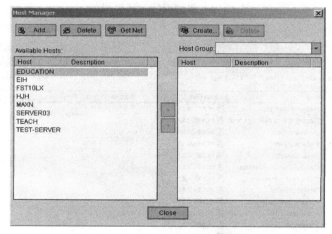

图 9-22   Host Manager 对话框

　　要自动测试执行顺序，选择主界面上的 View → Order Tests 命令，可以调整自动测试执行的先后顺序。

9.7.4   分析测试结果

　　在测试执行的属性界面中，有 Details、All Runs、Attachments 和 Plan Attachments 共 4 个标签页。Details 标签页用于描述测试执行的基本信息，如图 9-23 所示。All Runs 标签页用于显示在执行测试过程中的信息，如图 9-24 所示。Attachments 标签页用于添加附件。Plan Attachments 标签页用于显示在测试计划时添加的附件。

　　如果是自动测试，还会显示 Exec Config 标签页，如图 9-25 所示。它用于设置自动测试在执行过程中的一些相关参数。

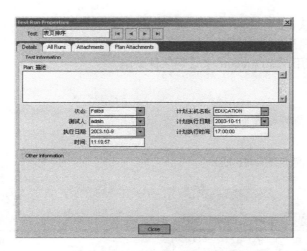

图 9-23　测试执行的基本信息

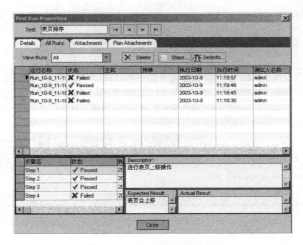

图 9-24　All Runs 标签页

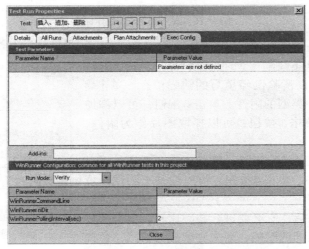

图 9-25　Exec Config 标签页

9.8 管理软件缺陷

本节学习如何使用 TestDirecotr 来管理软件缺陷。

9.8.1 记录缺陷

记录缺陷的工作流程步骤如下。

添加缺陷

记录缺陷的主界面如图 9-26 所示。

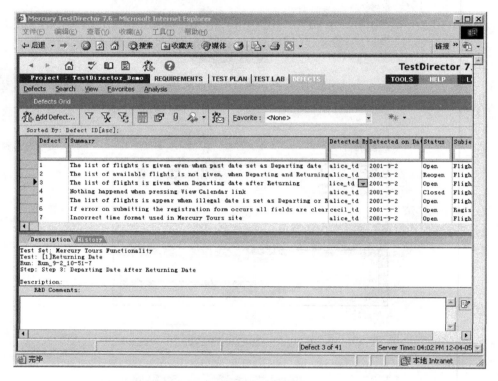

图 9-26 记录缺陷的主界面

单击 Add Defect 按钮，打开添加缺陷对话框。单击
Submit 按钮，提交这条缺陷。如果所填写缺陷信息错误，
单击 Clear 按钮，可以清除已经填写的缺陷信息。单击▦
按钮，可以添加文件类型的附件。单击▣按钮，可以添加
Web 类型的附件。单击▣按钮，可以抓取图片作为附件，
如图 9-27 所示。

单击▣按钮，可以进行抓图。单击 Attach 按钮，可以
将所抓的图作为附件。单击▣按钮，可以记录下测试环境
的信息，如图 9-28 所示。

填写完缺陷信息后，有必要进行缺陷比较，单击▣按
钮，查找是否存在相同的缺陷，如果有相似的缺陷，会打
开缺陷界面。

图 9-27 缺陷快照

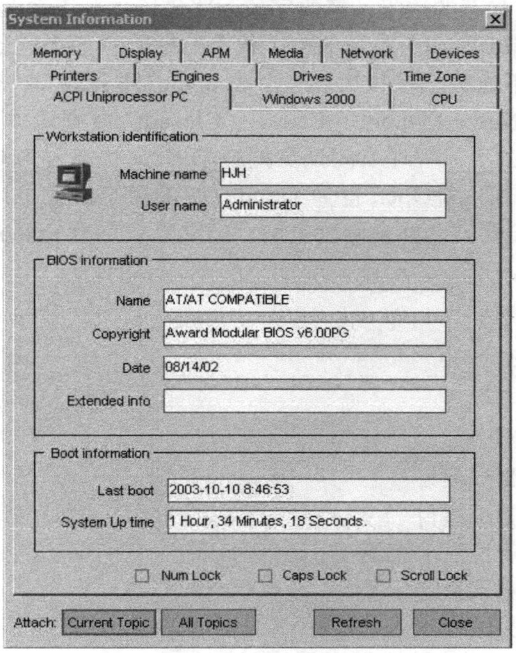

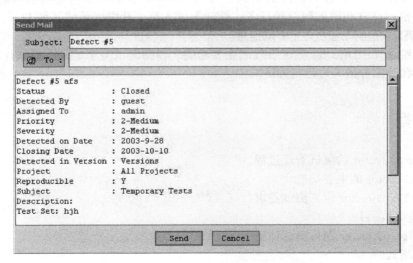

图 9-28　记录测试环境的信息

发送邮件

单击 按钮，可以发送邮件给缺陷修改负责人，也可以自动定时发送邮件给缺陷修改负责人（由系统管理员配置），如图 9-29 所示。

```
Send Mail                                              X
  Subject: Defect #5

   To :

Defect #5 afs
Status              : Closed
Detected By         : guest
Assigned To         : admin
Priority            : 2-Medium
Severity            : 2-Medium
Detected on Date    : 2003-9-28
Closing Date        : 2003-10-10
Detected in Version : Versions
Project             : All Projects
Reproducible        : Y
Subject             : Temporary Tests
Description:
Test Set: hjh

          Send        Cancel
```

图 9-29　发送邮件给缺陷修改负责人

9.8.2　检查新缺陷

开发负责人检查是否有新的缺陷，如果的确是缺陷，将它的状态修改为 Open（开放）。如果发现这条缺陷重复或者不是缺陷，则将它的状态改为 Closed（关闭）或者 Rejected（拒绝）。

开发人员修改 Open 状态的缺陷，修改完成后将缺陷的状态改为 Fixed（已修复）状态。

测试人员在新的 Build 版本中验证 Fixed 状态的缺陷，如果验证通过，将缺陷状态改为 Closed 状态；如果验证不通过，将其状态改为 Reopen（重开放）状态。

缺陷的生存周期为 New → Open → Fixed → Closed。由测试员发现缺陷，并加入缺陷，这些缺陷状态为 New。由项目管理或测试员把缺陷 New 状态置为 Open，把缺陷公布出来。开发者修复缺陷后，把缺陷由 Open 置为 Fixed，如果拒绝修改可以置为 Rejected。缺陷的发现人员对缺陷进行回归测试，如果修改正确，把缺陷状态由 Fixed 置为 Closed；如果缺陷仍存在，则置为 Reopen。

9.9　实验安排说明

本章安排了如下 5 个实验：
- 【实验 9-1】创建测试项目
- 【实验 9-2】定制测试项目
- 【实验 9-3】建立项目需求大纲
- 【实验 9-4】建立测试集合
- 【实验 9-5】执行测试

这些实验按照 TestDirector 的操作流程逐步完成。

9.10　小结

TestDirector 是一个基于 Web 的测试管理工具，可以完成测试管理所包含的需求管理、计划测试、执行测试和缺陷跟踪等任务，能让测试人员、开发人员或其他 IT 人员通过一个中央数据仓库，在不同地方交互测试信息。

本章介绍了 TestDirector 测试管理的主要功能，包括测试需求定义、测试计划制订、执行测试过程和缺陷分析等过程与方法。

9.11　习题

1. 请介绍 TestDirector 的测试管理过程
2. 了解 TestDirector 的主要功能。
3. 如何使用 TestDirector 定义测试需求？
4. 如何创建测试项目？
5. 如何使用 TestDirector 制订测试计划？
6. 如何执行测试？
7. 如何分析缺陷？

第 10 章

软件项目管理工具

10.1 引言

Microsoft Project 是微软开发的一个功能强大的项目管理工具，可以有效地帮助项目管理人员进行项目计划安排，通过图示化的图标来查看和管理项目的进展，分析项目的关键路径并做出决策。

软件项目管理是软件工程的保护性和支持性活动。它于任何技术活动之前开始，并持续贯穿于整个软件的定义、开发和维护过程之中。软件项目管理的目的是成功地组织与实施软件的工程化生产，完成软件（产品）的开发和维护任务，主要是对项目的人员、费用、进度和质量 4 方面的管理。

软件项目开发的资源主要是人员、开发时间、软件工具、运行所需要的软硬件等。软件开发过程是智力密集型的劳动。开发组织为提高软件生产率，必须最大限度地发挥每一个人的技术和能力。软件项目由项目负责人（项目经理）总负责。人员管理涉及招募、选择、培训、业绩、报酬、专业发展，以及培养团队精神和企业文化等一系列"以人为本"的组织工作，通过吸引、培养、激励留住有创造力、技术水平高的人才，增强软件组织的软件开发能力。

软件项目进度计划包括定义所有任务和活动，识别关键任务 / 活动，并跟踪关键任务 / 活动的进展。项目计划初期，需要建立一个宏观的进度安排图（甘特图），标识所有主要的软件工程活动和这些活动影响的产品功能。随着项目的进展，宏观进度图 / 表中的每个条目都被精化成一个"详细进度图 / 表"，标识着特定任务 / 活动，并依此进行进度安排。

10.2 Microsoft Project 简介

Microsoft Project 通过 Microsoft Project Server 为工作组协作提供有效的解决方案。二者结合为项目组成员、其他项目经理和风险承担者之间进行有效的沟通提供了很大的灵活性和许多优势：

- 项目经理可以向项目组成员分配任务，并跟踪已完成的工作。他们可以自动或手动接受来自项目组成员的任务的更新信息，并将更新信息合并至他们的项目中。
- 成员可以按所需格式请求和接收状态报表，并将各个状态报表合并到一个项目状态报表中，然后提供给风险承担者。
- 项目组成员可以审阅其任务分配情况，对项目经理为其进行的工作分配做出响应，定期发送已完成工作的更新信息。他们还可以创建新任务，并将这些任务发送给项目经理进行审批，同时可以将这些任务合并到项目文件中。

- 成员可以在甘特图中查看其任务，对其任务进行分组、排序和筛选，以便侧重于特定的详细信息。根据 Microsoft Project Server 管理员赋予他们的权限，项目组成员还可以查看整个项目的最新信息，而不仅限于给他们分配的任务。
- 风险承担者（如其他项目经理或主管人员）可以审阅项目、任务和资源信息，以便大概查看项目的进度。

Microsoft Project 主界面如图 10-1 所示，左边为项目创建流程和操作命令，右边为项目的任务安排和时间规划。

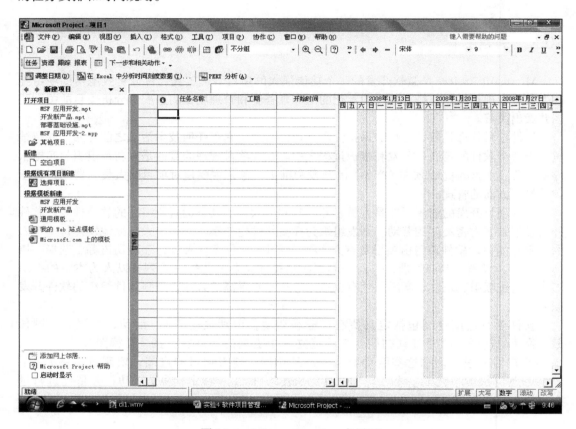

图 10-1　Microsoft project 主界面

10.3　Microsoft Project 视图

视图是 Microsoft Project 的术语，用来描述屏幕显示或打印数据的方式。视图中还可以包含窗体，具有可以集中表示一项任务中多项信息的优点。合并视图由两个独立的视图构成，它们共同显示更多的信息。用户可以创建自己的视图，添加到 Microsoft Project 的视图中。

甘特图

甘特图用两种方式显示项目信息：视图的左边以工作表形式显示信息，右边则以图表形式显示信息。工作表部分显示了有关项目任务的信息，如任务何时开始和结束、任务持续的时间以及分配给任务的资源。图表部分则用图形化的方式显示每一个任务，通常采用条形图。条形图在时间刻度上的位置和长度表明了任务何时开始和结束。任务条形图之间的位置关系表明了任务是一个接着一个还是并行进行的。我们常使用甘特图来完成以下工作：

- 通过输入任务和输入每项任务所用的时间来创建一个项目。
- 通过链接任务，在任务之间建立顺序的相关性。在链接任务时，可以看到一项任务工期的更改是如何影响其他任务的开始日期和完成日期，以及整个项目的完成周期的。
- 将人员和其他资源分配给任务。
- 查看任务的进度，可以通过将计划的、实际的开始日期和完成日期进行比较及检查每项任务完成的百分比来跟踪任务的进度。
- 在图形化显示任务的同时仍然可以访问任务的有关详细信息。
- 拆分任务以中断任务，然后在以后恢复此任务拆分。

下面通过 Microsoft project 自带的 MSF 应用开发模板来看看典型的甘特图。

启动 Microsoft Project，主界面如图 10-1 所示。选择"文件→新建"命令，再选择"根据模板创建→MSF 应用开发"命令，可以打开一个典型的甘特图，如图 10-2 所示。

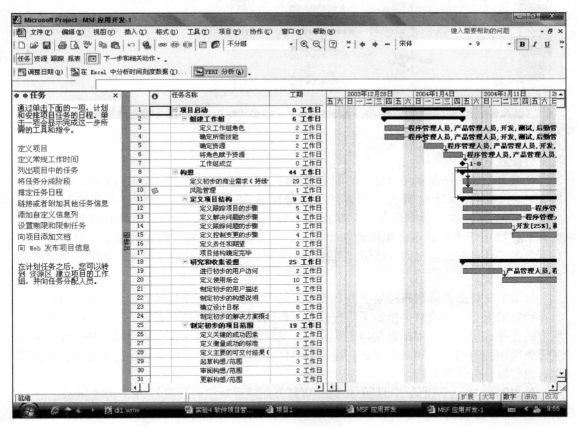

图 10-2　甘特图

要查看更多其他视图，可选择"视图→视图栏"命令，在窗口左下方会出现一排视图按钮。单击相应的按钮，可在右边窗口显示项目对应的视图，如图 10-3 所示。

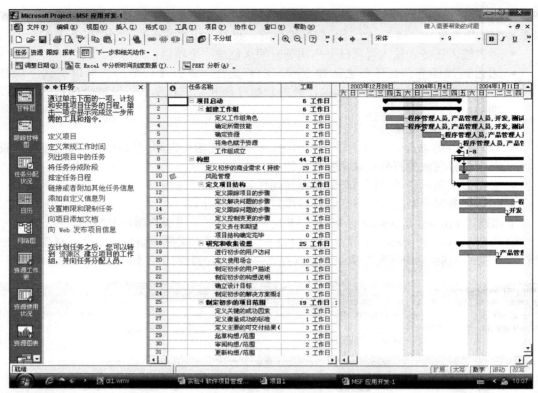

图 10-3   含视图栏的甘特图

任务分配状况图

任务分配状况图显示每项任务的配置资源以及每项资源在各个时间段内完成的工时。如果用户对成本比对工时更关心，则用任务分配状况图可显示一项任务在各个时间段内所耗费的资源成本。使用任务分配状况图可以根据任务组织资源，估算每项任务的工作量，估算每项任务的成本，比较计划和实际的工时，比较计划和实际的成本。单击图 10-3 左下角的"任务分配状况图"按钮，可打开此项目对应的任务分配状况图，如图 10-4 所示。

日历

日历中，任务条形图将跨越任务日程排定的天或星期。使用这种熟悉的格式可以快速查看在特定的天、星期或月中排定了哪些任务。使用日历，可以显示其日程排定在某个或几星期中的任务；检查其日程排定在特定的某天、某星期或某月的任务；通过输入任务和输入每项任务所用的时间来创建一个项目；通过链接任务，在任务之间建立顺序的相关性；将人员和其他资源分配给任务。

单击图 10-3 左下角的"日历"按钮，可打开此项目对应的日历，如图 10-5 所示。

网络图

网络图显示任务及其相关性。一个框代表一个任务，框之间的连线代表任务间的相关性。在默认情况下，进行中的任务框显示一条斜线，已完成的任务框中显示两条交叉斜线。图的作用包括：①创建及调整日程；②链接任务以指定任务的执行顺序，并确定任务的开始日期和完成日期；③以图形化方式显示已完成任务、进行中任务以及未开始任务；④给指定任务分配人员和其他资源，如设备。单击图 10-3 左下角的"网络图"按钮，可打开此项目对应的网络图，如图 10-6 所示。

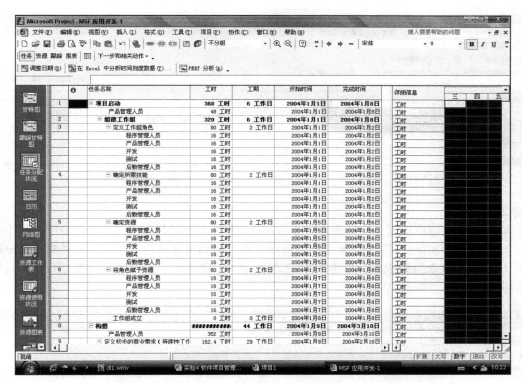

图 10-4　任务分配状况图

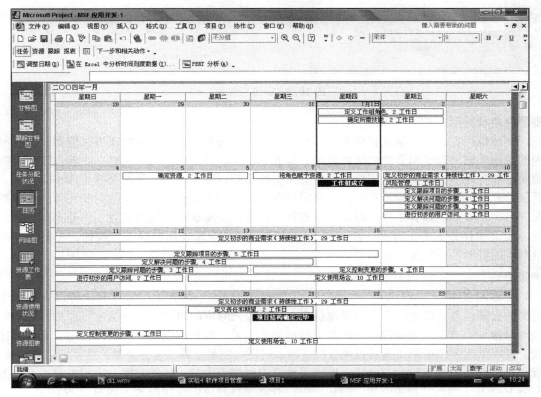

图 10-5　日历

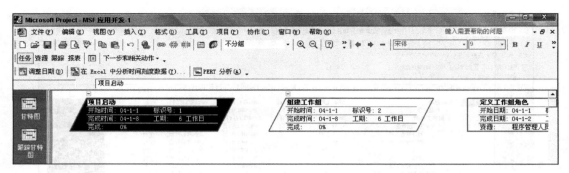

图 10-6　网络图

资源工作表

　　资源工作表用模拟电子表格的方式显示每种资源的信息（如支付工资率、分配工作小时数、比较基准和实际成本）。资源工作表可用于输入和编辑资源信息，审查每种资源的分配工作小时数，审查资源成本。单击图 10-3 左下角的"资源工作表"按钮，可打开此项目对应的资源工作表，如图 10-7 所示。

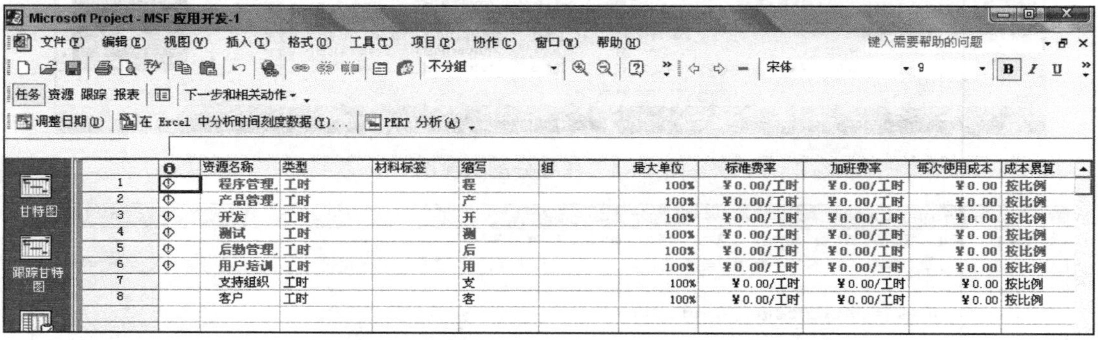

图 10-7　资源工作表

资源使用状况图

　　资源使用状况图显示项目资源，这些资源的分配任务组合在任务的下方。资源使用状况视图可用于输入和编辑资源的任务分配，如成本、工时分配和工时可用性；查看过度分配资源及过度分配量；在资源之间更均衡地分布工作分配；算出每种资源的预算工作小时数；查看每种资源的预算工时容量百分比；确定每种资源可用于附加工作分配的时间；算出每种资源在特定任务上的预算工作小时数；审查特定任务的资源成本；通过设置工作分布改变资源投入到某项任务上的工时量。单击图 10-3 左下角的"资源使用状况图"按钮，可打开此项目对应的资源使用状况图，如图 10-8 所示。

资源图表

　　资源图表用表方式按时间显示分配、工时或资源成本的有关信息。每次可以审阅一个资源的资源信息，或选定资源的资源信息，也可以同时审阅单个资源和选定资源的信息。如果同时显示，会出现两幅表：一幅单个显示资源，另一幅显示选定资源，以便对二者做出比较。资源图表视图可用于查看过度分配资源及过度分配量，算出每种资源的预算工作小时数，查看每种资源预算工时量百分比，确定每种资源可用于附加工作的时间，审阅资源成本。单击图 10-3 左下角的"资源图表"按钮，可打开此项目对应的资源图表，如图 10-9 所示。

图 10-8　资源使用状况图

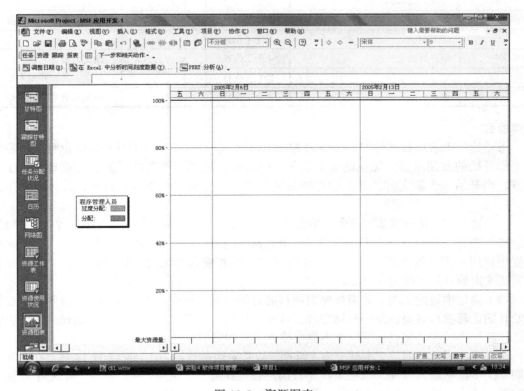

图 10-9　资源图表

10.4 Microsoft Project 操作实验

项目计划分析的目的是根据项目的具体情况，确定任务的分解、项目进度的计划和人员的安排。

【实验 10-1】面对面结对编程系统进度计划安排

面对面结对编程系统是主要用于软件企业、教育单位进行结对编程或结对学习的一个辅助系统，可以有效地提高编程或学习效率，减少代码错误，提升编程人员的自信心。

面对面结对编程系统采用双键盘、双鼠标、双显示器的组成结构，通过"三双"结构的计算机和结对辅助系统进行实时高效的结对学习和结对编程，方便结对人员的角色交换、交流和对结对人员"默契"的统计分析。

以开发此系统为例，我们按照实际情况制定如下项目进度计划：项目开始于 2010 年 12 月 14 日，共 27 个工作日，如表 10-1 所示。

表 10-1　项目进度计划任务

编　号	任 务 名 称	工　期	前 置 任 务	资　　　源
1	需求分析	2 个工作日		分析人员
2	获得所需资源（硬件和软件资源）	3 个工作日	1	开发人员
3	概要设计，确定系统功能规范	3 个工作日	2	分析人员和开发人员
4	详细设计，模块分配	3 个工作日	3	分析人员和开发人员
5	编写代码	10 个工作日	4	开发人员
6	开发人员调试	2 个工作日	5	开发人员
7	单元测试	3 个工作日	6	测试人员与开发人员
8	集成测试	5 个工作日		
9	用户测试与反馈	4 个工作日	6、7、8	测试人员与开发人员
10	编写用户手册	2 个工作日	9	测试人员与开发人员
11	生成安装软件包	2 个工作日	10	开发人员

新建项目

当开始一个新项目文件时，应该为 Microsoft Project 定义项目的开始或结束日期，通常是工作开始的日期或必须完成的最后期限。Project 依据固定下来的开始或结束日期来排定任务。当开始一个新文件，并且设置项目选项时，还应该记录项目的目标，具体操作步骤如下：

（1）选择"文件→新建"命令或单击常用工具栏中的"新建"按钮，创建一个空白项目。

（2）选择"项目→项目信息"命令，Project 会自动显示一个项目信息对话框。在此对话框中，用户需要输入项目的开始日期或完成日期并输入其他的常规项目信息，Project 将根据所选定的日期来排定所有工作。

（3）确定项目的工期。若需要确定项目的开始时间，可在"开始日期"下拉列表中选择开始日期。若项目需要在某一日期完成，可在"日程排定方法"下拉列表中选择"从项目完成之日起"之后在"完成日期"文本框中输入项目的完成日期。

（4）在"当前日期"文本框中输入日期，以指定当前日期 2010 年 12 月 14 日，在"状态日期"文本框中输入日期，以指定状态日期。在"日历"下拉列表中，指定一个用于计算工作时间的基准日历。标准的日历为每周 5 个工作日，每天 8 小时（从上午 8 点到下午 17 点）。

图 10-10 项目信息对话框

（5）单击"确定"按钮关闭对话框，此时就创建了一个新项目文件。

（6）选择"文件→保存"命令，保存项目文件。

建立建立日历视图

Project 中有 4 种日程排定方法的日历：标准、夜班、行政日历、24 小时。系统默认采用标准的日历。如果想更改工作时间，可以选择"工具→更改工作时间"命令，打开"更改工作时间"对话框（图 10-11），可以在这里更改工作时间。如 1 月 15 日因特殊情况早晨从8:00 改成 9:00。这里我们重新建立一个项目日历。

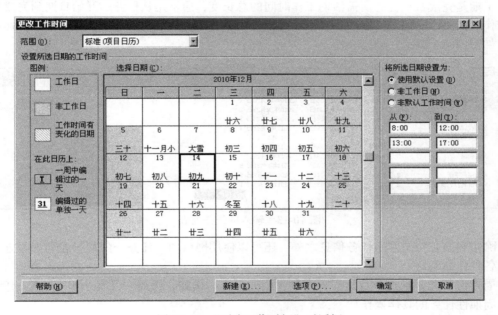

图 10-11 "更改工作时间"对话框

单击"新建"按钮，打开"新建基准日历"对话框，如图 10-12 所示。在"名称"文本框中输入面对面结对系统，选中"新建基准日历"单选按钮，单击"确定"按钮，此时可以创建新的日历，如更改标准日历的工作日期和时间。

创建完成后，再选择"项目→项目信息"命令，Project 会自动显示一个项目信息对话框。此时的"日历"下拉列表中有刚创建好的日历，这里我们选择面对面结对系统，应用创建的新日历则可。

创建并编辑任务列表

每一个项目都由许多任务组成，合理地安排各项任务对于一个项目来说是至关重要的。创建一个任务列表是合理安排各项任务不可缺少的，通过 Project 创建任务列表可为项目策划者节省许多宝贵的时间。在输入任务之前，为了能够更清楚、更直观地表示项目发生的不同阶段，以利于更好地创建项目，用户可以制作一个项目流程图。从流程图上可以看出项目的主要阶段，每一个阶段包含着一系列的单一任务，参考该图就可以按顺序、有组织地列出项目中的所有任务。

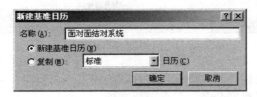

图 10-12 "新建基准日历"对话框

在甘特图中输入任务的具体操作如下：

（1）单击视图栏中的"甘特图"按钮。

（2）在"任务名称"域中输入任务名称。

（3）按 Enter 键接受输入。

工期是完成某项任务所需活动工作时间的总长度，通常是从任务的开始日期到完成日期的工作时间量，它们定义在项目日历和资源日历中。在此我们输入一个项目的任务名称和工期，如图 10-13 所示。

	任务名称	工期	开始时间	完成时间	前置任务	资源名称
1	需求分析	2 工作日	2010年12月14日	2010年12月15日		
2	获得所需资源（硬件等	3 工作日	2010年12月16日	2010年12月20日	1	
3	概要设计，确定系统结	3 工作日	2010年12月21日	2010年12月23日	2	
4	详细设计，模块分配	3 工作日	2010年12月24日	2010年12月28日	3	
5	编写代码	10 工作日	2010年12月29日	2011年1月11日	4	
6	开发人员调试	2 工作日	2011年1月12日	2011年1月13日	5	
7	单元测试	3 工作日	2011年1月14日	2011年1月18日	6	
8	集成测试	5 工作日	2011年1月19日	2011年1月25日	7	
9	用户测试	4 工作日	2011年1月26日	2011年1月31日	8	
10	编写用户手册	2 工作日	2011年2月1日	2011年2月2日	9	
11	软件安装打包发布	2 工作日	2011年2月3日	2011年2月4日	10	

图 10-13 输入的任务列表

除了利用甘特图输入任务信息之外，还可以使用网络图、任务分配状况表等视图方便地输入各种任务信息。

周期性任务是指在项目过程中重复发生的任务。例如，每周一开发小组有讨论的例会。输入周期性任务的具体操作如下：

（1）单击视图栏中的"甘特图"按钮。

（2）在"任务名称"域中选定将在其上插入周期性任务的任务最后一行。

（3）选择"插入→周期性任务"命令。

（4）在"任务名称"文本框中输入任务的名称"例会"，在"工期"文本框中输入任务发生的工期，在"重复发生方式"下面选取任务发生的时间间隔。左边选项"每天""每周""每月"或"每年"，对应着右边的选项，在"每天""每周""每月"或"每年"选项组下，选取任务发生的频率。在"重复范围"下拉列表中选择相应日期，或在"共发生"数值框中输入任务发生的次数。这里我们设置为每周一开例会，如图 10-14 所示。创建完成后，任务名称前有一个特殊的环形图标。创建结果如图 10-15 所示。

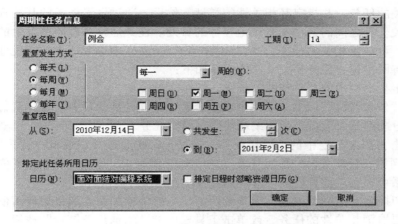

图 10-14 "周期性任务信息"对话框

	❶	任务名称	工期	开始时间	完成时间	前置任务	1月2日 二 三 四
1		需求分析	2 工作日	2010年12月14日	2010年12月15日		
2		获得所需资源（硬件和	3 工作日	2010年12月16日	2010年12月20日	1	
3		概要设计，确定系统结	3 工作日	2010年12月21日	2010年12月23日	2	
4		详细设计，模块分配	3 工作日	2010年12月24日	2010年12月28日	3	
5		编写代码	10 工作日	2010年12月29日	2011年1月11日	4	
6	♻🖿	⊞ **例会**	**31 工作日**	**2010年12月20日**	**2011年1月31日**		
14		开发人员调试	2 工作日	2011年1月12日	2011年1月13日	5	
15		单元测试	3 工作日	2011年1月12日	2011年1月14日	5	
16		集成测试	5 工作日	2011年1月17日	2011年1月21日	15	
17		用户测试	4 工作日	2011年1月24日	2011年1月27日	16, 14, 1	
18		编写用户手册	2 工作日	2011年1月28日	2011年1月31日	17	
19		软件安装打包发布	2 工作日	2011年2月1日	2011年2月2日	18	
20	♻🖿	⊞ **例会**	**31 工作日**	**2010年12月20日**	**2011年1月31日**		
28		例会1	1 工作日	2010年12月14日	2010年12月14日		
29	▥	例会2	1 工作日	2010年12月21日	2010年12月21日		
30	▥	例会3	1 工作日	2010年12月28日	2010年12月28日		

图 10-15 创建周期性任务后的任务列表

在任务列表中，任务名称之间有一定的层次关系，我们称之为任务大纲。单击任务名称前的加号或者减号，相应的任务将展开或折叠起来。如果想使得一个任务成为同一级任务的子任务，只要选中此任务，并单击工具栏上的降级按钮➡即可。相反，如果想使得一个任务成为同一级任务的上一级任务，只要选中此任务，并单击工具栏中的升级按钮⬅即可。这里我们选中"测试（单元测试）"任务并单击降级按钮，结果"测试（单元测试）"任务则成为"开发人员初步调试"的子任务，如果想恢复，则单击工具栏中的升级按钮。

了解任务之间的关系，如前置任务与后续任务的任务相关性。任务相关性是指链接的任务之间在时间上的相互依赖关系。Project 中的任务相关性有 4 种类型：

- 完成 – 开始（FS）：任务 B 必须在任务 A 完成之后才能开始。
- 开始 – 开始（SS）：任务 B 必须在任务 A 开始之后才能开始。
- 完成 – 完成（FF）：任务 B 必须在任务 A 完成之后才能完成。
- 开始 – 完成（SF）：任务 B 必须在任务 A 开始之后才能完成。

在输入任务时，Project 以项目的开始日期排定任务日程。为了保持任务的执行顺序，可以链接相关的任务，并指定其相关性的类型。然后，通过设置任务的开始日期和结束日期，建立相关任务之间的链接线来排定任务的日期。任务通常是按顺序发生的。如果要创建一个序列，可链接相关的任务，并在 Microsoft Project 中选取任务的相关性类型。典型操作是在甘特图中建立任务相关，具体操作如下：

（1）单击视图栏中的"甘特图"按钮。

（2）在"任务名称"域中选取两个或多个希望建立链接的任务。这里我们选择"详细设计，模块分配给开发人员"和"编写代码"两个任务。

（3）单击常用工具栏中的"链接任务"按钮，或者选择"编辑→链接任务"命令，我们可以看到第 5 行任务的"前置任务"这一列的值为 4，说明两者建立了依赖关系。其他的依赖关系可以在"前置任务"这一列直接输入。

也可以切换到"网络图视图"中查看两者建立的依赖关系。如果想取消依赖关系，可以选择所有要取消相关性的任务，或单击工具栏中的"取消任务链接"按钮，或选择"编辑→取消任务链接"命令。

资源一般有 3 种，即人员、设备和材料。Project 中把资源归为两类，即工时资源（人员和设备）和材料资源。下面来了解并设置资源工作表，包括设置资源默认加班工资率、默认的固定成本累算方式、资源默认标准工资率、资源分配率的默认格式。

在资源工作表中输入资源的操作如下：单击视图栏中的"资源工作表"按钮，在"资源名称"域中输入资源名称。如果用户要指定资源组，则在"组"域中输入名称。用户可以以百分比的形式在"最大单位"域中输入该资源可用的单位值。对每个资源重复上述过程。在"标准工资"域中输入任务使用该资源单位时间里需要支付的费用，单位时间可以是 m（分）、h（小时）、w（星期）、y（年）。输入"加班工资率"，当资源在加班时间工作时，按该工资率计算成本，该工资率的默认值为零。输入"成本／使用"，即单位资源的使用成本。选择成本累算方式，在"成本累算"下拉列表中选择"开始、结束或按比例"。输入基准日历用来规划资源日程。输入资源代码，同一类的多个资源可以使用相同的代码。

随着项目的进行可以随时观测成本使用情况，步骤如下：单击视图栏中的"甘特图"按钮。选择"工期"这一列，右击，选择"插入列"命令，打开"列定义"对话框，如图 10-16 所示。在"域名称"下拉列表中选择"成本"，单击"确定"按钮，结果如图 10-17 所示。

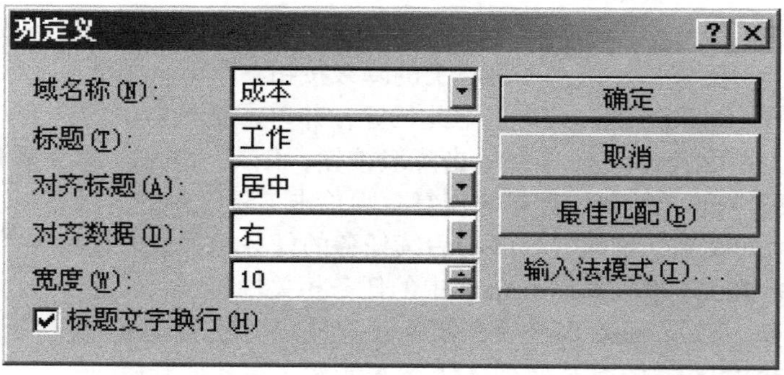

图 10-16 "列定义"对话框

	(i)	任务名称	工作	工期	开始时间	完成时间
1		需求分析	¥0.00	2 工作日	2010年12月14日	2010年12月15日
2		获得所需资源（硬件和	¥0.00	3 工作日	2010年12月16日	2010年12月20日
3		概要设计，确定系统结	¥0.00	3 工作日	2010年12月21日	2010年12月23日
4		详细设计，模块分配	¥0.00	3 工作日	2010年12月24日	2010年12月28日
5		编写代码	¥0.00	10 工作日	2010年12月29日	2011年1月11日
6	⟳🔲	□ 例会	**¥0.00**	**31 工作日**	**2010年12月20日**	**2011年1月31日**
7	🔲🔲	例会 1	¥0.00	1 工作日	2010年12月20日	2010年12月20日
8	🔲🔲	例会 2	¥0.00	1 工作日	2010年12月27日	2010年12月27日
9	🔲🔲	例会 3	¥0.00	1 工作日	2011年1月3日	2011年1月3日
10	🔲🔲	例会 4	¥0.00	1 工作日	2011年1月10日	2011年1月10日
11	🔲🔲	例会 5	¥0.00	1 工作日	2011年1月17日	2011年1月17日
12	🔲🔲	例会 6	¥0.00	1 工作日	2011年1月24日	2011年1月24日
13	🔲🔲	例会 7	¥0.00	1 工作日	2011年1月31日	2011年1月31日
14		开发人员调试	¥0.00	2 工作日	2011年1月12日	2011年1月13日
15		单元测试	¥0.00	3 工作日	2011年1月12日	2011年1月14日
16		集成测试	¥0.00	5 工作日	2011年1月17日	2011年1月21日
17		用户测试	¥0.00	4 工作日	2011年1月24日	2011年1月27日
18		编写用户手册	¥0.00	2 工作日	2011年1月28日	2011年1月31日
19		软件安装打包发布	¥0.00	2 工作日	2011年2月1日	2011年2月2日
20	⟳🔲	□ 例会	**¥0.00**	**31 工作日**	**2010年12月20日**	**2011年1月31日**
21	🔲🔲	例会 1	¥0.00	1 工作日	2010年12月20日	2010年12月20日
22	🔲🔲	例会 2	¥0.00	1 工作日	2010年12月27日	2010年12月27日
23	🔲🔲	例会 3	¥0.00	1 工作日	2011年1月3日	2011年1月3日
24	🔲🔲	例会 4	¥0.00	1 工作日	2011年1月10日	2011年1月10日
25	🔲🔲	例会 5	¥0.00	1 工作日	2011年1月17日	2011年1月17日
26	🔲🔲	例会 6	¥0.00	1 工作日	2011年1月24日	2011年1月24日
27	🔲🔲	例会 7	¥0.00	1 工作日	2011年1月31日	2011年1月31日

图 10-17　加入成本列后的任务列表

10.5　实验安排说明

本章安排了一个实验：

● 【实验 10-1】面对面结对编程系统进度计划安排

创建一个项目任务计划，设置项目的相关属性、任务的依赖关系和完成日期以及里程碑等。

10.6　小结

软件项目开发的资源主要是人员、开发时间、软件工具、运行所需要的软硬件等。软件开发过程是智力密集型的劳动。开发组织为提高软件生产率，必须最大限度地发挥每一个人的技术和能力。

软件项目进度计划是定义所有任务和活动，识别关键任务／活动，并跟踪关键任务／活动的进展。项目计划初期，建立一个宏观的进度安排图（甘特图），标识所有主要的软件工程活动和这些活动影响的产品功能。随着项目的进展，宏观进度图／表中的每个条目都被精化成一个"详细进度图／表"，标识特定任务／活动，并进行进度安排。

本章介绍了 Microsoft Project 的主要功能和各种视图，并通过案例介绍了 Microsoft Project 的主要使用方法。本章安排了一个使用 Microsoft Project 完成项目计划和任务安排的实验，通过实验来理解 Project 的操作过程。

10.7　习题

1．Microsoft Project 的主要功能有哪些？
2．Microsoft Project 有哪些视图？
3．Microsoft Project 的甘特图的用途是什么？
4．如何建立项目的任务依赖关系？
5．如何识别关键路径？

参 考 文 献

[1] Grady Booch，James Rumbaugh，Ivar Jacobson. UML 用户手册 [M].邵维忠，等译.北京：机械工业出版社，2004.

[2] 李芷，窦万峰，任满武.软件工程方法与实践 [M].北京：电子工业出版社，2004.

[3] 中国质检出版社第四编辑室.计算机软件工程规范国家标准汇编 [M].北京：中国标准出版社，2011.

[4] 中华人民共和国国家质量监督检验检疫总局，中国标准化管理委员会.GB/T 8566—2001 信息技术 软件生存周期过程 [S].北京：中国标准出版社，2002.

[5] 周苏，王文，张泳，等.软件工程学实验 [M].北京：科学出版社，2005.

[6] 蔡敏，徐慧慧，黄炳.UML 基础与 Rose 建模教程 [M].北京：人民邮电出版社，2006.

[7] 张虹，等.软件工程与软件开发工具 [M].北京：清华大学出版社，2004.

[8] Petar Tahchiev，等.JUnit 实战 [M].2 版.王魁，译.北京：人民邮电出版社，2012.

推荐阅读

软件工程：实践者的研究方法（第7版）

作者：（美）Roger S. Pressman
译者：郑人杰 等
ISBN：978-7-111-33581-8
定价：79.00元

软件工程：架构驱动的软件开发

作者：[美] 理查德 F. 施密特
译者：江贺 等
ISBN：978-7-111-53314-6
定价：69.00元

软件可靠性方法

作者：（以色列）Doron A. Peled
译者：王林章 等
ISBN：978-7-111-36553-2
定价：45.00元

IT项目管理（原书第7版）

作者：[美] 凯西·施瓦尔贝
译者：邢春晓 等
ISBN：978-7-111-50956-1
定价：79.00元

软件建模与设计：UML、用例、模式和软件体系结构

作者：（美）Hassan Gomaa
译者：彭鑫 等
ISBN：978-7-111-46759-5
定价：85.00元

推 荐 阅 读

软件工程概论 第2版

作者: 郑人杰 等 ISBN: 978-7-111-47821-8 定价: 45.00元

面向对象分析与设计 第2版

作者: 麻志毅 ISBN: 978-7-111-40751-5 定价: 35.00元

软件需求工程 第2版

作者: 毋国庆 等 ISBN: 978-7-111-41735-4 定价: 35.00元

软件项目管理案例教程 第3版

作者: 韩万江 等 ISBN: 978-7-111-50163-3 定价: 49.00元

软件测试教程 第2版

作者: 宫云战 等 ISBN: 978-7-111-53270-5 定价: 45.00元

推荐阅读

C程序设计课程设计 第3版

作者：刘振安 等 ISBN：978-7-111-52987-3 定价：35.00元

计算机网络课程设计 第2版

作者：吴功宜 等 ISBN：978-7-111-36713-0 定价：29.00元

操作系统课程设计

作者：朱敏 ISBN：978-7-111-48416-5 定价：35.00元

软件工程课程设计 第2版

作者：李龙澍 等 ISBN：978-7-111-54876-8 定价：39.00元

数据库课程设计

作者：周爱武 等 ISBN：978-7-111-37494-7 定价：35.00元

嵌入式系统课程设计

作者：贾世祥 等 ISBN：978-7-111-49637-3 定价：39.00元